黄河水沙调控与生态治理丛书

# 多沙河流水库
# 减淤兴利运用关键技术

张金良 等 著

科学出版社

北京

# 内 容 简 介

　　本书针对多沙河流水库库容淤损快、支流库容用不全、拦沙库容功能单一、汛期发电运行难等重大技术难题，采用实测资料分析、理论分析、数学模型计算、原型试验等多种手段，开展了系统的研究，提出了库区滩槽同步塑造、拦沙库容多元化利用、汛期发电防沙运用三大关键技术，在黄河已建水利枢纽工程运用实践和规划水利枢纽工程设计过程中广泛应用，为黄河治理与保护提供了重要的技术支撑。

　　本书可供从事水库规划、设计、调度运行等相关工作的专业技术人员及高等院校的有关师生参考。

**图书在版编目（CIP）数据**

多沙河流水库减淤兴利运用关键技术 / 张金良等著. —北京：科学出版社，2021.6
　（黄河水沙调控与生态治理丛书）
　ISBN 978-7-03-067579-8

Ⅰ.①多⋯　Ⅱ.①张⋯　Ⅲ.①多沙河流–水库泥沙–清淤–研究　Ⅳ.①TV145

中国版本图书馆 CIP 数据核字（2020）第 260390 号

责任编辑：朱　瑾　习慧丽 / 责任校对：严　娜
责任印制：赵　博 / 封面设计：无极书装

**科 学 出 版 社** 出版
北京东黄城根北街 16 号
邮政编码：100717
http://www.sciencep.com

北京建宏印刷有限公司印刷
科学出版社发行　各地新华书店经销

\*

2021 年 6 月第　一　版　　开本：787×1092　1/16
2025 年 1 月第二次印刷　　印张：12 3/4
字数：302 000

**定价：188.00 元**
（如有印装质量问题，我社负责调换）

# 序

黄河发源于"世界水塔"青藏高原北麓的巴颜喀拉山，一路奔驰千里流经青海、四川、甘肃、宁夏、内蒙古、山西、陕西、河南、山东九省（区），绵长 5464km；纵差 4500m，从第一台地直至第三台地，流域跨越青藏高原、黄土高原、华北平原等。黄河孕育了中华文明，也带来了深重的苦难。一部中华史满是人民与黄河斗争融合的历史，从原始的躲避洪水到限制洪水、防御洪水、治理洪水、扬水利除水害，五千年悠然而过。

中华人民共和国成立以后，我国逐步开展了大江大河系统性治理。从 20 世纪 50 年代编制《关于根治黄河水害和开发黄河水利的综合规划的报告》开始，谱写了人民治黄的宏伟篇章，取得了举世瞩目的伟大成就，水土保持、河道整治、干支流水库和堤防等水利工程建设，实现了黄河 70 年岁岁安澜，有力支撑了流域经济社会发展。但是，我们也要清醒地看到黄河体弱多病、水患频繁的基本特质。当前，洪水风险依然是流域的最大威胁，水沙调控体系不完善、防洪短板突出、上游形成新悬河、中游潼关高程居高不下、下游"二级悬河"发育、滩区经济社会发展质量不高等问题突出。新的历史时期，亟待治黄科技工作者破解上述难题，保障黄河长治久安。

作者长期工作在治黄第一线，数十年不断钻研治黄新手段、新方法，该书是他数十年如一日治黄认识与实践经验的汇编，是他的呕心之作。该书从黄河水沙特性这一角度切入，剖析了多沙河流水库中常见的异重流现象，研究了三门峡水库与潼关高程的相关问题，提出了水沙调控的布局与技术；站在新的历史时期，转变治黄思路，提出了黄河下游生态治理的总体构想，分析了生态治理方案、模式与效果；紧跟国家重大工程战略布局，提出了自己的独到见解。阅读此书，既可对黄河治理的过去和现状有总体了解，又可以面向未来思考黄河治理的新愿景。书中的一些认识和方法已经在治黄实践中得到检验与验证，一些构想可供其他专家交流、评议。

张建云

中国工程院院士、英国皇家工程院外籍院士

南京水利科学研究院名誉院长

2019 年 12 月 16 日

# 前　言

　　人类自古以来便逐水而居，水是人类赖以生存和发展的重要资源。水库是对水资源进行年内与年际调配的重要工程，也是以水资源为基础进行兴利等综合利用的重要措施。据不完全统计，在世界范围内，大型水库超过了 4 万座。实际估算结果表明，全球可利用库容总量在 1995 年达到顶峰，为 4.2 万亿 $m^3$。随后，由于泥沙淤积，库容损失的速度超过了库容增加（新建水库）的速度，这一总量开始逐年减少。随着经济社会用水需求的增长，以及经济可行的用于新建水库坝址的逐渐减少，已有库容的淤损问题正在威胁全球防洪安全、供水安全和生态安全。尤其是近年来，由于全球气候变化和人类活动等的影响，许多江河的来水来沙情势也发生了变化，对水库库容可持续利用和江河治理形成了新的外部环境，提出了新的挑战。

　　由于多沙河流本身的高含沙和大输沙量等特性，多沙河流水库的泥沙淤积和库容损失问题最为严重。因此，对多沙河流水库运用方式的理论研究和实践探索，是解决水库库容可持续利用和江河治理问题的重要难点与突破口，是协调水库防洪、供水、灌溉、生态等多方面功能以充分发挥综合效益的关键，是构建与完善水沙调控体系以协调多沙河流水沙关系的重要环节，是改善和维持河道行洪输沙能力以确保江河安澜的重要手段。库容的保持利用和开发目标的实现是多沙河流水库设计与运用中的关键科学技术问题。

　　为破解关键科学技术问题，多沙河流水库运用技术不断发展，经历了 3 个阶段：第一阶段以三门峡水库运用初期蓄洪运用为代表，库区淤积严重，无法实现开发目标；第二阶段以三门峡水库在两次改建后蓄清排浑运用为代表，有效库容得到保持，实现了部分开发目标；第三阶段以小浪底水库在拦沙初期调水调沙运用为代表，实现了水库及河道减淤，提升了综合利用效益。

　　然而近年来，由于经济社会发展及全球气候变化和人类活动的影响，在水库库容的保持利用和开发目标的实现方面形成了新的外部环境。以黄河为例，新时期水库运用面临新形势与挑战：①小浪底水库进入拦沙后期运用阶段，处于减淤运用及库区淤积形态塑造关键期，延长水库拦沙年限、避免库区支流"拦门沙坎"形成、充分发挥支流库容拦沙作用对水库减淤运用提出了新要求；②下游滩区约 190 万群众长期饱受中小洪水威胁，而小浪底水库原设计不承担滩区中小洪水防洪任务，但具有大量拦沙库容，滩区保安对拦沙库容用于防洪提出了新需求；③多沙河流水库汛期入库含沙量高，发电运用会导致机组磨损严重、库容淤损，协调水库排沙与发电运用的矛盾、充分发挥水库综合利用效益对水库汛期发电运用提出了新要求。因此，库容淤损快、支流库容用不全、拦沙库容功能单一、汛期发电运行难是多沙河流水库运用面临的重大技术难题。

　　针对新时期水库运用面临的挑战，黄河勘测规划设计研究院有限公司牵头，联合清华大学、中国水利水电科学研究院、水利部黄河水利委员会、水利部小浪底水利枢纽管理中心、水利部黄河水利委员会三门峡水利枢纽管理局等多家单位，依托"小浪底水库拦沙期防洪减淤运用方式研究"、"黄河中下游洪水泥沙分类管理及效果评价"、"三门峡水库运用方式原型试验研究"、"小浪底水利枢纽拦沙后期（第一阶段）运用调度规程"、"小浪底水库拦沙后期首次汛限水位调整研究"、历年黄河调水调沙预案研究、历年黄河防洪调度方案研究等水利前期项目和水利公益性科研专项等 10 余个项目，投入经费超亿元，通过二十余年的研究和实践探索，形成了多沙河流水库减淤兴利运用关键技术。

本书以问题为导向，针对新时期水库运用面临的挑战，提出了库区滩槽同步塑造、拦沙库容多元化利用、汛期发电防沙运用三大关键技术。研究成果应用于国务院批复的《黄河流域综合规划（2012—2030 年）》（国函〔2013〕34 号）、《黄河防御洪水方案》（国函〔2014〕44 号）和国家防汛抗旱总指挥部批复的《黄河洪水调度方案》（国汛〔2015〕19 号），为黄河治理与保护提供了重要技术支撑；应用于小浪底和三门峡等多沙河流水库实际调度运用及黄河中下游防洪调度实践，充分发挥了重大工程的防洪、减淤、兴利效益；应用于泾河东庄和黄河古贤等水利枢纽设计，促成了重大工程建设落地；应用于武汉大学、天津大学等高校教学，推动了水利学科的发展，促进了行业技术进步；应用于国际交流和培训，提升了相关国家和地区的水库运用技术水平，应用推广前景广阔。

本书由张金良主持编写和统稿，参加本书编写的还有刘继祥、张红武、陈建国、魏军、张厚军、安催花、刘红珍、付健、张俊华、李超群、刘树君、张格铖、万占伟、鲁俊、陈翠霞、韦诗涛、李荣容、钱胜、蔺冬、谢亚光、冯璐等。研究工作期间，中国水利水电科学研究院、水利部黄河水利委员会、水利部小浪底水利枢纽管理中心、水利部黄河水利委员会三门峡水利枢纽管理局等单位的领导、专家，为本次研究进行了指导，作出了重要贡献，在此深表感谢。

2020 年 10 月

# 目　　录

# 第 1 章 概　　述

## 1.1　多沙河流水库概述

多沙河流尚未有统一的定义，一般而言可依据含沙量、输沙量或者来沙系数等指标进行确定。但根据行业普遍认识，多沙和少沙河流可用含沙量或者输沙量多少作为标准进行划分，因此，可将多年平均含沙量大于 $10\text{kg/m}^3$ 或者多年平均输沙量超过 1 亿 t 的河流称为多沙河流。

统计资料表明，世界各国年输沙量超过 1 亿 t 的河流有 13 条，见表 1.1-1。这些多沙河流的泥沙分别来自：中国西北的黄土高原、嘉陵江上游的陇南山区，南亚的印度和巴基斯坦，中亚和高加索地区，美国的中部和西南部，北非的阿尔及利亚和埃及等。各个地区的产沙强度相差甚远，每年每平方千米产沙量为数十吨到一万多吨。

表 1.1-1　世界主要河流水沙情况（按年输沙量顺序排列）

| 序号 | 河流 | 主要流经国家 | 流域面积（万 $\text{km}^2$） | 年径流量（亿 $\text{m}^3$） | 年输沙量（亿 t） | 含沙量（$\text{kg/m}^3$） | 侵蚀模数 [t/($\text{km}^2\cdot\text{a}$)] |
|---|---|---|---|---|---|---|---|
| 1 | 黄河 | 中国 | 75.2 | 580 | 16.00 | 35.00 | 2 200 |
| 2 | 恒河 | 印度、孟加拉国 | 95.5 | 3 710 | 14.51 | 3.92 | 1 520 |
| 3 | 布拉马普特拉河 | 孟加拉国、印度 | 66.6 | 3 840 | 7.26 | 1.89 | 1 270 |
| 4 | 印度河 | 巴基斯坦 | 103.4 | 2 070 | 6.30 | 3.00 | 600 |
| 5 | 长江 | 中国 | 100.0 | 9 600 | 5.30 | 1.18 | 530 |
| 6 | 亚马孙河 | 巴西 | 691.5 | 69 300 | 3.62 | 0.05 | 52 |
| 7 | 密西西比河 | 美国 | 322.0 | 5 800 | 3.12 | 0.54 | 97 |
| 8 | 独龙江（伊洛瓦底江） | 中国、印度、缅甸 | 43.0 | 4 860 | 3.00 | 0.62 | 698 |
| 9 | 澜沧江（湄公河） | 中国、缅甸、老挝、柬埔寨、越南、泰国 | 64.6 | 4 110 | 2.50 | 0.61 | 387 |
| 10 | 阿姆河 | 阿富汗、土库曼斯坦 | 46.5 | 630 | 2.17 | 3.60 | 467 |
| 11 | 科罗拉多河 | 美国 | 63.7 | 49 | 1.35 | 27.50 | 210 |
| 12 | 尼罗河 | 埃及、苏丹 | 287.0 | 840 | 1.34 | 1.60 | 47 |
| 13 | 元江（红河） | 中国、越南 | 11.9 | 1 230 | 1.30 | 1.06 | 1 600 |

我国乃至世界上最为典型的多沙河流当数黄河。黄河是中华民族的母亲河，发源于青藏高原巴颜喀拉山北麓的约古宗列盆地，流经青海、四川、甘肃、宁夏、内蒙古、山西、陕西、河南、山东九省（区），在山东东营市垦利区注入渤海。干流全长 5464km，总落差 4830m，流域面积 75.2 万 $\text{km}^2$。黄河流域的大部分处于半干旱和干旱地区，平均年雨量只有 466mm，产生的径流量极为贫乏，和流域面积极不相称。黄河多年平均径流量为 580 亿 $\text{m}^3$，多年平均输沙量为 16.0 亿 t，干流最高含沙量达到 $920\text{kg/m}^3$，平均含沙量为 $35.00\text{kg/m}^3$。黄河是世界第五长河，年径流量小，仅约为长江的 1/17，然而输沙量、

含沙量均为世界之最，是一条举世闻名的高含沙河流，在世界大江大河中是绝无仅有的。

天然状态下，无论是一般的冲积性河流还是多沙河流，在长期演变过程中均会达到与其自身来水来沙条件相适应的相对均衡稳定状态。但是随着人类社会的不断进步，在人类活动影响下，河流的调整适应过程往往与人类的生存发展需求产生矛盾，从而产生了河流治理开发的问题。多沙河流治理面临的问题尤为突出，主要体现在防洪、减淤、生态等多个方面。

（1）水沙关系不协调。"水少沙多、水沙关系不协调"是多沙河流普遍存在的问题，也是造成河道淤积抬升、主槽过流能力下降等一系列问题的根本原因。以黄河为例，黄河的多年平均径流量为 580 亿 $m^3$，仅约为长江的 1/17，而输沙量、含沙量均为世界之最。黄河水沙年内与年际分配极不平衡，汛期水量占全年水量的 60%，但汛期沙量占全年的 85% 以上，且常常集中于几场暴雨洪水中。从年际变化看，实测最大沙量为 1933 年的 39.10 亿 t，而该年水量仅为 561.0 亿 $m^3$；实测最小沙量为 1987 年的 3.30 亿 t，而该年水量仍达 204.0 亿 $m^3$。另外，黄河水流含沙量高且空间差异显著。黄河干流三门峡水文站 1977 年 8 月出现了含沙量高达 911.0kg/$m^3$ 的洪水。头道拐至潼关河段，实测的含沙量沿程呈快速上升的趋势，汛期平均含沙量从头道拐的 7.4kg/$m^3$ 增加到龙门的 44.4kg/$m^3$、潼关的 49.5kg/$m^3$。

（2）河道淤积。水沙关系不协调，造成多沙河流河道淤积萎缩。例如，不协调的水沙关系导致黄河下游河道严重淤积，使河道日益高悬。根据实测资料分析，1950～1999 年黄河下游河道共淤积泥沙约 93 亿 t，与 20 世纪 50 年代相比，河床普遍抬高 2～4m。目前河床高出背河地面 4～6m，局部河段在 10m 以上，"96.8"洪水花园口站洪峰流量 7860$m^3$/s 的洪水位，比 1958 年 22 300$m^3$/s 流量的水位还高 0.91m，堤防相同设计洪水位的河道过流量大幅度降低[1]。

自然情况下，黄河下游河道淤积严重，但滩槽几乎同步升高。由于水沙关系的逐步恶化，加上生产堤限制了洪水的漫滩沉沙范围，下游河道在严重淤积的同时，中水河槽淤积量加大，河床形态恶化。黄河下游各时期水沙特征和年均冲淤量见表 1.1-2，主要断面不同时期主槽过水面积见表 1.1-3。

**表 1.1-2　黄河下游各时期水沙特征和年均冲淤量**

| 时段 | 水沙量（小黑武） | | 汛期流量>2000$m^3$/s 的年均天数 | 汛期流量>4000$m^3$/s 的年均天数 | 河道冲淤量及主槽淤积比 | | | 时段末平滩流量（$m^3$/s） |
|---|---|---|---|---|---|---|---|---|
| | 水量（亿 $m^3$） | 沙量（亿 t） | | | 全断面（亿 t） | 主槽（亿 t） | 主槽淤积比（%） | |
| 1950-7～1960-6 | 480 | 17.95 | 77.2 | 19.7 | 3.61 | 0.82 | 23 | 6000 |
| 1960-11～1964-10 | 573 | 6.03 | 80.8 | 28.8 | −5.78 | −5.78 | | 8500 |
| 1964-11～1973-10 | 426 | 16.3 | 54.7 | 14 | 4.39 | 2.94 | 67 | 3400 |
| 1973-11～1980-10 | 395 | 12.4 | 53.4 | 14.7 | 1.81 | 0.02 | 1 | 5000 |
| 1980-11～1985-10 | 482 | 9.7 | 83.8 | 33.6 | −0.97 | −1.26 | | 6000 |
| 1985-11～1999-10 | 278 | 7.64 | 19.6 | 2 | 2.23 | 1.61 | 72 | 3000 |
| 1999-11～2013-10 | 261 | 0.73 | 13.0 | 0.14 | −1.69 | −1.75 | | 4200 |

注："小黑武"指小浪底水文站（1999 年 10 月以前为三门峡站）、黑石关水文站、武陟水文站，下文同

表 1.1-3  黄河下游主要断面不同时期主槽过水面积　　　（单位：m²）

| 断面 | 时间 | | | | | | |
|---|---|---|---|---|---|---|---|
| | 1960-9 | 1964-10 | 1973-10 | 1980-10 | 1985-10 | 1999-10 | 2013-10 |
| 花园口 | 4010 | 5080 | 3170 | 2290 | 3200 | 1493 | 3796 |
| 夹河滩 | 6291 | 9298 | 5399 | 5291 | 5883 | 1397 | 3415 |
| 高村 | 4732 | 7471 | 4061 | 3381 | 4002 | 1167 | 2773 |
| 孙口 | 4587 | 5887 | 3888 | 3345 | 3780 | 1343 | 2474 |
| 艾山 | 2936 | 3649 | 2291 | 2377 | 2777 | 1599 | 2322 |
| 利津 | 2211 | 2477 | 1465 | 1522 | 2339 | 1150 | 1604 |

从黄河下游各时期水沙特征和年均冲淤量来看，1986 年以前除 1964 年 11 月至 1973 年 10 月三门峡水库滞洪排沙特殊运用时期外，下游河道滩和槽的淤积比分别约为 70% 和 30%，或主槽发生冲刷，滩槽面积变化基本相当，滩槽几乎同步淤积升高，基本保持中水河槽具有 5000m³/s 以上的过流能力。1986 年至小浪底水库下闸蓄水前，进入黄河下游的年水量和汛期水量均大幅度减少，且由于来自上游的低含沙洪水被削减，黄河下游中常洪水出现的频率和持续时间大幅度减少，汛期 2000~4000m³/s 流量级年均出现的天数比 1950~1960 年少约 40d，大于 4000m³/s 的天数少 17.7d，且 1000m³/s 以上流量级的水流含沙量大幅度增加，黄河下游河道中水河槽淤积严重，1985 年 11 月至 1999 年 10 月年均淤积 2.23 亿 t，其中河槽年均淤积量为 1.61 亿 t，与天然情况下（1950 年以前）相比，淤积量占来沙量的比例由 23% 增加到 29%，且主槽淤积比由 23% 增加至 72%。随着黄河下游主槽过流断面持续萎缩，平滩流量明显减小，1999 年汛前孙口以上河道最小平滩流量已降至 2500~3000m³/s，2002 年汛前高村河段最小平滩流量一度减小到 1800m³/s。

解决多沙河流的主要问题要从多种措施入手，开展水土保持工作可以从源头上改善水沙关系不协调的状况，开展堤防建设、河道疏浚等河道整治工程可以增强对洪水灾害的抵御能力，而从见效速度、综合效益等方面考虑，修建水利枢纽工程仍然是解决多沙河流问题的主要措施。多沙河流水库的开发任务主要有如下两个方面。

（1）防洪减淤。在河床持续淤积抬高的河流上，防洪是突出的问题，河流防洪和减淤问题联系在一起。水库防洪库容是有限的，只有抑制下游河道河床淤积抬高发展，才能发挥水库对下游河道防洪运用的作用，否则要不断地加高下游河道堤防，而这是十分困难的。所以在这样的河流上修建拦蓄洪水的水库，只能是以防洪减淤为主要开发任务，兼顾兴利综合利用。水库发挥防洪减淤作用，主要是通过拦沙和调水调沙，协调进入水库下游的水沙关系，提高下游河道输沙能力，减缓下游河道淤积抬升，维持适宜中水河槽。

（2）兴利综合利用。利用枢纽筑坝建库形成的水头，承担电网的调峰发电、调频、事故备用等任务。通过调节径流，为沿岸工农业生产和城乡生活提供水源保障，保证下游断面的生态基流，改善下游水生态环境。相对于少沙河流水库，多沙河流水库在承担兴利综合利用任务时，对于发电、供水、灌溉设施有更多的泥沙处理要求。

在世界范围内，大型水库超过了 4 万座。然而，由于泥沙的淤积，每年损失的库容占总库容的 0.5%～1.0%。资料显示，美国在 20 世纪 20 年代以后开始修建的综合利用水库总库容为 5000 亿 m³，每年淤积损失达 12 亿 m³；截至 1953 年，1935 年以前修建在水土流失地区的水库，已有 10% 完全淤废，有 14% 已损失原库容的 50%～75%，有 23% 已损失原库容的 25%～50%。日本对本国 256 座库容大于 100 万 m³ 的水库淤积情况的调查结果表明，全部淤满的有 5 座，占水库总数的 2%；淤积导致库容损失已达原库容 80% 以上的有 26 座，占 10%；库容损失 50%～80% 的有 56 座，占 22%；在剩余的 169 座中，除去 5 座淤积甚微外，其余水库淤积都在 10% 以上，这 256 座水库的平均寿命仅有 53 年。至于气候干旱、暴雨强度大、水土流失较严重的国家和地区，水库泥沙淤积问题就更加严重了。

多沙河流水库主要有以下三个问题。

（1）库容损失。泥沙淤积将侵占调节库容，降低水库的调节能力，减少工程的效益。此外，泥沙淤积后还将侵占部分防洪库容，影响水库对下游的防洪作用和大坝自身的防洪安全。

（2）淤积上延。水库蓄水后，泥沙淤积会引起库区水位抬高，造成周边土地被淹没和浸没，又因泥沙淤积与回水的相互影响，淤积末端向上游发展，进一步扩大水库淹没、浸没的范围，造成淤积上延的"翘尾巴"现象。例如，黄河三门峡水库建成蓄水后，淤积严重，河床迅速抬高，扩大了土地被淹没、浸没的范围，如不控制任其发展将影响西安市的安全，为此被迫对工程进行了两次改建，并改变水库运用方式。又如，山西省镇子梁水库因建库后淤积不断上延，实际回水范围超过原设计值，不得不多次增加移民和土地淹没赔偿费。

（3）坝前泥沙问题。坝前的建筑物，包括船闸和引航道、水轮机进口、渠道引水口等，都有泥沙问题。泥沙（特别是粗沙）进入水轮机会引起磨损，水草进入拦污栅则会造成堵塞，从而增加停机抢修和降低出力。例如，盐锅峡水库在刘家峡水库投入运用以前，因拦污栅堵塞而停机和降低出力，从而造成了损失。粗、中沙进入渠道，会发生淤积，影响输水能力；但是粉沙和土粒如能通过渠道被带至农田灌淤，则会增加土壤的肥力。

## 1.2 多沙河流水库运用及其面临的新形势与挑战

### 1.2.1 多沙河流水库运用方式

我国大量多沙河流水库运用的实践表明，多沙河流水库在运用方式上不仅要调水，而且还要调沙，通过选择正确的水库运用方式，尽可能减少水库淤积，保持水库长期有效库容，并减轻下游河道的淤积[2]。以黄河为例，作为世界上最为复杂难治的河流，水少沙多、水沙关系不协调是根本症结所在。水库作为水沙调控体系的主要组成部分，是调节水沙关系、实现黄河长治久安、筑牢黄淮海平原生态安全屏障的关键所在。目前，多沙河流水库的运用方式主要有以下几种类型。

1）蓄洪运用

这种运用方式的特点是水库不仅在非汛期含沙量较低时蓄水，还在汛期含沙量较高时拦洪蓄水。按径流调节和泥沙处理程度、处理方式不同，又可将其细分为蓄洪拦沙和蓄洪排沙两种运用方式。

（1）蓄洪拦沙运用。蓄洪拦沙运用方式在运用过程中完全不考虑排沙，以一定的库容拦蓄泥沙，水库蓄水、放水调度完全根据兴利部门的要求确定。水库不仅在年内调节汛期、非汛期来水，还可能进行年际调节，拦蓄丰水年来水，供平水、枯水年之用。这种运用方式，径流调节程度高，但如果来沙量较大，水库淤积速率会很快，库容损失率也大，虽然水库近期效益较高，但远期效益随水库库容淤积损失而大幅度降低。官厅水库、三门峡水库运用初期曾采用这种运用方式，水库淤积严重。这种运用方式一般适合相对于库容来沙量不大的水库，经过长期蓄水拦沙，水库仍有较大库容满足各种兴利调度要求。

（2）蓄洪排沙运用。蓄洪排沙运用方式是指水库在来水来沙的主要季节，只拦蓄一部分洪水，而汛期限制水位主要由泥沙制约的运用方式。汛期限制水位多指排沙限制水位，一般情况下，库水位超过该限制水位时，水库弃水。刘家峡、冯家山、石泉等水库采用此类运用方式，水库达到年调节和不完全多年调节，在汛期可以利用异重流或浑水水库排出一部分泥沙，或通过控制水位运用，限制水库泥沙淤积在某一高程以下，长期保持一定的有效库容用于兴利调度。

2）蓄清排浑运用

蓄清排浑运用是指水库在少沙期拦蓄低含沙量的水流蓄水兴利，当汛期洪水含沙量较高时不予拦蓄，尽量排出库外，以减轻水库淤积。此类运用方式的特点在于年内运用中有明显的排沙期，既调水又调沙，大幅度减轻水库淤积，使水库年内或一定时期内冲淤基本平衡，从而达到长期保持一定有效库容的目的。目前，我国多沙河流水库广泛采用这种运用方式，根据水库运用对泥沙调节形式的不同，又可以将其细分为汛期滞洪运用、汛期控制低水位运用和汛期控制蓄洪运用等形式[3]。

（1）汛期滞洪运用。汛期滞洪运用是指采取空库迎洪、滞洪排沙的方式，水库对洪水按泄洪能力自然滞洪，仅起到缓滞作用，洪水过后随即泄空，将前期蓄水和滞洪期间淤积的泥沙排出库外。这种运用方式排沙效果较好，能大大减少水库的淤积，黑松林、红领巾、洗马林等水库均采用此运用方式。

（2）汛期控制低水位运用。汛期控制低水位运用即汛期水库不泄空，而限制一定的低水位进行控制运用的方式，这个水位一般为排沙限制水位。当洪水到来时，库水位限制在这一水位运行，大部分洪水排沙出库，因排走汛期大部分泥沙，依靠年际来水的丰枯过程，可以基本控制水库淤积。青铜峡水库和改建后的三门峡水库采用的运用方式属于此类型。

（3）汛期控制蓄洪运用。汛期控制蓄洪运用是对汛期含沙量较高的洪水采取低水位控制运用，将泥沙排至库外，而对含沙量较低的小洪水则适当加以拦蓄，以提高兴利效益，满足用水需求。采用这种运用方式，一方面可以减少水库淤积，另一方面多蓄水以兼顾综合效益发挥。这种运用方式主要解决水库排沙与蓄水兴利的矛盾,如山西省的恒山水库,汛期水沙集中,汛后基流较小,若汛期洪水全部排泄,则后期无水可蓄,不能保证灌溉、供水需求,因此需要对含沙量较小的一些小洪水进行适当拦蓄。

3)缓洪运用

这是蓄洪运用和蓄清排浑运用派生的运用方式,包括自由滞洪运用和控制缓洪运用。

(1)自由滞洪运用。自由滞洪运用是指水库泄流设施不设置闸门控制,洪水入库后一般穿堂而过,不进行径流调节,只起到自由缓洪作用。这种运用方式适合于以防洪为单一目标的水库,通过自由滞洪,削减洪峰,保障下游防洪目标安全。例如,辽宁省闹得海水库 1970 年以前采用该运用方式,水库一般汛期淤积,非汛期冲刷;涨洪淤积,落洪冲刷。利用冲淤变化,达到年内或一定时期内冲淤平衡。

(2)控制缓洪运用。控制缓洪运用是指有控制地缓洪,以提高引洪量和延长引洪时间。采用这种运用方式的水库,一般是枯水期无基流,洪水期才有水,但洪水含沙量较高,会使淤积严重,因此不能蓄洪运用,通过控制缓洪,尽量将洪水引走,引水的同时引沙以减少库区淤积。

4)调水调沙运用

调水调沙运用是在总结蓄清排浑运用经验的基础上,根据下游河道对水库运用的要求而进行调节的一种运用方式。目前,在总结三门峡、青铜峡、天桥、王瑶、巴家嘴等已建水库蓄清排浑运用经验的基础上,小浪底水库采用调水调沙运用方式。其调度指导思想是在充分发挥水库防洪、减淤等综合效益的前提下,根据水库不同运用阶段库区泥沙的运动特点,充分利用下游河道大流量洪水过程的输沙能力,对汛期入库水沙进行灵活调节,尽量延长水库拦沙库容的使用年限,有计划地控制水库的蓄、泄水时间和数量,尽可能地把淤积在水库和大坝下游河道中的泥沙输送入海。可见"调水调沙"是根据下游河道对水库运用的要求而进行调节,将减少水库淤积和下游河道减淤有机结合,是对蓄清排浑运用方式的进一步发展。

5)水库群联合调度运用

目前,随着流域水沙预测预报技术逐步完善,水库调度运用逐渐由单库调节转向水库群联合调度,即根据来水来沙预报,利用上下游、干支流水库位置关系,在上游水库人工塑造大流量洪水过程,考虑沿程洪水传播时间,并与下游水库运用水位精确对接,在冲刷恢复水库库容的同时,塑造有利于下游河道泥沙输送的洪水过程,充分发挥河道输沙能力,同时减少水库及河道淤积。这种运用方式需要全面考虑各水库多目标需求,以减少水库淤积、充分利用水沙资源、提高水库群的综合效益为根本目的,具体运用形式有多种组合或模式。目前,黄河上游梯级水库群采取联合调度运用,中游水库群调水调沙也进行了多次试验和生产实践,均取得了显著的综合效益,并积累了大量的宝贵调度经验和技术研究成果[4,5]。

综合来看,不同时期,经济社会发展、流域水沙条件变化等对水库调度运用不断提出新的要求，因此多沙河流水库运用也一直在不断地发展和完善，以适应新的形势。水库运用从单库调节逐渐向水库群联合调度转变，针对不同水库开发目标和自身特点提出多种针对性强的运用方式。除此之外，水库调度正逐渐引入更多的人工辅助手段，如水力-机械一体化排沙、大型水库深水排沙装备研制等，利用人工手段减少水库淤积，缓解水库淤积与兴利的矛盾，以更好地满足水库兴利调度要求，充分发挥水库的综合效益。

### 1.2.2　多沙河流水库运用发展

多沙河流水库运用主要经历了 3 个阶段，见图 1.2-1。

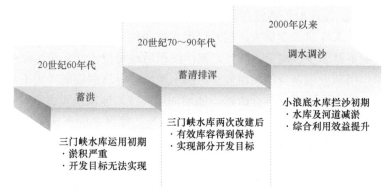

图 1.2-1　多沙河流水库运用发展阶段示意图

（1）第一阶段以三门峡水库运用初期蓄洪运用为代表，库区淤积严重，无法实现开发目标。这种运用技术的特点是水库不仅在非汛期含沙量较低时蓄水，还在汛期含沙量较高时拦洪蓄水。按径流调节及泥沙处理程度、处理方式不同又可将其细分为蓄洪拦沙和蓄洪排沙两种形式。

（2）第二阶段以三门峡水库在两次改建后蓄清排浑运用为代表，有效库容得到保持，实现了部分开发目标。目前，我国多沙河流水库广泛采用这种运用方式，根据水库运用对泥沙调节形式的不同，又可以将其细分为汛期滞洪运用、汛期控制低水位运用和汛期控制蓄洪运用等形式[3]。

（3）第三阶段以小浪底水库拦沙初期调水调沙运用为代表，实现了水库及河道减淤，提升了综合利用效益。在充分发挥水库防洪、减淤等综合效益的前提下，根据水库不同运用阶段库区泥沙的运动特点，充分利用下游河道大流量洪水过程的输沙能力，对汛期入库水沙进行灵活调节，尽量延长水库拦沙库容的使用年限，有计划地控制水库的蓄、泄水时间和数量，尽可能地把淤积在水库和大坝下游河道中的泥沙输送入海。

### 1.2.3　多沙河流水库运用面临的新形势与挑战

随着经济社会的发展，在水库有效库容保持和开发目标实现方面形成了新的外部环境，黄河流域水库的运用面临着新形势与挑战。

（1）小浪底水库进入拦沙后期运用阶段，处于减淤运用及库区淤积形态塑造的关键期、延长水库拦沙年限、避免库区支流"拦门沙坎"形成、充分发挥支流库容拦沙作用对水库减淤运用提出了新要求。

（2）下游滩区约 190 万群众长期饱受中小洪水威胁，小浪底水库原设计不承担滩区中小洪水防洪任务，但具有大量拦沙库容，滩区保安对拦沙库容用于防洪提出了新需求。

（3）多沙河流水库汛期入库含沙量高，发电运用会导致机组磨损严重、库容淤损，协调水库排沙与发电运用的矛盾、充分发挥水库综合利用效益对水库汛期发电运用提出了新要求。

新形势与挑战带来的主要技术难题如下。

（1）库容淤损快。水库建成蓄水后，回水范围内过流面积增大，流速大幅度减小，必然出现泥沙淤积。泥沙淤积将侵占调节库容，降低水库的调节能力，减少工程的效益。多沙河流水库由于入库泥沙含量大，相同运用水位条件下，库容淤损速度更快，对工程综合效益的影响更甚于少沙河流。此外，泥沙淤积后还将侵占部分防洪库容，影响水库对下游的防洪作用和大坝自身的防洪安全。由于原设计对这些问题考虑不周，在工程运用一定时间后，往往被迫对其进行改建，如增加坝高或增建泄洪设备等。

（2）支流库容用不全。水库蓄水后，水位抬高，库区水面形成壅水曲线，沿流程水深逐渐增大，流速则逐渐降低，入库泥沙出现沿程淤积分选，形成三角洲、锥体或带状等淤积形态。若水库存在较大的入汇支流，且支流水沙量相对干流较小，随着干流淤积抬升，就会发生干流淤积倒灌支流的情况，形成所谓的"拦门沙坎"，导致支流库容用不全。例如，官厅水库的妫水河库区受"拦门沙坎"的影响，有约 2.52 亿 $m^3$ 库容无法利用，约占设计库容的 1/5，严重影响了水库的综合效益。

（3）拦沙库容（或死库容）功能单一。在多沙河流水库中，拦沙库容是用于拦截入库泥沙，实现下游河道减淤的库容。为更好实现下游河道的减淤，水库拦沙库容占总库容的比例相对较大。以小浪底水库为例，其拦沙库容为 75.5 亿 $m^3$，约占设计总库容 126.5 亿 $m^3$ 的 60%。拦沙库容的使用贯穿整个拦沙期，虽然水库运用初期剩余拦沙库容较大，但仅用于蓄水拦沙，使用功能相对单一，无法充分发挥其潜力，造成临时性资源浪费。

（4）汛期发电运行难。多沙河流年内入库沙量分配不均，汛期来沙所占比例较大，加剧了库容保持与发电兴利之间的矛盾。抬高水位发电，增加了发电效益，但库区淤积严重；降低水位发电，水库排沙效果好，但减少了发电量，且过机泥沙含量高，还造成水轮机组叶片磨蚀严重。矛盾的存在，造成了多沙河流汛期发电运行难。

黄河泥沙问题一直是世界级难题，解决黄河水库运用面临的库容淤损快、支流库容用不全、拦沙库容功能单一、汛期发电运行难等问题更是难上加难，水库减淤兴利运用是破解上述难题，应对新形势与挑战的技术保障。

## 1.3　主要研究思路及成果

研究以问题为导向，针对新时期水库运用面临的挑战，采用实测资料分析、理论分析、数学模型计算、原型试验相结合的技术手段，提出了库区滩槽同步塑造、拦沙库容多元化利用、汛期发电防沙运用三大关键技术。研究成果成功应用于小浪底水库等黄河流域重大水利工程，延长了水库拦沙年限，提高了支流库容利用率，减免了下游滩区洪灾，实现了汛期发电，提升了水库防洪、减淤、发电综合效益。项目总体思路见图 1.3-1。

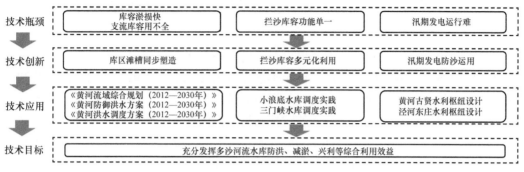

图 1.3-1　项目总体思路图

研究取得的主要成果如下。

（1）提出了库区滩槽同步塑造技术，突破了水库拦沙期只淤不冲的传统拦沙模式，破解了拦沙库容淤损快、支流沟口形成"拦门沙坎"导致部分库容无法利用的难题。深入剖析了拦沙后期库区水流泥沙运动特性，探明了库区滩槽形态形成、演变机理，提出了拦沙后期分阶段运用理念，确定了阶段划分原则和运用思路，提出了拦沙后期分阶段运用理念和划分原则；提出了拦沙期库区滩槽同步塑造的运用水位动态调整方法，揭示了滩槽形态控制水位与水库淤积形态、综合利用效益的多维响应关系，创建了"动态控制、分级抬高"的滩槽同步塑造的运用水位调整模式，确立了滩槽同步塑造的水位边界，研发了滩槽同步塑造的水沙调控技术；确立了库区塑槽流量、塑槽历时等调控指标，提出了"小水拦沙，大水排沙，淤滩塑槽，适时造峰"的调控方式。

（2）提出了拦沙库容多元化利用新技术，将拦沙库容用于中小洪水防洪，突破了拦沙库容功能单一的运用传统，解决了新形势下黄河下游滩区防洪保安的重大难题。研究了有实测资料以来的不同来源区、不同流量级、不同含沙量级、不同历时等的 300 余场洪水，提出了洪水泥沙多种分类指标，构建了洪水泥沙联合分类方法。研究提出了拦沙库容多元化利用理念，研究了水库不同阶段拦沙库容动态配置方式及滩区不同量级洪水的淹没风险，构建了水库预泄、错峰调节等将拦沙库容用于防洪的水沙分类管理模式，有效减免了下游滩区中小洪水淹没损失，提高了水库的综合利用效益。

（3）提出了多沙河流水库汛期发电防沙运用技术，破解了库容保持与减少过机泥沙之间的矛盾，实现了三门峡水电站汛期浑水发电。开展了三门峡水库汛期发电原型试验，深入研究了原型试验取得的流量、含沙量、水位、机组磨蚀度、发电量等海量数据，识别了各因素间的相互关系，确立了"洪水排沙，平水兴利"的水库汛期发电运用基本原则，明确了汛初发电期、恢复发电期等发电时机，构建了排沙和发电控制指标，提出了汛期发电运用方式。构建了分时段调沙分沙技术，利用调沙库容缓存泥沙以降低坝前含沙量和粗沙含量，利用不同高程泄水孔洞泄流排沙以有效降低过机含沙量，从而大幅减轻泥沙对水轮机的磨蚀破坏，降低磨损强度。实现了三门峡水库汛期发电，取得了巨大的经济效益。

# 第 2 章　水库减淤运用理论及下游冲淤规律

多沙河流水库泥沙淤积和库容损失的问题首先在多座已建水库的运用实践中暴露出来，同时对水库减淤措施的探索也始于水库运用实践中对运用方式的不断试验和调整。从三门峡水库蓄清排浑运用方式的提出到黄河调水调沙实践，水库减淤措施的研究从对调度原则的总结发展到具体的调控指标体系的建立，然而对于多沙河流水库能否实现可持续利用及实现这一目标的必要条件，一直以来缺少理论上的论证。本章首先总结已建多沙河流水库的运用实践，然后从水库减缓淤积机理和恢复库容机理两个方面阐述多沙河流水库可持续利用理论。此外，多沙河流水库减淤运用方式的实施对于水库排沙设施的设计有何要求，以及如何协调水库排沙与兴利的关系，也是本章讨论的主要问题。

## 2.1　已建水库运用实践

### 2.1.1　万家寨水库

万家寨水利枢纽位于黄河北干流上段托克托至龙口峡谷河段内，是黄河中游规划梯级开发的第一级。万家寨水库的主要任务是供水结合发电调峰，同时兼有防洪、防凌作用。水库于 1998 年 10 月下闸蓄水运用，总库容 8.96 亿 $m^3$，调节库容 4.45 亿 $m^3$，死库容 4.51 亿 $m^3$。总装机容量 108 万 kW。水库设计最高蓄水位 980m，正常蓄水位 977m，防洪限制水位 966m，排沙期运行水位 952～957m。水库最大回水长度 72.34km。万家寨水库属一等大（Ⅰ）型工程，枢纽永久建筑物为Ⅰ级水工建筑物。拦河坝设计洪水标准重现期为千年一遇，校核洪水标准重现期为万年一遇，入库洪峰流量分别为 16 500 $m^3/s$、21 200 $m^3/s$。

根据万家寨初步设计阶段成果，万家寨水利枢纽汛期水位不超过防洪限制水位 966m。水库调度采取蓄清排浑的运用方式，8～9 月为排沙期，水库保持低水位运行，入库流量小于 800 $m^3/s$ 时，库水位控制在 952～957m，进行日调节发电调峰；入库流量大于 800 $m^3/s$ 时，库水位控制在 952m，水电站转入基荷运行或弃水带峰；当水库淤积严重导致难以保持日调节库容时，在流量大于 1000 $m^3/s$ 的情况下，库水位短期降至 948m 冲沙运行 5～7d。

1998 年 10 月下闸蓄水至 2004 年，万家寨水利枢纽处于运行初期，来水来沙较枯。中水北方勘测设计研究有限责任公司（原水利部天津水利水电勘测设计研究院）研究提出《黄河万家寨水库运用初期分期汛限水位论证报告》，优化了汛期运用方式，水利部水利水电规划设计总院的审查意见为"8 月 20 日前水库汛限水位按 966m 控制，9 月 1 日后水库汛限水位按 974m 控制；8 月下旬为前、后汛期的过渡期，10 月下旬由汛期向非汛期过渡。为延长水库运用初期年限，当 8、9 月入库流量大于 1000m³/s 时，水库短期降低水位排沙运用"。2004～2012 年，水库按照该分期汛限水位控制运用，水库排沙机会较少，淤积较为严重。

经过近十年的运用，截至 2013 年 4 月，水库最高蓄水位下的总库容 8.96 亿 m³ 已淤积过半，高程 980m 以下库容损失量为 4.65 亿 m³，其中汛限水位 966m 以下库容减少 4.23 亿 m³，占总减少量的 91.0%。距坝 60km 以内河床已经接近低淤积平衡高程，60km 以上已经达到冲淤平衡状态，水库排沙已很迫切。图 2.1-1 为 2013 年 4 月万家寨水库干流淤积纵剖面形态图。

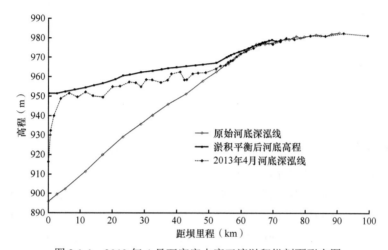

图 2.1-1　2013 年 4 月万家寨水库干流淤积纵剖面形态图

鉴于水库淤积较为严重，自 2013 年以来，根据水库的淤积情况、排沙要求及汛期水库调度原则，万家寨水库优化了汛期调度运用方案，具体方案如下。

1）汛限水位

7 月 1 日至 9 月 20 日按 966m 控制，10 月 1 日至 10 月 20 日按 974m 控制；9 月 21 日至 9 月 30 日由 966m 向 974m 过渡，10 月下旬由汛期向非汛期过渡。

2）防洪调度运用方式

（1）9 月 20 日前，按汛限水位 966m 控制；遇洪水按 966m 起调。

（2）9 月 21 日开始升高库水位，10 月 1 日起按汛限水位 974m 控制，遇洪水入库按 974m 起调。

（3）10 月下旬由汛期向非汛期过渡。

（4）8～9 月水库排沙调度期，遇洪水入库按 957m 起调。

3）排沙运用方式

8～9 月排沙期，控制万家寨库水位为 952～957m 运行；如有入库流量大于 1000m³/s 的机会，库水位可降至 948m 进行短期冲沙试验。具体操作如下。

（1）8月1～5日，降低库水位到957m以下。

（2）9月20日前，当入库流量小于1000m³/s时，控制库水位在952～957m运行。

（3）9月20日前，当预报确认有大于1000m³/s流量入库时，降低库水位到948m冲沙运行，时间以不超过3d为宜。

（4）9月21日起，万家寨库水位回升，至月底不超过970m为宜。

（5）8～9月，遇洪水入库，万家寨水库进入防洪调度运用。

从不同时期万家寨水库运用变化的过程来看，水库初期采取动态汛限水位控制运用，水库排沙机遇较少，导致库区淤积严重。自2013年万家寨水库优化了排沙调度运用方式后，8～9月水库采取低水位排沙运用，当预报确认有大于1000m³/s流量入库时，降低库水位到948m进行冲沙，从而基本上控制了水库持续淤积。因此，万家寨水库排沙调度运用方式的关键在于排沙期低水位控制运用，并结合入库水沙条件伺机降低水位敞泄冲刷。

### 2.1.2　巴家嘴水库

巴家嘴水库位于甘肃省庆阳市西峰区，属于黄河流域泾河支流蒲河中下游的黄土高原地区，为大（Ⅱ）型水库，集防洪、供水、灌溉及发电于一体。目前整个工程由一座拦河大坝、一条输水洞、两条泄洪洞、两级发电站和电力提灌站等组成。初建坝高58.0m，坝顶高程1108.7m，相应库容2.57亿m³，为黄土均质坝。1964年、1974年曾两次加高坝体，坝高74.0m，坝顶高程1124.7m，校核洪水位为1124.4m，原始总库容5.110亿m³。第二次加高大坝的同时，又改建了泄洪洞与输水洞。泄洪洞进口底坎高程抬升到1085.5m，输水洞进口底坎高程抬升到1087m。泄洪洞最大泄流能力为101.9m³/s（1124m高程）。1992年9月增建泄洪洞工程正式开工，于1998年汛前投入运用。2004年巴家嘴水库进行了除险加固设计，增建三孔溢洪道，加固了坝体，但并未增加坝高。

巴家嘴水库建成投入运行后，按运用方式及冲淤变化，可大致划分为五个运用阶段，水库不同时期水沙量和排沙比见表2.1-1，蒲河淤积纵剖面变化见图2.1-2。

表2.1-1　巴家嘴水库各运用时期水沙量和排沙比

| 运用时期 | 1962-7～1964-6 | 1964-7～1970-6 | 1970-7～1974-6 | 1974-7～1977-6 | 1977-7～1985-6 | 1985-7～1992-6 | 1992-7～1996-9 | 1978-7～1996-9 |
|---|---|---|---|---|---|---|---|---|
| 水库运用方式 | 蓄水 | 自然滞洪 | 蓄水 | 自然滞洪 | 蓄清排浑 | 蓄清排浑 | 蓄清排浑 | 蓄清排浑 |
| 年平均入库水量（亿m³） | 1.055 | 1.486 | 1.450 | 0.978 | 1.218 | 1.189 | 1.376 | 1.249 |
| 年平均入库沙量（亿t） | 0.171 | 0.396 | 0.417 | 0.227 | 0.221 | 0.230 | 0.336 | 0.267 |
| 年平均出库沙量（亿t） | 0.000 07 | 0.174 | 0.136 2 | 0.180 | 0.172 | 0.144 | 0.212 | 0.171 |
| 排沙比（%） | 0.043 | 43.9 | 32.6 | 79.3 | 77.8 | 62.6 | 63.1 | 64.0 |

注：数据经过数值修约，存在进舍误差，下文同。

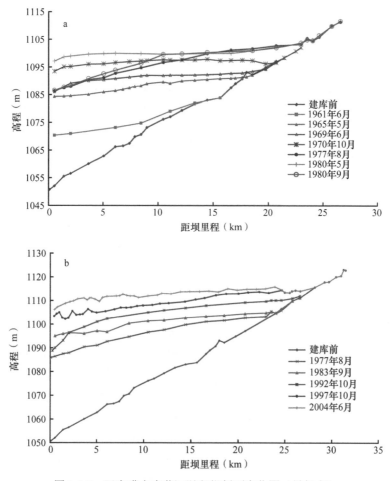

图 2.1-2　巴家嘴水库蒲河淤积纵剖面变化图（最低点）

综合来看，蓄水运用时，水库排沙效果差，淤积严重，而自然滞洪、蓄清排浑运用时可以减少水库的淤积，但要求水库具有足够的泄流规模，若泄流规模不足，大洪水期间仍会发生大量淤积。

## 2.1.3　三门峡水库

三门峡水库位于河南省三门峡市东北 17km 处，是黄河干流上兴建的第一座以防洪为主，兼顾防凌、灌溉、供水、发电的综合性水利工程，坝址以上控制流域面积 68.8 万 km²，占黄河流域总面积的 91%，控制黄河流域 89% 的来水和 98% 的来沙。

三门峡水库于 1957 年 4 月开工，1958 年 11 月截流，1960 年 9 月基本建成投入运用。水库运用可划分为 4 个运用阶段：1960 年 9 月至 1962 年 3 月为蓄水拦沙运用，1962 年 3 月至 1966 年 6 月为原建规模下滞洪排沙运用，1966 年 7 月至 1973 年 10 月为水库改建期滞洪排沙运用，1973 年 11 月以后为蓄清排浑运用[6]。

1）蓄水拦沙运用阶段

1960 年 9 月至 1962 年 3 月,三门峡水库蓄水拦沙运用。10 月回水直接影响潼关,1961 年 2 月 9 日达最高蓄水位 332.58m,蓄水量 72.3 亿 m³。蓄水后库区泥沙淤积严重,至 1962 年 2 月累计淤积泥沙 15.3 亿 t,93%的入库泥沙淤在库内,淤积末端出现"翘尾巴"现象,淤积速度和部位超出预计值。由于水库回水超过潼关,1962 年 3 月潼关河床高程较蓄水前淤积抬高 4.67m;渭河口形成拦门沙,渭河下游河道排洪能力迅速下降,河道淤积严重,水库淤积末端上延,两岸肥沃农田被淹,地下水位抬高,土地盐碱化范围扩大。

2）原建规模下滞洪排沙运用阶段

1962 年 3 月至 1966 年 6 月,为了减缓库区淤积,三门峡水库改为滞洪排沙运用,闸门全部开启敞泄,但由于泄流排沙能力不足,入库泥沙仍有 60%淤积在库内,淤积末端继续上延。

3）改建期滞洪排沙运用阶段

1966 年 7 月至 1973 年 10 月,三门峡水库进行了两次改建。

第一次改建,水库增建了"两洞四管",并分别于 1966 年 7 月和 1968 年 8 月投入运用。改建工程完成后,水库仍采用滞洪排沙运用,由于枢纽的泄流规模增大了一倍,水库排沙泄流效益明显增大,缓解了水库的严重淤积,但仍有 20%左右的入库泥沙淤积在库内,潼关以下库区由淤积变为冲刷,但冲刷范围尚未到潼关。

1969 年"四省(晋、陕、豫、鲁)会议"之后,国务院批准了三门峡枢纽第二次改建方案,相继打开 1~8 号进口高程为 280m 的原施工导流底孔,1~5 号机组进水口高程由 300m 降至 287m。1970 年 7 月至 1973 年 10 月,水库敞泄排沙,库区冲刷剧烈,潼关河床高程有明显的下降。

4）蓄清排浑运用阶段

1973 年 11 月以后,水库开始按蓄清排浑方式运用,使年内进出库泥沙和库区冲淤基本平衡。水库淤积减缓,潼关高程下降,使枢纽工程在新的条件下发挥了综合利用效益[7]。

### 2.1.4 小浪底水库

小浪底水库位于黄河中游最后一个峡谷河段,上距三门峡水库约 130km,下距郑州黄河铁路大桥 115km,控制流域面积 69.4 万 km²,是解决黄河下游防洪减淤等问题不可替代的关键工程,在黄河治理开发中具有极其重要的战略地位。工程开发任务为以防洪(防凌)、减淤为主,兼顾供水、灌溉、发电,除害兴利,综合利用。小浪底水库自运行以来,在防洪(防凌)、减淤、供水、灌溉、生态、发电等方面发挥了巨大作用。

小浪底水库的总体运用是按减淤运用部署的,以防洪、减淤运用为中心统筹多目标运用,主汛期主要进行防洪、减淤运用,调节期主要进行防凌和供水、灌溉、发电运用[8]。

在防洪运用方式中，小浪底水库与三门峡、陆浑、故县、河口村等干支流水库联合运用，利用小浪底水库拦洪，减少下游分洪区、滞洪区的使用，并减轻其他水库的蓄洪负担。考虑到水库运用初期剩余库容较大，对花园口流量超 4000m³/s 的洪水进行削峰滞洪，减少黄河下游河道洪水漫滩，避免了滩区的淹没损失。

自小浪底水库投入运用以来，水库逐步抬高汛限水位控制运用，历年汛限水位采用情况见表 2.1-2。历次调水调沙期间小浪底水库排沙情况见表 2.1-3。至 2016 年6 月，小浪底水库年均入库沙量 2.99 亿 t，年均出库沙量 0.63 亿 t，平均排沙比为 21.1%；库区断面法累计淤积泥沙 30.87 亿 m³，其中干流淤积 24.99 亿 m³，占总淤积量的80.95%，支流淤积 5.88 亿 m³，占总淤积量的 19.05%；黄河下游各个河段都发生了冲刷，利津以上河段冲刷 26.13 亿 t，其中高村以上河段冲刷 18.57 亿 t，占总冲刷量的 71.1%，高村至艾山河段冲刷 3.75 亿 t，占总冲刷量的 14.3%，艾山至利津河段冲刷 3.81 亿 t，占总冲刷量的 14.6%。下游河道最小平滩流量由原来的 1800m³/s 逐渐恢复至 4200m³/s。

**表 2.1-2　小浪底水库历年汛限水位统计表**　（单位：m）

| 年份 | 汛限水位 | |
| --- | --- | --- |
| | 前汛期（7~8 月） | 后汛期（9~10 月） |
| 2000 | 215 | 235 |
| 2001 | 220 | 235 |
| 2002~2012 | 225 | 248 |
| 2013~2016 | 230 | 248 |

**表 2.1-3　历次调水调沙期间小浪底水库排沙情况**

| 时间 | 模式 | 调控流量（m³/s） | 调控含沙量（kg/m³） | 小浪底入库沙量（亿 t） | 小浪底出库沙量（亿 t） | 小浪底水库排沙比（%） | 进入下游水量（亿 m³） | 河道冲淤量（亿 t） |
| --- | --- | --- | --- | --- | --- | --- | --- | --- |
| 2002 年 | 小浪底单库调节为主 | 2600 | 20 | 1.831 | 0.319 | 17.4 | 26.61 | −0.334 |
| 2003 年 | 基于空间尺度水沙对接 | 2400 | 30 | 0.58 | 0.74 | 128.0 | 25.91 | −0.456 |
| 2004 年 | 干流水库群联合调度 | 2700 | 40 | 0.432 | 0.044 | 10.2 | 47.89 | −0.665 |
| 2005 年汛前 | 万家寨、三门峡、小浪底三库联合调度 | 3000~3300 | 40 | 0.45 | 0.023 | 5.0 | 52.44 | −0.6467 |
| 2006 年汛前 | 三门峡、小浪底两库联合调度为主 | 3500~3700 | 40 | 0.23 | 0.0841 | 36.6 | 55.40 | −0.6011 |
| 2007 年汛前 | 万家寨、三门峡、小浪底三库联合调度 | 2600~4000 | 40 | 0.6012 | 0.2611 | 43.4 | 41.21 | −0.2880 |
| 2007 年汛期 | 基于空间尺度水沙对接 | 3600 | 40 | 0.869 | 0.459 | 52.8 | 25.59 | −0.0003 |
| 2008 年汛前 | 万家寨、三门峡、小浪底三库联合调度 | 2600~4000 | 40 | 0.5798 | 0.5165 | 89.1 | 44.20 | −0.2010 |

续表

| 时间 | 模式 | 调控流量（m³/s） | 调控含沙量（kg/m³） | 小浪底入库沙量（亿t） | 小浪底出库沙量（亿t） | 小浪底水库排沙比（%） | 进入下游水量（亿m³） | 河道冲淤量（亿t） |
|---|---|---|---|---|---|---|---|---|
| 2009年汛前 | 万家寨、三门峡、小浪底三库联合调度 | 2600～4000 | 40 | 0.5039 | 0.037 | 7.3 | 45.70 | -0.3869 |
| 2010年第一次 | 万家寨、三门峡、小浪底三库联合调度 | 2600～4000 | 40 | 0.408 | 0.559 | 137.0 | 52.80 | -0.2082 |
| 2010年第二次 | 基于空间尺度水沙对接四库联调 | 2600～3000 | 40 | 0.754 | 0.261 | 34.6 | 21.73 | -0.050 |
| 2010年第三次 | 万家寨、三门峡、小浪底三库联合调度 | 2600 | 40 | 0.904 | 0.487 | 53.8 | 20.36 | 0.0529 |
| 2011年汛前 | 万家寨、三门峡、小浪底三库联合调度 | 4000 | 40 | 0.260 | 0.378 | 145.4 | 49.28 | -0.1148 |
| 2012年汛前 | 万家寨、三门峡、小浪底三库联合调度 | 4000 | 40 | 0.444 | 0.657 | 148.0 | 60.35 | -0.0467 |
| 2012年第二次 | 三门峡、小浪底两库联合调度 | 2600～3000 | 40 | 0.923 | 0.788 | 85.4 | 13.69 | 0.01 |
| 2012年第三次 | 三门峡、小浪底两库联合调度 | 2600～3000 | 40 | 0.136 | 0.03 | 22.3 | 20.42 | -0.042 |
| 2013年汛前 | 万家寨、三门峡、小浪底三库联合调度 | 4000 | 40 | 0.387 | 0.645 | 167.0 | 59.00 | 0.0519 |
| 2014年汛前 | 万家寨、三门峡、小浪底三库联合调度 | 4000 | 40 | 0.616 | 0.259 | 42.0 | 23.39 | 0.0387 |
| 2015年汛前 | 三门峡、小浪底两库联合调度 | 2600～4000 | 40 | 0.101 | 0 | 0 | 30.20 | -0.1930 |
| 合计 | | | | 11.010 | 6.548 | 59.5 | 716.17 | -4.080 |

小浪底水库运用以来，共进行了 19 次调水调沙试验和生产实践，累计进入下游河道的水量为 716.17 亿 m³，沙量为 6.24 亿 t，下游河道累计冲刷沙量达 4.080 亿 t，下游河道冲刷主要集中在花园口至利津河段。

每一次调水调沙都有相应的重点，其中 2002 年调水调沙强调对下游清水冲刷相关指标的验证，2003 年调水调沙的重点为水沙的空间尺度对接，2004 年调水调沙的重点为人工塑造异重流，2005 年以后的调水调沙由试验转为生产实践[9, 10]，其指导思想也从规律的探索、各种指标的验证逐渐转变为调控指标运用与相关规律的更深层次研究。

## 2.2 水库减缓淤积机理

### 2.2.1 水库冲淤规律研究

河流上修建水库后，库区内水沙运动的边界条件影响就发生了改变，库区的输沙流态和天然河道有很大不同，相应的河床冲淤发展过程和天然河道也不相同。研究水库冲淤规律，应该首先识别区分库区内的不同输沙流态，分析不同输沙流态下河床冲淤响应特点。

### 2.2.1.1　库区的输沙流态

库区水流形态大致可以分为两种，一是由于挡水建筑物起到壅高水位的作用，库区水面形成壅水曲线，沿程水深逐渐增大，流速则逐渐降低，这种水流流态称为壅水流态；二是由于挡水建筑物不起壅水作用，或者说基本上不起壅水作用，库区水面线接近天然情况，可以近似地按均匀流来对待，这种水流流态称为均匀流态。由于水流的流态不同，其输沙特征也是不一样的[11, 12]。

#### 1）壅水输沙流态

在壅水输沙流态下，水库蓄水量、水深及入库水沙条件不同表现为不同的输沙特征，据此又分为壅水明流输沙流态、异重流输沙流态和浑水水库输沙流态。

（1）壅水明流输沙流态的特征是，当浑水水流进入库区壅水段后，泥沙扩散到水流的全断面，过水断面的各处都有一定的流速，也有一定的含沙量；又因为是壅水流态，流速是沿程递减的，所以水流挟带的沙量也是沿程递减的，泥沙出现沿程分选，淤积物沿程上粗下细。

（2）异重流输沙流态的特点是，入库水流含沙量较高，且细颗粒泥沙含量较高，当浑水进入壅水段后，浑水可能不与壅水段的清水掺混扩散，而是潜入到清水的下面，沿库底向下游继续运动。潜入清水的异重流浑水层，其流速沿水深由上而下先增大后减小，在浑水层中下的位置流速较大，而含沙量则是越靠近底部越大[13]。由于水库的边界条件、壅水距离及入库水沙条件不同，有的异重流运行比较远，可以到达坝前排出库外，而有的中途就停止。

（3）浑水水库输沙流态比较特殊，多数情况下为异重流到达坝前不能及时排出库外而引起滞蓄形成。由于异重流所含的泥沙颗粒比较细，若含沙量较高，则浑水水库中泥沙的沉降与明流输沙中分散颗粒的沉降明显不同，沉降特性比较独特，一般表现为沉降速度极为缓慢[14]。

#### 2）均匀明流输沙流态

均匀明流输沙流态下，水流可以挟带一定数量的泥沙，当来沙量与水流可以挟带的泥沙量不一致时，水库就会发生淤积或冲刷：当来沙量大于水流可挟带的泥沙量时，水库会发生沿程淤积，挟带的泥沙颗粒沿程分选；反之，当入库沙量小于水流可挟带的泥沙量时，水库则发生沿程冲刷。综上所述，各种输沙流态可以归纳总结如下[15]：

#### 2.2.1.2 库区水流的挟沙力及水库冲刷类型

当水流中的含沙量超过水流挟沙力时，水流处于超饱和状态，河床将发生淤积。反之，水流处于次饱和状态，水流将向床面层寻求补给，河床将发生冲刷。通过淤积或者冲刷，达到不冲不淤的新的平衡状态。

以往研究水流挟沙时，不少研究者将悬移质泥沙按颗粒的粗细分为两部分，一部分是研究河段床沙中基本上没有的，称为冲泻质；另一部分是研究河段床沙的主体，称为床沙质。但是，这种划分是有异议的，将粗细悬沙统一运动的现象硬性分割开来的观点难以令人接受。从泥沙研究和解决某些生产问题出发，国内主张不划分床沙质和冲泻质的人逐渐增多，韩其为院士从理论上对该问题进行了探讨，认为利用非均匀沙挟沙力概念可以统一床沙质和冲泻质挟沙力规律，在含沙量不是很大的情况下，可以不划分床沙质和冲泻质。

在诸多挟沙力公式当中，张瑞瑾公式具有广泛的使用价值，而后研究的挟沙力公式，大多与张瑞瑾公式具有相同或相近的结构形式。不论水库与河道，一般而言，其含沙量由不平衡输沙公式而定，因此对于工程泥沙来说，挟沙力也能够给出简单、明确、机理清楚的结果[16, 17]。一般条件下，水流挟沙力由下式表达：

$$S^*=k\left(\frac{U^3}{gR\omega}\right)^m \tag{2.2-1}$$

式中，$U$ 为流速；$g$ 为重力加速度；$R$ 为水力半径；$\omega$ 为平均沉速；$k$、$m$ 为参数。

根据挟沙力公式，水流挟沙力与流速的高次方成正比。挟沙水流进入水库后，水库蓄水量较大，过水断面面积较天然状态下增大很多，水库在壅水条件下流速是很小的，因此，挟沙力较天然状态下将会大大减小，库区发生淤积。而当水库泄空蓄水降低坝前水位时，随着比降增加，过水断面面积减小，致使库区水流流速大幅度增大，从而增大了水流挟沙力，使得库区发生冲刷。

韩其为院士曾就挟沙水流进入库区后的挟沙力进行了估算，若水深 $h$ 与底宽 $b$ 之比为 1/100，边坡系数为 5，则当水深加大 1 倍时，挟沙力只有原来的 1/17.7，当水深加大 2 倍时，挟沙力只有原来的 1/98.6，因此水库在壅水条件下将发生沿程淤积。此外，随着水库的沿程淤积，悬移质泥沙沿程分选，粗颗粒泥沙沉积速度较快，先行落淤，因此水库蓄水运用可以实现拦粗排细，减少进入下游河道的粗沙。因此，在入库流量为 800～2600m³/s 的对于下游河道不利的流量级时，水库可以按蓄水拦沙、拦粗排细运用。

根据引发水库冲刷的原因和冲刷发展的方向，可将水库冲刷分为溯源冲刷和沿程冲刷两大类型，两种类型有其各自的冲刷特性及效果。

1）溯源冲刷的特性及效果

溯源冲刷是指坝前水位下降时，坝前水深或三角洲顶点水深小于正常水深，或坝前水位低于淤积面（或低于三角洲顶点高程），水面比降变陡、流速加大而产生的自下而上的冲刷。溯源冲刷一般从坝前或淤积三角洲顶点下游附近开始，向上发展到与沿程冲刷或淤积相衔接为止，坝前冲刷幅度最大，向上游逐渐递减。

溯源冲刷与冲刷流量、坝前水位及持续时间等有关，流量越大，坝前水位越低，冲刷强度就越大，相应向上发展的速度就越快，冲刷末端发展得也越远。持续时间越长，冲刷总量也越大，但冲刷强度逐渐降低。溯源冲刷还受前期淤积量和淤积形态等的影响。在一般条件下，如果三角洲离大坝尚有相当距离，而坝前水位下降若受到限制，不能使坝前脱离回水影响，则三角洲上冲刷的泥沙又会在坝前段淤积，从而削弱了溯源冲刷的效果。另外，水库发生溯源冲刷时，冲刷的是前期河床的淤积物，其级配较来沙级配要粗[18]。溯源冲刷强度随着时间的增加是不断衰减的，欲增加溯源冲刷总量，则前期淤积比降 $J$ 应尽可能小，或加大流量 $Q$ 和水位下降值 $Z$。

韩其为院士给出了坝前水位突然下降 $Z_0$ 后马上稳定下来的溯源冲刷规模的计算方法。冲刷总量为

$$W_m = B Z_0 \sqrt{\frac{4}{3} \frac{q S_0}{\gamma'_s J_2} t} = \frac{2}{3} B \frac{Z_0^2}{J_c - J_2} \qquad (2.2\text{-}2)$$

冲刷长度为

$$L_m = \sqrt{12} \sqrt{\frac{q S_0}{\gamma'_s J_2} t_m} = 2 \frac{Z_0}{J_c - J_2} \qquad (2.2\text{-}3)$$

冲刷停止的时间为

$$t_m = \frac{\gamma'_s J_2}{3 q S_0} \left(\frac{Z_0}{J_c - J_2}\right)^2 \qquad (2.2\text{-}4)$$

如果来沙量为

$$W_{0.m} = \frac{Q S_0 t_m}{\gamma'_s} \qquad (2.2\text{-}5)$$

则有

$$\frac{W_m}{W_{0.m}} = 2 \frac{J_c - J_2}{J_2} \qquad (2.2\text{-}6)$$

此外，在冲刷过程中各参数有下述相对值

$$\frac{L}{L_m} = \sqrt{\frac{t}{t_m}} \qquad (2.2\text{-}7)$$

$$\frac{W}{W_m} = \sqrt{\frac{t}{t_m}} \qquad (2.2\text{-}8)$$

$$\frac{J_3 - J_2}{J_c - J_2} = \sqrt{\frac{t_m}{t}} \qquad (2.2\text{-}9)$$

式中，$\gamma'_s$ 为浑水容重；$Z_0$ 为坝前水位下降值；$B$ 为冲刷宽度；$q$、$S_0$ 分别为入库（或溯源冲刷前）单宽流量及含沙量；$Q$ 为流量；$J_2$ 为冲刷前的河床底坡；$J_c$ 为冲刷停止时的河床坡降（平衡坡降）；$t$ 为冲刷时间；$J_3$ 为冲刷过程中坝前河底底坡；$W$、$L$ 为冲刷过程中 $t$ 时刻的冲刷量及冲刷长度；$W_m$ 为时间末累计冲刷；$W_{0.m}$ 为水位下降 $Z_0$ 至冲刷稳定后相应时刻来沙累计。

从上述各式可看出，溯源冲刷的特点为：第一，溯源冲刷强度随着时间的增加不断衰减。为此，韩其为院士进行了简明的计算，当 $t/t_m=0.5$ 时，$W/W_m\approx0.707$，$L/L_m\approx0.707$，即已完成了约 70.7% 的冲刷。因此从冲刷的有效性看，宜控制冲刷时间不超过 $t/t_m=0.5\sim0.64$，此时能达到 70.7%~80% 的效果。第二，欲增加溯源冲刷总量，除增加 $t$ 外，尽可能减小 $J_2$，或加大流量 $Q$ 和水位下降值 $Z_0$。由于 $J_2$ 由前期淤积情况决定，实际只有加大 $Q$ 和 $Z_0$。第三，$J_2$ 与 $J_c$ 的差别不会很大，一般 $J_2/J_c=0.6\sim0.8$，则当 $t/t_m=0.5$ 时，$W/W_{0.m}=0.707\sim1.89$，即此时冲刷的沙量为来沙量的 70.7%~189%。

2）沿程冲刷的特性及效果

在适宜的水流条件下，河床冲刷下降，含沙量沿程增加并且来沙与河床泥沙不断交换，含沙水流也随之趋于饱和，这种冲刷调整逐渐向下游发展的现象，即为沿程冲刷。

天然河流的河床是水沙条件长期作用的结果，一定的河床边界是与一定的来水来沙条件相适应的。水沙条件的变化使得现有河床与之不相适应，表现出水流挟沙力大于来水含沙量，使得泥沙从河床沿程补给，从而发生沿程冲刷。一般而言，沿程冲刷是由来水来沙条件的变化引起的，发生在水库敞泄排沙的状态下，其剧烈程度比不上水库水位升降所引起的变化，因此，一般情况下，沿程冲刷的冲刷厚度比溯源冲刷小，河床纵向的调整也相对微弱。

根据韩其为院士的研究成果，敞泄排沙的含沙量为

$$S=S_{0.1}+\left\{S_{0.1}(1-\beta_0)+\left[1-\frac{S_{0.1}}{S^*(\omega_1)}\right]S^*(\omega_1^*)(1-\beta)\right\} \tag{2.2-10}$$

由式（2.2-10）可以看出，出库含沙量包括两部分：一是入库含沙量经过衰减后到达坝前的部分（$S_{0.1}$），二是由挟沙力（$S^*$）沿程变化引起的部分（大括号项），后者包括入库含沙量衰减后转为挟沙力的部分，以及由床面泥沙提供的挟沙力部分。其中，$\omega^*$ 为与挟沙力相应的沿程泥沙沉降速度；$\omega_1^*$ 为与挟沙力相应的坝前断面泥沙沉降速度；$\omega_1$ 为与 $S$ 相应的坝前泥沙沉降速度。而 $\beta_0$、$\beta$ 则反映了水库的水力泥沙因素。式（2.2-10）又可改写为

$$S-S^*(\omega_1^*)=S_{0.1}(1-\beta_0)-\beta\left[1-\frac{S_{0.1}}{S^*(\omega_1)}\right]S^*(\omega_1^*) \tag{2.2-11}$$

由此可见，当 $S<S^*(\omega_1^*)$ 时，水库将发生沿程冲刷。

韩其为院士将曼宁公式和流量连续方程代入挟沙力公式，并取 $m=0.92$，得如下敞泄排沙的挟沙力公式：

$$S^*(\omega)=K\frac{Q^{0.55}J^{1.1}}{\omega^{0.92}B^{0.55}} \tag{2.2-12}$$

式中，$K$ 为系数，由式（2.2-12）可知，流量 $Q$ 和比降 $J$ 越大，沿程冲刷时挟沙力 $S^*(\omega)$ 越大，冲刷效果越好。另外，水流含沙量越高，泥沙沉降速度 $\omega$ 越小，则挟沙力 $S^*(\omega)$ 越大。因此，高含沙洪水较一般含沙量洪水的沿程冲刷效果好。

冲积性河流调整过程本身就是水流与河床相互作用、河床质与悬移质不断交换的过

程。很多时候，水库中的沿程冲刷和溯源冲刷往往互相影响、相辅相成，并不是孤立发生的，即库区的冲刷是溯源冲刷和沿程冲刷共同作用的结果。溯源冲刷起主要作用的部位偏于靠近坝前，沿程冲刷起主要作用的部位偏于上游。坝前水位降低是产生溯源冲刷的前提条件，入库流量的大小和前期河床淤积形态是溯源冲刷发展的重要影响因素。当坝前水位降低时，溯源冲刷逐渐向上游发展，若遇适当的水流条件，如入库流量较大时，其不饱和输沙水流含沙量沿程恢复，也会产生自上而下的沿程冲刷。两种冲刷形式同时发生，使库区河床普遍有所降低。

### 2.2.2　水库减缓淤积理论

一般情况下，水库排沙是库区多种输沙流态共同作用的结果，库区脱离回水的库段处于均匀明流输沙流态，坝前壅水段处于壅水输沙流态。当水库以壅水输沙流态作用为主时，库区一定是发生淤积的；而当水库以均匀明流输沙流态作用为主时，根据入库的水沙条件和河床前期边界条件不同可能发生淤积，也可能发生冲刷。

壅水明流输沙主要受库区的壅水程度及流量大小的影响，根据对三门峡、青铜峡、天桥和小浪底等已建水库实测资料的研究成果，认为水库处于壅水明流输沙流态下时，水库排沙比与水库蓄水量和洪水流量的比值存在一定的关系，具体见表 2.2-1。异重流输沙主要与入库流量、含沙量大小、沿程河床糙率、库区地形及排沙洞是否及时开启等因素相关。均匀明流输沙则主要受入库水沙条件、河床糙率及沿程比降变化等因素影响，当水位下降至蓄水量与出库流量比值 $V/Q$ 低于某一数值（蓄水拦沙期为 $1.8 \times 10^4$，正常运用期为 $2.5 \times 10^4$，$V$ 的单位为 $m^3$，$Q$ 的单位为 $m^3/s$）时，库区开始发生冲刷。

表 2.2-1　水库不同蓄水量和洪水流量下的排沙比　　　　　（单位：%）

| 流量（m³/s） | 水库蓄水量（亿 m³） | | | | | | | | |
|---|---|---|---|---|---|---|---|---|---|
| | 20 | 30 | 40 | 50 | 60 | 70 | 80 | 90 | 100 |
| 蓄水拦沙期　1 000 | 5.01 | 1.30 | 0.98 | 0.74 | 0.56 | 0.42 | 0.32 | 0.24 | 0.18 |
| 2 000 | 10.01 | 2.59 | 1.96 | 1.48 | 1.12 | 0.85 | 0.64 | 0.48 | 0.36 |
| 3 000 | 15.02 | 3.89 | 2.94 | 2.22 | 1.68 | 1.27 | 0.96 | 0.73 | 0.54 |
| 4 000 | 20.03 | 5.18 | 3.92 | 2.96 | 2.24 | 1.69 | 1.28 | 0.97 | 0.72 |
| 5 000 | 25.04 | 6.48 | 4.90 | 3.70 | 2.80 | 2.12 | 1.60 | 1.21 | 0.90 |
| 6 000 | 30.04 | 7.78 | 5.88 | 4.44 | 3.36 | 2.54 | 1.92 | 1.45 | 1.08 |
| 7 000 | 35.05 | 9.07 | 6.86 | 5.19 | 3.92 | 2.96 | 2.24 | 1.69 | 1.26 |
| 8 000 | 40.06 | 10.37 | 7.84 | 5.93 | 4.48 | 3.39 | 2.56 | 1.94 | 1.44 |
| 9 000 | 45.07 | 11.66 | 8.82 | 6.67 | 5.04 | 3.81 | 2.88 | 2.18 | 1.62 |
| 10 000 | 50.07 | 12.96 | 9.80 | 7.41 | 5.60 | 4.23 | 3.20 | 2.42 | 1.80 |
| 水库正常运用期　1 000 | 18.92 | 1.77 | 1.34 | 1.01 | 0.76 | 0.58 | 0.44 | 0.33 | 0.25 |
| 2 000 | 37.83 | 3.53 | 2.67 | 2.02 | 1.53 | 1.16 | 0.87 | 0.66 | 0.50 |
| 3 000 | 56.75 | 5.30 | 4.01 | 3.03 | 2.29 | 1.73 | 1.31 | 0.99 | 0.75 |
| 4 000 | 75.66 | 7.06 | 5.34 | 4.04 | 3.06 | 2.31 | 1.75 | 1.32 | 1.00 |
| 5 000 | 94.58 | 8.83 | 6.68 | 5.05 | 3.82 | 2.89 | 2.18 | 1.65 | 1.25 |
| 6 000 | 113.49 | 10.59 | 8.01 | 6.06 | 4.58 | 3.47 | 2.62 | 1.98 | 1.50 |
| 7 000 | 132.41 | 12.36 | 9.35 | 7.07 | 5.35 | 4.04 | 3.06 | 2.31 | 1.75 |
| 8 000 | 151.32 | 14.12 | 10.68 | 8.08 | 6.11 | 4.62 | 3.50 | 2.64 | 2.00 |
| 9 000 | 170.24 | 15.89 | 12.02 | 9.09 | 6.87 | 5.20 | 3.93 | 2.97 | 2.25 |
| 10 000 | 189.15 | 17.65 | 13.35 | 10.10 | 7.64 | 5.78 | 4.37 | 3.30 | 2.50 |

不同的运用阶段，库区的主要输沙流态是不一样的，应该分别采取不同的措施来减缓水库的淤积，延长水库拦沙年限。①水库拦沙初期，库区蓄水量大，壅水程度高，以异重流和浑水水库输沙为主，当异重流产生并运行到坝前时，应及时打开排沙洞将浑水排出，从而达到减缓水库淤积的目的。②水库拦沙后期，库区达到一定的淤积水平，蓄水量相对于拦沙初期逐渐减小，壅水程度也随之降低，具备降低水位冲刷的条件，水库的输沙流态也逐渐转为以壅水明流输沙和均匀明流输沙为主，异重流输沙、浑水水库输沙为辅；当水沙条件有利、入库流量较大时，应提前降低水位或泄空蓄水，利用均匀明流输沙流态冲刷以恢复库容；当入库水沙条件较为不利时，水库适当蓄水，利用壅水明流进行排沙，若形成异重流和浑水水库也要及时打开排沙洞。利用这些措施，使得这一时期库区有冲有淤，冲淤交替，滩槽同步形成，达到减缓水库淤积的目的。③正常运用期，水库拦沙库容已经淤满，基本形成高滩深槽，库区蓄水量小，利用槽库容进行调水调沙，以壅水明流输沙和均匀明流输沙为主，尽量在来有利水沙时，泄空冲刷多排沙，以抵消来不利水沙时造成的库区淤积，从而达到保持库区冲淤平衡的目的，这对于延长水库使用寿命非常关键。

总之，减缓水库淤积的主要手段就是尽量多排沙，拦沙初期要充分利用异重流和浑水水库排沙，拦沙后期则在异重流、浑水水库排沙的基础上相机降低水位或泄空蓄水冲刷排沙，正常运用期主要在有利水沙条件下降低水位冲刷以抵消水沙条件不利时所形成的库区淤积。

# 2.3 水库恢复库容机理

## 2.3.1 降低水位冲刷是恢复库容的关键

水库经过长时期的拦沙和调水调沙运用，库区淤积量会逐渐增多，为了继续发挥水库的综合效益和延长水库的使用年限，需要采取措施恢复一部分淤积的库容。恢复库容指的是不仅要把入库的泥沙带走，同时还需要冲刷库区前期淤积的泥沙，扩大水库的可利用库容，这与减缓淤积是两种不同的概念。前面已经论述，只有水库以均匀明流输沙流态作用为主时，水库才有可能发生冲刷，因此，水库进入拦沙后期时，在有利的水沙条件下，相继降低水位或泄空蓄水运用，可恢复部分前期淤积的库容；在不利的水沙条件下，水库蓄水淤积，使库区保持冲淤交替，虽然总趋势是淤积的，但这样可以延长水库的拦沙年限，同时塑造和谐的水沙关系以减轻下游河道的淤积；而进入正常运用期时，也是利用冲淤交替，长时段内保持一定的有效库容不变。通过水库的合理调度，恢复并长期保持水库的库容，从理论到实践均证明是可行的[12-14]。

自然河流都具有自动调整功能，即基本上处于输沙平衡状态，当外部条件改变使得河流输沙平衡受到破坏时，河床会通过冲淤变形，趋于恢复输沙平衡。河床的自动调整是河流适应外部条件改变的必然结果。

在来水来沙条件基本不变的前提下，水库蓄水，使得水深变大，流速减小，从而破坏了库区河道纵向的输沙平衡，受河床自动调整功能的影响，水库会通过不断的淤积变形来提高河道的输沙能力，趋向新的平衡，所以，伴随着水库的淤积，库区河床的输沙能力是在逐渐恢复的。当水库淤积到一定水平时，水库降低水位，逐渐泄空蓄水，库区水面比降增大，水流输沙能力增强，水流就有可能由饱和状态转变为次饱和状态，库区就会发生冲刷，从而恢复库容。

根据水流挟沙力公式（2.2-1），水流挟沙力与流速的高次方成正比。在大洪水时期，水流的流速大，挟沙力强，有利于库区冲刷；同时水流的挟沙力与水力半径成反比，而水力半径的大小在壅水情况下相当程度上取决于水库的蓄水量大小和水位的高低。由于水库的冲淤平衡状态是一种动态平衡，其随着冲淤变化而不断调整，要想获得较好的冲刷效果需要选择较大的流量过程，尽量降低坝前水位，冲刷历时不宜过长。因此，水库可以利用洪水期大流量短时降低水位冲刷排沙以恢复库容，尽量发挥水库的综合效益。

降低水位冲刷以恢复库容有两种基本运用方式。方式一特点为库水位变幅小，滩槽同步上升，形成高滩高槽后再降低水位冲刷排沙，从而形成高滩深槽，即"先淤后冲"。方式二为遇到有一定持续时间的较大流量洪水时，及时降低水位冲刷，实现水库"冲淤交替"。从保持有效库容的效果来看，方式二较好，而方式一存在以下不利因素：一是，根据官厅、三门峡等已建水库淤积物特性分析，淤积物的干容重随泥沙淤积厚度的增加而变大，即淤积厚度越大，干容重越大，淤积体长时间受力固结，泥沙颗粒与颗粒之间已不是没有联系的松散状态，而是固结成整体，这样抗冲性能大，不容易被水流冲刷，所以，从恢复库容来说，水库长时间先淤后冲，不如水库运用到一定时间后，冲淤交替为好；二是，随着经济社会的发展，工农业用水增长多，许多多沙河流水库存在汛期入库水量减小的趋势，因此，水库淤积量较大时再降低水位冲刷以恢复库容的做法风险较大。

综合分析得出以下结论。

（1）减缓淤积和冲刷恢复库容是两个不同的概念。水库处于壅水状态时，利用各种输沙流态可以尽量多排沙，达到减缓水库淤积的目的，但无法冲刷恢复库容，水库仍然持续淤积；而冲刷恢复库容不仅要将入库的泥沙排出，还要把前期水库淤积的泥沙冲刷出库，使得可利用库容增大，而要达到增大库容的目的，只有水库处于均匀明流输沙流态下才有可能实现。

（2）根据水库运用所处不同阶段，应采用不同的措施来减缓水库的淤积。拦沙初期，水库蓄水量大，以异重流输沙和浑水水库输沙为主；拦沙后期，水库淤积到一定程度，具备降低水位冲刷排沙的条件，利用有利的水沙条件进行冲刷，采用冲淤交替的方式，来减缓水库的淤积。

（3）从已建水库的运用经验来看，在不利的水沙条件下，水库恢复并保持库容的关键在于是否有降低水位或泄空冲刷的机遇，应在来水较丰的年份泄空冲刷排沙，以抵消来水较枯年份蓄水造成的淤积，使库区冲淤交替，从而达到较长时间内的冲淤平衡。

（4）水库恢复库容的关键是降低水位或泄空蓄水，使得库区形成均匀明流输沙流态，同时要求水库前期淤积达到一定的水平，有淤积物可冲，形成有利于冲刷的地形条件；也要求入库为流量较大的洪水过程，水库拥有较大的泄流规模，并且水库冲刷排沙的历时和次数均要得以保证。

### 2.3.2 多沙河流水库塑槽冲刷运用理论

#### 2.3.2.1 水库冲刷的临界条件

当水库蓄水量较大时，库区处于壅水状态，水库是淤积的，但随着坝前水位逐渐降低，库区也会逐渐由淤积转入冲刷。在前期水库有一定淤积量的情况下，随着坝前水位的逐渐降低，初始库区上段逐渐脱离回水，水流转入天然的明流输沙状态，水库上段开始发生沿程冲刷，而坝前段还有一定的蓄水，造成上段冲刷的泥沙在坝前段淤积；当坝前水位继续降低时，库区上段脱离回水区域增大，沿程冲刷增强，坝前段壅水排沙的能力也逐渐增强，虽仍表现为"上冲下淤"，但全库区慢慢由淤积转入冲刷，此时水库处于一种临界状态。可见，水库处于冲刷临界状态时库区是有一定蓄水量的，而非完全泄空，此时水库输沙流态复杂，库区"上冲下淤"，"冲"和"淤"相当。

研究表明，水库由淤积转入冲刷主要与入库流量大小和水库蓄水程度相关。入库流量较大时，水库由淤积转入冲刷时的蓄水量也较大，而当入库流量较小时，水库转入冲刷时的蓄水量也较小。还有一个重要的条件是，水库水位是在逐渐下降的，所以临界状态下的出库流量往往比入库流量略大。通过对已建水库实测资料的整理分析发现，可以用水库蓄水量（$V$）与出库流量（$Q$）的比值作为冲淤临界的判别标准，在水库蓄水拦沙期，$V/Q$ 小于 $1.8 \times 10^4$ 时水库由淤积转入冲刷，而水库进入正常运用期后，则冲淤临界的 $V/Q$ 为 $2.5 \times 10^4$。当然，这个 $V/Q$ 的值是一个平均值，不同入库水沙条件、前期淤积量和淤积形态下，水库冲淤临界状态是不同的，$V/Q$ 也是有差别的。2004 年 7 月 5～9 日三门峡水库调水调沙入库、出库水沙过程见表 2.3-1。坝前水位逐渐由 317.51m 降至 286.60m，其中 7 月 7 日水库由淤积转为冲刷，入库流量为 920m³/s，入库含沙量为 16.4kg/m³，坝前水位为 304.73m，蓄水量为 0.56 亿 m³，$V/Q$ 为 $1.94 \times 10^4$。大量的实测资料证明采用 $V/Q$ 进行水库由淤积转入冲刷的临界判别是可行的。

表 2.3-1  2004 年 7 月 5～9 日三门峡水库调水调沙入库、出库水沙过程

| 日期 | 潼关站（入库） | | | 三门峡站（出库） | | | 坝前水位 (m) | 冲淤量 (亿 t) | 蓄水量 (亿 m³) | $V/Q$ ($\times 10^4$) |
|---|---|---|---|---|---|---|---|---|---|---|
| | 流量 (m³/s) | 输沙率 (t/s) | 含沙量 (kg/m³) | 流量 (m³/s) | 输沙率 (t/s) | 含沙量 (kg/m³) | | | | |
| 7-5 | 263 | 2 | 7.0 | 944 | 0 | 0.0 | 317.51 | 0.00 | 3.82 | 40.47 |
| 7-6 | 493 | 10 | 20.7 | 1870 | 0 | 0.0 | 315.00 | 0.01 | 2.47 | 13.21 |
| 7-7 | 920 | 15 | 16.4 | 2870 | 161 | 56.1 | 304.73 | −0.13 | 0.56 | 1.94 |
| 7-8 | 1010 | 10 | 10.3 | 972 | 231 | 237.7 | 288.24 | −0.19 | 0 | 0 |
| 7-9 | 824 | 7 | 8.8 | 777 | 80 | 102.8 | 286.60 | −0.06 | 0 | 0 |

注：计算蓄水量时采用的库容曲线为 2004 年 6 月 10 日测次；冲淤量为负值代表冲刷，正值代表淤积

#### 2.3.2.2 降低水位冲刷的调控指标

在水库不同运用时期，水库排沙或降低水位冲刷对于水库运用要求不同的，应该区别对待。

在水库拦沙初期，蓄水量较大，死库容尚未淤满，水库还不具备大量排沙的条件，暂时也没有恢复库容的迫切要求，水库以异重流和浑水水库排沙为主，以减缓水库的淤积速度，此时水库运用水位不宜过低，这样不仅可以做到拦粗排细，还有利于发挥水库的供水、灌溉、发电等综合效益。

水库进入拦沙后期或正常运用期后，累计淤积量较大，坝前淤积面达到了一定的高度，水库死库容接近或已经淤满，此时已具备大量排沙和降低水位冲刷的条件。一方面为了延长水库的拦沙库容使用年限，另一方面为了保持水库调水调沙的库容，迫切需要恢复一定的库容，应该根据水文预报，伺机进行降低水位排沙和冲刷。随着流域经济的发展，黄河水资源的供需矛盾越来越突出，水库降低水位冲刷以恢复库容的机遇少，为了延长水库拦沙库容使用年限和保持调水调沙所需库容，水库在来大水之时提前泄空蓄水，形成溯源和沿程的强烈冲刷，若后续大水能持续一定的时间，则冲刷发展可以达全库区，这样不仅可以保持调水调沙所需要的槽库容，还有利于高滩深槽形态的塑造。水库在实际运用过程中，应尽量在来有利水沙时，泄空冲刷多排沙，以抵消来不利水沙时造成的库区淤积，从而保持库区较长时段内的冲淤平衡，这对于延长水库的拦沙库容使用年限非常关键。

就小浪底水库而言，各流量级排沙效果表明，2000～2500m³/s 和 2500～3000m³/s 流量级的洪水，综合冲刷效果较好，也有一定的发生频率，适合用于水库排沙和冲刷库区以恢复库容。

### 2.3.2.3　降水冲刷时机、库水位下降速率和最低冲刷水位

水库投入运用的初期，库区淤积量还较少，相同水位下水库蓄水量较大，较难达到水库冲刷的临界条件，即使在汛期水库泄空运用，在淤积体形态还未形成适合溯源冲刷的条件时，冲刷效率也比较低。因此，确定合适的降水冲刷时机是制订多沙河流水库降水冲刷运用方式时需要考虑的重要问题。多沙河流水库降水冲刷时机是指水库可以泄空冲刷的起始时间，用水库淤积量达到一定数值来表示，需要结合每个具体水库的河床边界条件和设计水沙条件进行模拟计算分析。

多沙河流水库在降水冲刷运用过程中往往存在限制条件，如库水位下降速率和最低冲刷水位。例如，对小浪底水库运用以来的安全运行资料分析发现，小浪底水库坝前水位不宜骤升骤降，水位变幅应有限制，库水位为 250～275m 时，连续 24h 下降最大幅度不应大于 4m；库水位在 250m 以下时，连续 24h 下降最大幅度不应大于 3m；当库水位连续下降时，7d 内最大下降幅度不应大于 15m。此外，库水位在 260m 以上时，连续24h 的上升幅度不应大于 5.0m[19]。

小浪底水库起始运行水位为 210m，正常运用期正常死水位为 230m，非常死水位为220m。综合考虑小浪底水库减淤运用的拦沙库容和调水调沙库容、防洪运用的防洪库容和综合利用的调节库容，以及枢纽的设计思想，小浪底水库拦沙期最低运用水位为210m，正常运用期最低运用水位为 230m。

## 2.4 多沙河流水库汛期发电防沙原理

多沙河流水库汛期发电的主要问题是高含沙水流对水轮机过流部件气蚀和磨损联合作用所造成的破坏，以及转轮叶片根部产生裂纹。以三门峡水库为例，水电站实施全年发电运行时，1979~1981年平均每台机一次大修耗用焊条6465kg；改变运用方式后，年内仅非汛期发电，平均每台机一次大修耗用焊条降为2718 kg。汛期不发电，机组不在汛期低水头下运行，运行工况得到改善，避开了高含沙水流对机组的危害，虽减轻了对水轮机过流部件的磨蚀，也减少了检修工作量，同时利用汛期不发电时间，安排了机组大修和主辅设备更新改造，提高了设备完好率，使非汛期发电量有了较大的提高，但这毕竟是无奈之举，并没有解决根本问题，汛期4个月的水能资源未能利用，而汛期来水量大，如能利用其发电，可以增加4亿kW·h左右的发电量，可大幅提高三门峡水电站的发电效益。

解决三门峡水电站汛期发电问题的途径主要有两个方面：一是通过研究新材料、新工艺，加强水轮机过流部件的抗磨蚀能力，进而减少机组维修频次及成本；二是深入研究水库汛期入库水沙条件，结合预测预报，在汛期平水期含沙量较低时蓄水发电，在洪水期含沙量较高时则降低水位排沙以恢复库容，减少库区淤积，改善发电运行工况。

三门峡汛期各月沙量所占的比例变化很大，来沙主要集中于7、8月，更集中于几场洪水，9、10月的沙量减少很多，所占比例也很小，这为汛期处理排沙与发电的关系提供了有利条件，只要把汛期几场洪水的泥沙处理好，其余时间就可以进行调度，改善库区淤积，并用来发电。

通过分析三门峡水库不同入库流量时的含沙量，为水库调度运用提供依据。表2.4-1为不同时段平均每年汛期入库各级流量的含沙量，可以看出，1986年（龙羊峡水库投入运用）以来，天然来水减少，三门峡水库汛期来水来沙均减少，但含沙量增加，特别是近年来，高含沙中小洪水增多，沙量集中于流量大于1500m³/s的洪水，而流量小于1500m³/s的洪水出现天数大幅度增加，约占整个汛期的3/4，相应水量、沙量也增加，但含沙量变化不大，小于30kg/m³。这样就可以利用含沙量高的洪水（包括高含沙小洪水）进行排沙，利用含沙量较低的平水（中小流量）进行发电。

表2.4-1 不同时段平均每年汛期入库各级流量的含沙量

| 时段 | 流量级（m³/s） | 天数 | 水量（亿m³） | 沙量（亿t） | 含沙量（kg/m³） |
|---|---|---|---|---|---|
| | 总量（汛期） | 123 | 236.1 | 8.85 | 37.5 |
| | ≥3000 | 30.6 | 106.4 | 4.48 | 42.1 |
| 1974~1985年 | 2500~3000 | 11.4 | 26.8 | 1.16 | 43.3 |
| | 1500~2500 | 39.3 | 66.9 | 2.33 | 34.8 |
| | <1500 | 41.7 | 36.1 | 0.907 | 25.1 |
| | 总量（汛期） | 123 | 120.4 | 5.83 | 48.4 |
| | ≥3000 | 4.4 | 13.9 | 1.46 | 105 |
| 1986~1999年 | 2500~3000 | 4.3 | 10.4 | 0.719 | 69.1 |
| | 1500~2500 | 21.7 | 35.1 | 2.06 | 58.7 |
| | <1500 | 92.6 | 61.0 | 1.59 | 26.1 |

# 2.5 水库的非常排沙设施设计原理

有效库容的长期保持，除水库调度等非工程措施以外，还可以从工程布置的角度，设计有利于有效库容保持的布置方式。以泾河东庄水利枢纽工程为例，开展相关设计工作。东庄水利枢纽工程坝址位于泾河干流最后一个峡谷段出口（张家山水文站）以上29km 处，左岸为陕西省淳化县王家山林场，右岸为陕西省礼泉县叱干镇，距西安市约90km。坝址控制流域面积 4.31 万 km²，占泾河流域面积的 95%，占渭河华县水文站控制流域面积的 40.5%，几乎控制了泾河的全部洪水泥沙。坝址断面实测年均悬移质输沙量为 2.48 亿 t，约占渭河来沙量的 70%，约占黄河来沙量的 1/6。东庄水库是渭河防洪减淤体系的重要组成部分，是黄河水沙调控体系的重要支流水库，水库总库容为 32.90 亿 m³，在渭河乃至黄河综合治理开发中占有十分重要的战略地位[21]。东庄水利枢纽工程除具有一般高拱坝"高水头、大流量、窄河谷、陡岸坡"的共性特点外，还具有高含沙、厚淤积的水库水流特性，因此拱坝泄洪建筑物布置除满足一般高拱坝的布置原则外，还需要结合多泥沙枢纽布置特点，满足枢纽建筑物的防淤堵排沙要求。

在东庄水利枢纽工程可行性研究中，通过创造性地提出非常排沙底孔的概念，并对其布置方案进行仔细的分析论证，设计出了高含沙、厚淤积条件下枢纽建筑物防淤堵排沙的解决方案，为多沙河流水库有效库容的保持提供了重要的工程布置经验。

## 2.5.1 设置非常排沙底孔的必要性和作用

东庄水库来水含沙量高，来沙量大，实测年平均含沙量高达 144kg/m³，年均来沙量达 2.5 亿 t，水库泥沙问题非常复杂，库容保持及泥沙处理措施应留有余地。考虑其泥沙问题的特殊性和复杂性，在东庄水库坝身设置了 4 个泄洪排沙深孔，进口高程 708m，泄流规模为 3300m³/s（相当于 5 年一遇洪水的洪峰流量）；另外，在泄洪排沙深孔下部再增设两个非常排沙底孔，进口底板高程 690m，相应的泄流规模为 1000m³/s，以便在特殊情况下增强排沙能力，减缓库区淤积速率，恢复并长期保持水库的有效库容，确保工程安全和综合效益的发挥。

经分析论证，东庄水库设置非常排沙底孔，主要有如下重要作用。

（1）设置非常排沙底孔，可延长拦沙库容使用年限。东庄水库泄洪排沙深孔进口高程 708m，比原始河床 587m 高出 121m。只有当坝前淤积面高程达到一定高度后，才具备排沙出库的条件。非常排沙底孔进口底板高程 690m，比泄洪排沙深孔低 18m，水库可更早排沙。经数学模型计算，设置非常排沙底孔，水库库区淤积速度慢，拦沙库容使用年限为 24 年；不设置非常排沙底孔，拦沙库容使用年限为 21 年。由此可见，设置非常排沙底孔可延长水库拦沙库容使用年限 3 年。

（2）设置非常排沙底孔，可有效恢复水库库容，增大水库对渭河下游河道的减淤作用。东庄水库来沙量大，拦沙库容淤满后进入正常运用期，槽库容被淤满的情况可能发生，从而使水库失去调节能力。若遇丰水年份，及时打开非常排沙底孔，可增加水库低水位的排沙能力，恢复淤积的槽库容，并可使部分拦沙库容重复利用。

采用槽库容淤满后的地形作为初始地形条件，采用丰水年份（1966 年）和一般来水年份（2010 年）实测水沙过程作为水沙条件，按照 7～8 月敞泄运用进行库区泥沙冲淤计算，论证设置非常排沙底孔的作用。

库区初始淤积量为 23.87 亿 m³，正常蓄水位 789m 以下库容为 2.08 亿 m³，死水位 756m 以下库容为 0.002 亿 m³，经过汛期敞泄运用，计算结果见表 2.5-1。丰水年份（1966 年），是否设置非常排沙底孔水库 7～8 月冲刷量分别为 3.88 亿 m³ 和 2.23 亿 m³，敞泄排沙运用后正常蓄水位 789m 以下库容分别为 5.96 亿 m³ 和 4.31 亿 m³；死水位 756m 以下库容分别为 1.45 亿 m³ 和 0.63 亿 m³。一般来水年份（2010 年），是否设置非常排沙底孔 7～8 月水库累计冲刷量分别为 2.86 亿 m³ 和 1.63 亿 m³，敞泄排沙运用后正常蓄水位 789m 以下库容分别为 4.94 亿 m³ 和 3.71 亿 m³；死水位 756m 以下库容分别为 1.07 亿 m³ 和 0.46 亿 m³。

**表 2.5-1　是否设置非常排沙底孔水库敞泄排沙前后冲淤量的变化**　　（单位：亿 m³）

| 方案 | | 7～8 月来水量 | 水库淤积量 | | 正常蓄水位以下库容 | | 死水位以下库容 | | 冲淤量 |
|---|---|---|---|---|---|---|---|---|---|
| | | | 敞泄排沙前 | 敞泄排沙后 | 敞泄排沙前 | 敞泄排沙后 | 敞泄排沙前 | 敞泄排沙后 | |
| 1966 年 | 设置 | 13.06 | 23.87 | 19.99 | 2.08 | 5.96 | 0.002 | 1.45 | −3.88 |
| | 不设置 | 13.06 | 23.87 | 21.64 | 2.08 | 4.31 | 0.002 | 0.63 | −2.23 |
| 2010 年 | 设置 | 7.20 | 23.87 | 21.01 | 2.08 | 4.94 | 0.002 | 1.07 | −2.86 |
| | 不设置 | 7.20 | 23.87 | 22.24 | 2.08 | 3.71 | 0.002 | 0.46 | −1.63 |

注："设置"为设置非常排沙底孔方案；"不设置"为不设置非常排沙底孔方案

进一步分析设计入库水沙条件可知，在水库进入正常运用期后的 26 年中，主汛期 7～8 月来水较为有利的年份有 5 年，结合渭河下游大水输沙能力强的特性，可利用非常排沙底孔泄放大水，冲刷库区淤积的泥沙以恢复水库库容，从而使得水库拦沙库容重复利用。以 1966 年和 2010 年典型年计算成果估算，上述 5 年总计可恢复库容约 7 亿 m³，参考水库拦沙减淤比计算，此部分库容重复拦沙运用能减少渭河下游河道淤积约 2 亿 t。鉴于水库冲刷恢复库容的同时大量排沙将增加渭河下游淤积，减淤作用按 50%计算，水库拦沙库容重复利用也可增加渭河下游减淤量约 1 亿 t。

### 2.5.2　非常排沙设施设置理念及要求

泾河泥沙问题严重，多年平均含沙量高达 144kg/m³，是黄河平均含沙量的数倍，基于黄河多泥沙河流工程设计及运用实践和对东庄水利枢纽泥沙问题的认识，针对东庄水利枢纽工程泥沙特点及布置条件设置非常排沙措施是必要的。

非常排沙设施的主要任务是排沙，主要用于水库拦沙初期的排沙运用及正常运用期的非常排沙运用，不参与工程防洪运用。为了取得良好的排沙效果，非常排沙设施宜按低水位运用，初拟非常排沙设施运用水位按死水位 756m 及以下考虑。

综合考虑水库拦沙初期排沙及正常运用期非常排沙的要求，在满足金属结构闸门及启闭机等运用要求的前提下，非常排沙设施宜尽量选取较大规模。结合东庄水利枢纽非常排沙设施布置条件，初拟非常排沙设施排沙流量按死水位 756m 条件下约 1000m³/s 设计。

根据水库泥沙冲淤数学模型分析，设置非常排沙设施，可延长水库拦沙年限 3 年，减少渭河下游河道泥沙淤积 0.24 亿 t；按 1966 年丰水年份设计，可增加 7～8 月水库冲刷出库泥沙 1.65 亿 m³；按 2010 年一般来水年份设计，可增加 7～8 月水库冲刷出库泥沙 1.23 亿 m³。

### 2.5.3　非常排沙设施布置方案

根据东庄水利枢纽工程布置条件，分别考虑结合拱坝坝身及利用导流洞改建两种方案布置非常排沙设施。

#### 2.5.3.1　坝身非常排沙底孔布置方案

根据拱坝坝身排沙泄洪建筑物布置条件，结合非常排沙设施运用要求，初步拟定坝身非常排沙底孔布置在坝身排沙泄洪深孔下部，两侧对称布置，孔口高程考虑拦沙初期正常排沙防淤堵及正常运用期非常排沙防淤死的要求，初步确定非常排沙底孔进口高程按 690m 设计，见图 2.5-1。

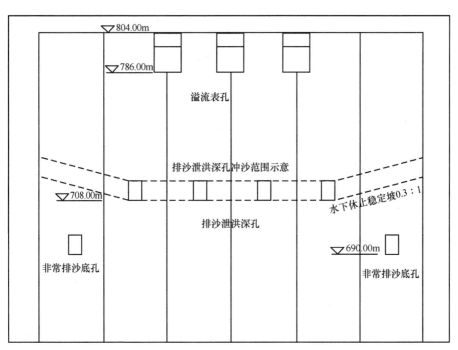

图 2.5-1　"一字孔"方案孔口布置及冲沙漏斗形态示意图

排沙孔孔口尺寸在满足金属结构闸门、启闭机设备布置、运行和管理要求前提下宜取较大数值，初步确定非常排沙底孔孔口尺寸为 4m×5m。

非常排沙底孔两孔布置，坝身非常排沙底孔泄流能力计算结果见表 2.5-2。

表 2.5-2　坝身非常排沙底孔泄流能力计算结果

| 水位（m） | 690 | 705 | 710 | 720 | 730 | 740 | 750 | 756 | 760 | 770 | 780 | 790 | 800 |
|---|---|---|---|---|---|---|---|---|---|---|---|---|---|
| 泄流量（m³/s） | 0 | 528 | 632 | 802 | 942 | 1062 | 1172 | 1232 | 1270 | 1364 | 1450 | 1532 | 1608 |

#### 2.5.3.2　导流洞改建非常排沙洞方案

1）导流洞改建非常排沙洞设计原则

改建非常排沙洞的导流洞采用项目建议书阶段初拟的右岸两条导流洞布置方案。根据工程布置条件及运用要求，初拟导流洞改建非常排沙洞设计原则为：①满足导流洞运用与排沙洞改建设计要求；②低水位排沙运用条件下，与坝身排沙泄洪深孔联合运用，满足拦沙初期正常排沙及正常运用期非常排沙的要求，在死水位 756m 运用条件下，非常排沙洞泄流能力按不小于 1000m³/s 设计；③非常排沙洞进口满足拦沙初期正常排沙防淤堵及正常运用期非常排沙防淤死的要求，洞身流速控制满足抗冲磨要求，排沙洞出口满足消能及水流衔接要求；④满足高水位排沙条件下的金属结构设备运行要求。

2）非常排沙洞进口高程、洞径、出口工作闸门孔口尺寸确定

根据金属结构设备运用要求，改建非常排沙洞按死水位 756m 及以下低水位排沙运用，与坝身排沙泄洪深孔联合运用，考虑岸边布置进口防淤堵及防淤死的要求，改建排沙洞进口采用多孔口分层设置、互相保护，进口高程分别取 725m、740m 和 755m。

东庄水库水流泥沙量大，非常排沙洞承担专门排沙任务，根据小浪底水库和三门峡水库抗冲磨设计及运行经验，控制混凝土衬砌排沙洞流速在 15m/s 以内，按排沙洞排沙流量 1000m³/s 设计，排沙洞洞径为 9.3m。

排沙洞出口闸室底板高程 615m，按照死水位 756m 对应流量 1000m³/s 计，出口工作闸门孔口尺寸为 4.2m×5m。

3）非常排沙洞布置

非常排沙洞利用靠山侧 2 号导流洞改建，进口采用岸塔式结构，多层孔口布置，3 个分层孔口高程分别为 725m、740m 和 755m，孔口尺寸为 7m×10m，上层孔口后接竖井式流道，并与底层孔口 725m 高程的非常排沙洞衔接。

岸塔式进水口顺水流向长度为 50m，后接 50m 长平段、高度约 110m 的斜井段，并与导流洞衔接，导流洞利用段长度约 463m。

非常排沙洞出口设过渡段、出口闸室段和挑流鼻坎段，出口闸室底板高程 615m，闸室长度为 27.2m，工作闸门孔口尺寸为 4.2m×5m，门后挑流鼻坎段挑流半径 33m，挑角 25°，坎顶高程 618.31m，出口水流顺向挑入下游河道。

导流洞改建非常排沙洞平面图及剖面图分别见图 2.5-2 和图 2.5-3。

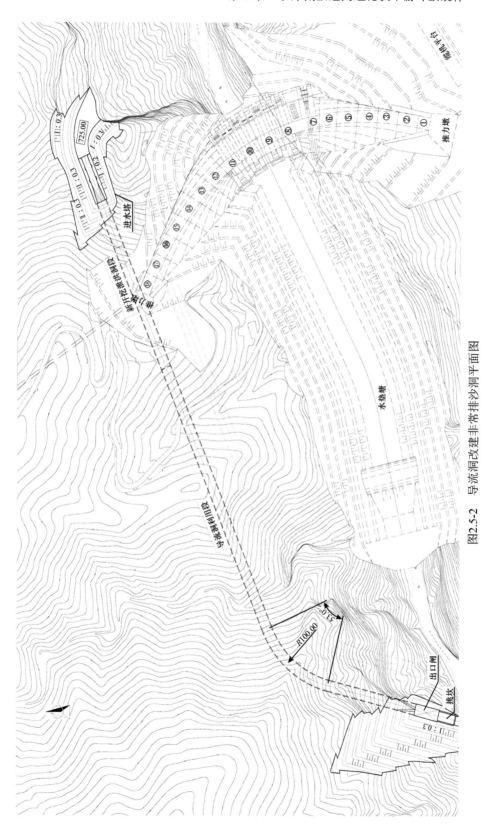

图2.5-2　导流洞改建非常排沙洞平面图

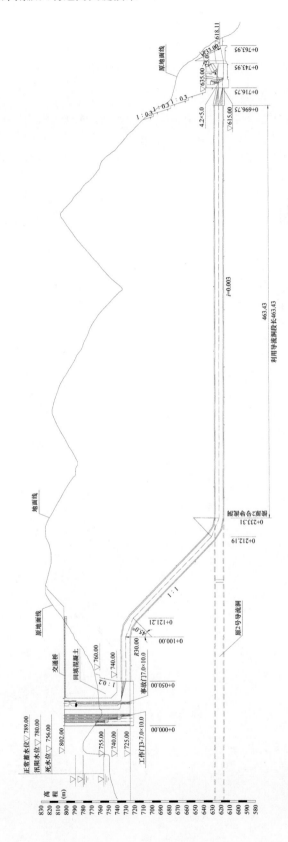

图2.5-3　导流洞改建非常排沙洞剖面图（单位：m）

### 2.5.4  非常排沙设施方案比选

坝身非常排沙底孔方案:非常排沙底孔与坝身排沙泄洪深孔集中布置,有利于非常排沙效能的发挥,也有利于枢纽排沙设施的灵活运用和方便调度,同时结合坝身布置也是一种相对经济、合理的方案。

导流洞改建非常排沙洞方案:利用导流洞段长度约 463m,约占导流洞总长度的50%,同时导流洞改建非常排沙洞段要求按压力洞设计,最大承压水头接近 200m,对衬砌结构要求较高;非常排沙洞进口采用多孔口防淤堵设计,进口及洞身连接段水流条件复杂;出口闸门最大挡水水头接近 200m,操作水头高达 140m 以上,金属结构闸门及启闭机的设计和运用条件困难。

鉴于导流洞改建非常排沙洞技术复杂,运用条件受诸多因素限制,有关重大技术问题仍需开展进一步的研究和试验,综合坝身及岸边非常排沙设施布置条件、运用条件和技术经济条件,枢纽非常排沙设施应优先选择坝身非常排沙底孔布置方案。

## 2.6  水库下游冲积性河道的冲淤规律

水库下游河道的冲淤特性是水库减淤运用的基础。以黄河下游河道为例研究河道冲淤规律,提出相应调控原则及调控指标。

### 2.6.1  一般含沙量洪水下游河道的冲淤特性

#### 2.6.1.1  一般含沙量非漫滩洪水下游河道的冲淤特性分析

根据 1960 年 7 月至 2006 年 12 月黄河下游水沙资料,在分析水沙过程的基础上,对汛期洪水进行了划分,划分洪水时,考虑上下站洪水过程的对应关系,以流量过程为主,同时尽量使各站流量过程和含沙量过程有一个完整的洪水传播过程。

1960~2006 年汛期共发生 266 场一般含沙量非漫滩洪水,小黑武来水量 4631 亿 $m^3$,占汛期总来水量的 52%,来沙量 178.9 亿 t,占汛期总来沙量的 47%;利津以上河段冲刷 4.67 亿 t,其中花园口以上河段淤积 3.43 亿 t,花园口至高村河段淤积 5.12 亿 t,高村至艾山河段冲刷 5.61 亿 t,艾山至利津河段冲刷 7.61 亿 t。

为了分析不同洪水条件下下游河道的冲淤特性,将一般含沙量非漫滩洪水根据小黑武含沙量划分 0~20kg/$m^3$、20~60kg/$m^3$、60~100kg/$m^3$ 和 100~300kg/$m^3$ 4 个含沙量级,根据小黑武流量划分 1000~1500$m^3$/s、1500~2000$m^3$/s、2000~2500$m^3$/s、2500~3000$m^3$/s、3000~3500$m^3$/s、3500~4000$m^3$/s 及 4000$m^3$/s 以上 7 个流量级。各含沙量级洪水下游河道的冲淤情况见表 2.6-1~表 2.6-4。

表 2.6-1　含沙量 20kg/m³ 以下洪水分流量级分历时下游河道的冲淤情况

| 流量级（m³/s） | 历时（d） | 场次 | 总历时（d） | 沙量（亿 t） | 水量（亿 m³） | 冲淤效率（kg/m³） 花以上 | 花—高 | 高—艾 | 艾—利 | 利以上 |
|---|---|---|---|---|---|---|---|---|---|---|
| 1000~1500 | ≤3 | | | | | | | | | |
| | 4~5 | 6 | 28 | 0.28 | 26 | −7.31 | 2.35 | 1.86 | 0.49 | −2.6 |
| | 6~7 | 4 | 26 | 0.17 | 25 | −4.73 | −2.16 | −1.39 | 3.27 | −5.0 |
| | 8~9 | 1 | 8 | 0.13 | 9 | 1.72 | 3.98 | −1.51 | 2.80 | 7.0 |
| | ≥10 | 5 | 77 | 0.56 | 69 | 0.07 | −1.10 | −1.31 | −0.23 | −2.6 |
| | 小计 | 16 | 139 | 1.14 | 129 | −2.23 | −0.23 | −0.69 | 0.80 | −2.3 |
| 1500~2000 | ≤3 | 2 | 6 | 0.08 | 9 | −3.70 | −2.17 | 0.65 | 0.54 | −4.9 |
| | 4~5 | 5 | 22 | 0.25 | 35 | −4.70 | −2.75 | −2.95 | 0.74 | −9.7 |
| | 6~7 | 2 | 13 | 0.27 | 19 | 0.41 | −1.34 | −2.27 | −1.24 | −4.4 |
| | 8~9 | 4 | 34 | 0.51 | 51 | −6.66 | −5.53 | −1.26 | 3.40 | −10.1 |
| | ≥10 | 2 | 22 | 0.07 | 34 | −3.61 | −4.99 | −3.55 | −3.28 | −15.5 |
| | 小计 | 15 | 97 | 1.18 | 148 | −4.39 | −3.99 | −2.20 | 0.45 | −10.2 |
| 2000~2500 | ≤3 | 1 | 3 | 0.00 | 6 | −6.00 | −3.33 | −4.17 | −3.00 | −16.5 |
| | 4~5 | 6 | 27 | 0.61 | 50 | −10.46 | −3.07 | −0.78 | −0.38 | −14.7 |
| | 6~7 | 4 | 26 | 0.68 | 53 | −2.89 | −3.10 | −5.58 | −0.96 | −12.6 |
| | 8~9 | | | | | | | | | |
| | ≥10 | 3 | 40 | 0.96 | 77 | −7.82 | −3.27 | −1.75 | 2.78 | −10.1 |
| | 小计 | 14 | 96 | 2.25 | 186 | −7.07 | −3.17 | −2.65 | 0.68 | −12.2 |
| 2500~3000 | ≤3 | | | | | | | | | |
| | 4~5 | 2 | 9 | 0.20 | 20 | −1.87 | 1.16 | −9.55 | −6.21 | −16.4 |
| | 6~7 | 3 | 19 | 0.09 | 44 | −4.42 | −4.65 | −6.05 | −4.76 | −19.9 |
| | 8~9 | 2 | 17 | 0.55 | 39 | −2.88 | −11.02 | −6.79 | −2.81 | −23.5 |
| | ≥10 | 4 | 49 | 1.39 | 116 | −2.48 | −2.69 | −3.61 | −3.59 | −12.4 |
| | 小计 | 11 | 94 | 2.23 | 220 | −2.89 | −4.23 | −5.20 | −3.92 | −16.2 |
| 3000~3500 | ≤3 | | | | | | | | | |
| | 4~5 | | | | | | | | | |
| | 6~7 | 4 | 26 | 0.87 | 71 | −7.25 | −1.64 | −2.72 | −1.01 | −12.7 |
| | 8~9 | 3 | 25 | 0.63 | 70 | −9.40 | −2.25 | −5.19 | −2.19 | −19.0 |
| | ≥10 | | | | | | | | | |
| | 小计 | 7 | 51 | 1.50 | 141 | −8.31 | −1.94 | −3.94 | −1.60 | −15.8 |
| 3500~4000 | ≤3 | | | | | | | | | |
| | 4~5 | 2 | 10 | 0.31 | 33 | −6.81 | −8.45 | −4.44 | −4.01 | −23.7 |
| | 6~7 | 4 | 25 | 0.82 | 81 | −7.96 | −9.44 | −0.12 | −0.25 | −16.0 |
| | 8~9 | | | | | | | | | |
| | ≥10 | 2 | 32 | 1.03 | 105 | −4.79 | −7.86 | −0.49 | −2.79 | −15.9 |
| | 小计 | 8 | 67 | 2.16 | 218 | −6.27 | −8.53 | −0.95 | −2.03 | −17.1 |
| >4000 | ≤3 | | | | | | | | | |
| | 4~5 | | | | | | | | | |
| | 6~7 | | | | | | | | | |
| | 8~9 | 1 | 8 | 0.12 | 33 | −10.66 | −8.23 | −1.23 | −7.45 | −27.5 |
| | ≥10 | 5 | 91 | 2.23 | 379 | −6.33 | −9.80 | −1.34 | −2.54 | −20.0 |
| | 小计 | 6 | 99 | 2.35 | 413 | −6.68 | −9.67 | −1.34 | −2.94 | −20.6 |
| 总计 | | 77 | 643 | 12.81 | 1455 | −5.63 | −5.68 | −2.31 | −1.68 | −15.2 |

注："花"代表花园口站；"高"代表高村站；"艾"代表艾山站；"利"代表利津站，下文同

表 2.6-2　含沙量 20～60kg/m³ 洪水分流量级分历时下游河道的冲淤情况

| 流量级（m³/s） | 历时（d） | 场次 | 总历时（d） | 沙量（亿 t） | 水量（亿 m³） | 冲淤效率（kg/m³） | | | | |
|---|---|---|---|---|---|---|---|---|---|---|
| | | | | | | 花以上 | 花—高 | 高—艾 | 艾—利 | 利以上 |
| 1000～1500 | ≤3 | | | | | | | | | |
| | 4～5 | 2 | 10 | 0.38 | 11 | 7.66 | 0.93 | −6.07 | −2.34 | 0.2 |
| | 6～7 | 8 | 51 | 2.00 | 55 | 7.21 | 1.91 | −1.91 | 3.36 | 10.6 |
| | 8～9 | | | | | | | | | |
| | ≥10 | | | | | | | | | |
| | 小计 | 10 | 61 | 2.38 | 66 | 7.28 | 1.75 | −2.58 | 2.43 | 8.9 |
| 1500～2000 | ≤3 | 2 | 6 | 0.51 | 9 | 4.94 | 13.71 | −3.93 | 3.93 | 18.7 |
| | 4～5 | 9 | 42 | 1.99 | 65 | −2.30 | 1.27 | 0.42 | −0.51 | −1.2 |
| | 6～7 | 6 | 37 | 1.90 | 55 | 0.40 | 3.15 | 1.47 | 1.78 | 6.8 |
| | 8～9 | 5 | 41 | 1.78 | 61 | −0.91 | 0.81 | −0.40 | 1.30 | 0.8 |
| | ≥10 | 3 | 35 | 1.52 | 49 | 9.02 | −1.55 | 3.83 | 5.85 | 17.1 |
| | 小计 | 25 | 161 | 7.70 | 239 | 1.28 | 1.47 | 0.99 | 1.95 | 5.7 |
| 2000～2500 | ≤3 | | | | | | | | | |
| | 4～5 | 2 | 8 | 0.69 | 15 | −0.82 | 7.60 | −2.53 | −1.03 | 3.2 |
| | 6～7 | 12 | 80 | 5.68 | 155 | 1.21 | −0.20 | −0.05 | −3.75 | −2.8 |
| | 8～9 | 8 | 66 | 5.16 | 131 | −2.34 | 5.89 | −2.97 | −2.88 | −2.3 |
| | ≥10 | 7 | 80 | 5.33 | 155 | 1.24 | 4.32 | −3.15 | 0.48 | 2.9 |
| | 小计 | 29 | 234 | 16.86 | 456 | 0.14 | 3.34 | −2.02 | −1.97 | −0.5 |
| 2500～3000 | ≤3 | | | | | | | | | |
| | 4～5 | 3 | 15 | 1.27 | 38 | 0.58 | 5.42 | −2.46 | −2.59 | 1.0 |
| | 6～7 | 1 | 6 | 0.56 | 14 | −14.26 | 3.05 | −3.05 | −2.06 | −16.3 |
| | 8～9 | 5 | 43 | 3.35 | 102 | −0.88 | −0.39 | −1.86 | −2.59 | −5.7 |
| | ≥10 | 6 | 74 | 6.80 | 176 | −0.31 | 2.26 | −1.84 | −4.34 | −4.3 |
| | 小计 | 15 | 138 | 11.98 | 330 | −0.98 | 1.84 | −1.97 | −3.50 | −4.6 |
| 3000～3500 | ≤3 | | | | | | | | | |
| | 4～5 | 5 | 23 | 2.07 | 64 | 1.48 | 1.97 | −1.69 | 0.76 | 2.5 |
| | 6～7 | 5 | 33 | 3.20 | 92 | −2.42 | −3.04 | −1.11 | −2.20 | −8.8 |
| | 8～9 | 2 | 18 | 1.95 | 50 | 3.55 | −4.38 | −4.82 | −2.62 | −8.3 |
| | ≥10 | | | | | | | | | |
| | 小计 | 12 | 74 | 7.22 | 205 | 0.23 | −1.81 | −2.18 | −1.39 | −5.2 |
| 3500～4000 | ≤3 | | | | | | | | | |
| | 4～5 | 1 | 5 | 0.50 | 16 | 2.04 | −0.56 | −5.93 | −0.19 | −4.6 |
| | 6～7 | 2 | 12 | 1.40 | 38 | −2.79 | 4.49 | −4.10 | −1.57 | −4.0 |
| | 8～9 | 3 | 26 | 3.09 | 81 | −1.51 | 3.87 | −2.53 | −5.58 | −5.7 |
| | ≥10 | 1 | 10 | 0.82 | 33 | −2.37 | −1.22 | −3.89 | −3.37 | −10.8 |
| | 小计 | 7 | 53 | 5.81 | 168 | −1.63 | 2.59 | −3.48 | −3.71 | −6.2 |
| >4000 | ≤3 | | | | | | | | | |
| | 4～5 | 3 | 13 | 2.04 | 53 | −7.16 | −2.46 | −0.63 | −8.67 | −18.9 |
| | 6～7 | 4 | 25 | 2.59 | 95 | −5.99 | −1.83 | −2.28 | −0.74 | −10.8 |
| | 8～9 | | | | | | | | | |
| | ≥10 | 8 | 156 | 16.34 | 621 | −9.66 | −3.92 | −0.11 | −2.54 | −16.2 |
| | 小计 | 15 | 194 | 20.97 | 768 | −9.04 | −3.57 | −0.41 | −2.74 | −15.8 |
| 总计 | | 113 | 915 | 72.92 | 2232 | −2.98 | −0.04 | −1.28 | −1.99 | −6.3 |

表 2.6-3  含沙量 60～100kg/m³ 洪水分流量级分历时下游河道的冲淤情况

| 流量级<br>（m³/s） | 历时<br>（d） | 场次 | 总历时<br>（d） | 沙量<br>（亿 t） | 水量<br>（亿 m³） | 冲淤效率（kg/m³） | | | | | 利以上<br>淤积比<br>（%） |
|---|---|---|---|---|---|---|---|---|---|---|---|
| | | | | | | 花以上 | 花—高 | 高—艾 | 艾—利 | 利以上 | |
| 1000～1500 | ≤3 | | | | | | | | | | |
| | 4～5 | 5 | 23 | 1.95 | 26 | 24.52 | 9.54 | 0.39 | 6.06 | 40.5 | 53.7 |
| | 6～7 | 2 | 12 | 0.84 | 12 | 40.08 | 10.59 | 1.19 | 3.47 | 55.4 | 77.9 |
| | 8～9 | 1 | 8 | 0.61 | 10 | 17.90 | 3.40 | −6.80 | −2.90 | 11.6 | 19.0 |
| | ≥10 | 1 | 10 | 0.96 | 13 | −5.28 | 9.13 | 1.26 | −8.27 | −3.1 | |
| | 小计 | 9 | 53 | 4.36 | 60 | 20.20 | 8.64 | −0.46 | 1.06 | 29.5 | 40.8 |
| 1500～2000 | ≤3 | | | | | | | | | | |
| | 4～5 | 5 | 21 | 2.29 | 31 | 25.29 | 7.05 | −0.74 | 0.42 | 32.0 | 43.6 |
| | 6～7 | 4 | 25 | 2.99 | 38 | 20.23 | 13.26 | 0.29 | −4.39 | 29.4 | 37.7 |
| | 8～9 | 2 | 18 | 2.42 | 30 | 19.40 | 5.89 | −5.42 | 5.42 | 25.3 | 31.2 |
| | ≥10 | 2 | 20 | 2.56 | 30 | 27.97 | 14.78 | 0.61 | −4.68 | 38.6 | 44.5 |
| | 小计 | 13 | 84 | 10.26 | 129 | 23.03 | 10.40 | −1.21 | −1.02 | 31.2 | 39.2 |
| 2000～2500 | ≤3 | 1 | 3 | 0.47 | 6 | 26.55 | 18.97 | 2.41 | 3.79 | 51.9 | 64.0 |
| | 4～5 | 4 | 20 | 3.37 | 38 | 16.14 | 7.22 | −7.88 | 0.34 | 15.8 | 17.7 |
| | 6～7 | 2 | 13 | 1.94 | 24 | 16.45 | −3.60 | 3.55 | 2.48 | 18.9 | 23.6 |
| | 8～9 | 2 | 17 | 2.51 | 32 | 7.34 | 3.97 | −0.38 | −11.31 | −0.4 | |
| | ≥10 | | | | | | | | | | |
| | 小计 | 9 | 53 | 8.29 | 100 | 14.00 | 4.24 | −2.10 | −2.68 | 13.5 | 16.2 |
| 2500～3000 | ≤3 | | | | | | | | | | |
| | 4～5 | 3 | 14 | 2.86 | 33 | 14.73 | 11.41 | −6.35 | −0.27 | 19.6 | 22.8 |
| | 6～7 | 3 | 19 | 3.48 | 46 | 11.86 | 19.21 | 1.80 | 0.79 | 33.6 | 44.1 |
| | 8～9 | 2 | 18 | 4.06 | 44 | 14.52 | 5.23 | −0.09 | 2.41 | 22.1 | 23.9 |
| | ≥10 | 1 | 20 | 3.11 | 45 | 7.96 | 6.71 | 2.16 | −3.64 | 13.2 | 19.1 |
| | 小计 | 9 | 71 | 13.51 | 168 | 12.08 | 10.65 | −0.22 | −0.18 | 22.3 | 27.8 |
| 3000～3500 | ≤3 | 1 | 3 | 0.66 | 9 | 27.22 | −2.11 | −0.56 | 0.33 | 25.0 | 34.1 |
| | 4～5 | | | | | | | | | | |
| | 6～7 | | | | | | | | | | |
| | 8～9 | 1 | 8 | 1.32 | 22 | 8.85 | −5.81 | −4.01 | −4.88 | −5.9 | |
| | ≥10 | | | | | | | | | | |
| | 小计 | 2 | 11 | 1.98 | 31 | 14.23 | −4.72 | −3.00 | −3.36 | 3.2 | 4.9 |
| 3500～4000 | ≤3 | | | | | | | | | | |
| | 4～5 | | | | | | | | | | |
| | 6～7 | 1 | 6 | 1.95 | 21 | 4.83 | 5.17 | −2.17 | 6.04 | 13.9 | 14.7 |
| | 8～9 | 1 | 9 | 2.24 | 28 | 11.85 | 10.84 | −1.82 | 1.27 | 22.1 | 27.2 |
| | ≥10 | | | | | | | | | | |
| | 小计 | 2 | 15 | 4.19 | 48 | 8.84 | 8.40 | −1.97 | 3.32 | 18.6 | 21.4 |
| >4000 | ≤3 | | | | | | | | | | |
| | 4～5 | | | | | | | | | | |
| | 6～7 | 1 | 7 | 2.42 | 25 | 10.45 | 4.41 | 4.94 | −8.79 | 11.0 | 11.2 |
| | 8～9 | | | | | | | | | | |
| | ≥10 | 1 | 20 | 6.07 | 74 | 3.92 | 12.88 | −3.79 | −0.82 | 12.2 | 14.9 |
| | 小计 | 2 | 27 | 8.49 | 99 | 5.55 | 10.77 | −1.61 | −2.81 | 11.9 | 13.9 |
| 总计 | | 46 | 314 | 51.08 | 635 | 14.22 | 8.50 | −1.22 | −0.92 | 20.6 | 25.6 |

表 2.6-4　含沙量 100～300kg/m³ 洪水分流量级分历时下游河道的冲淤情况

| 流量级 (m³/s) | 历时 (d) | 场次 | 总历时 (d) | 沙量 (亿 t) | 水量 (亿 m³) | 冲淤效率（kg/m³） | | | | | 利以上淤积比 (%) |
|---|---|---|---|---|---|---|---|---|---|---|---|
| | | | | | | 花以上 | 花—高 | 高—艾 | 艾—利 | 利以上 | |
| 1000～1500 | ≤3 | | | | | | | | | | |
| | 4～5 | 4 | 18 | 1.82 | 16 | 58.32 | 24.10 | 6.71 | 5.03 | 94.2 | 83.3 |
| | 6～7 | 1 | 7 | 1.07 | 9 | 32.33 | 40.35 | −1.98 | −3.72 | 67.0 | 53.8 |
| | 8～9 | | | | | | | | | | |
| | ≥10 | | | | | | | | | | |
| | 小计 | 5 | 25 | 2.89 | 25 | 49.27 | 29.76 | 3.68 | 1.98 | 84.7 | 72.4 |
| 1500～2000 | ≤3 | 1 | 3 | 0.72 | 5 | 83.78 | 49.11 | 8.44 | 10.22 | 151.6 | 94.7 |
| | 4～5 | 3 | 13 | 2.26 | 19 | 43.44 | 27.62 | 3.02 | 9.26 | 83.3 | 69.7 |
| | 6～7 | 3 | 20 | 3.97 | 28 | 28.59 | 23.59 | 5.25 | −2.25 | 55.2 | 38.4 |
| | 8～9 | | | | | | | | | | |
| | ≥10 | | | | | | | | | | |
| | 小计 | 7 | 36 | 6.95 | 51 | 38.96 | 27.33 | 4.71 | 3.12 | 74.1 | 54.4 |
| 2000～2500 | ≤3 | 2 | 6 | 1.19 | 11 | 56.51 | 18.35 | −1.38 | 1.01 | 74.6 | 68.3 |
| | 4～5 | 6 | 27 | 7.99 | 55 | 47.09 | 19.08 | −0.40 | 0.72 | 66.5 | 46.1 |
| | 6～7 | 5 | 31 | 9.55 | 58 | 36.26 | 34.24 | 6.43 | 3.83 | 80.8 | 48.6 |
| | 8～9 | 2 | 18 | 3.88 | 36 | 17.61 | 15.58 | 7.50 | −3.53 | 37.2 | 34.5 |
| | ≥10 | | | | | | | | | | |
| | 小计 | 15 | 82 | 22.61 | 160 | 37.19 | 23.70 | 3.78 | 0.90 | 65.6 | 46.3 |
| 2500～3000 | ≤3 | | | | | | | | | | |
| | 4～5 | 1 | 5 | 2.57 | 12 | 51.11 | 83.42 | −3.25 | 4.70 | 135.9 | 61.9 |
| | 6～7 | 1 | 6 | 2.36 | 15 | 20.80 | 41.47 | 2.87 | −1.33 | 63.8 | 40.6 |
| | 8～9 | | | | | | | | | | |
| | ≥10 | | | | | | | | | | |
| | 小计 | 2 | 11 | 4.93 | 27 | 34.08 | 59.85 | 0.19 | 1.31 | 95.4 | 51.7 |
| >4000 | ≤3 | | | | | | | | | | |
| | 4～5 | | | | | | | | | | |
| | 6～7 | | | | | | | | | | |
| | 8～9 | | | | | | | | | | |
| | ≥10 | 1 | 13 | 4.71 | 47 | −17.55 | 11.90 | 6.87 | −11.28 | −10.0 | |
| | 小计 | 1 | 13 | 4.71 | 47 | −17.55 | 11.90 | 6.87 | −11.28 | −10.0 | |
| 总计 | | 30 | 167 | 42.09 | 309 | 29.87 | 26.12 | 4.08 | −0.46 | 59.6 | 43.8 |

1）含沙量小于 20kg/m³

1960～2006 年黄河下游共发生含沙量小于 20kg/m³ 的非漫滩洪水 77 场，历时 643d，小黑武来水量 1455 亿 m³，来沙量 12.81 亿 t（表 2.6-1）。此类洪水在利津以上河段冲刷 22.28 亿 t，其中花园口以上冲刷 8.19 亿 t，花园口至高村冲刷 8.27 亿 t，高村至艾山冲刷 3.37 亿 t，艾山至利津冲刷 2.45 亿 t；高村以上河段冲刷量占全下游的 73.9%。从不同流量级的冲刷情况看，下游河道冲刷量主要集中在流量大于 2500m³/s 的洪水，下游河道冲刷 18.05 亿 t，约占该类洪水冲刷量的 81%。

从该含沙量级下不同流量级洪水在下游的冲淤情况来看，全下游基本呈现冲刷，流量小于 2000m³/s 时全下游大体呈现冲刷，但艾山至利津河段大体呈现微淤；流量增大到 2000～2500m³/s 时，全下游基本呈现冲刷；流量增大到 2500～3500m³/s 时，全下游和艾山至利津河段冲刷效率明显增加；流量增大到 3500m³/s 及以上时，全下游冲刷效率进一步提高。

从不同流量级下不同历时洪水在下游的冲淤情况来看，含沙量 20kg/m³ 以下流量为 2500m³/s 以上的洪水历时达到 4～5d 及以上对全下游和高村以下河段冲刷效果较好。

2）含沙量 20～60kg/m³

1960～2006 年黄河下游共发生含沙量 20～60kg/m³ 的非漫滩洪水 113 场，小黑武来水量 2232 亿 m³，小黑武来沙量 72.92 亿 t，洪水总历时 915d，该含沙量级洪水基本上冲刷和淤积的场次各占一半，利津以上共冲刷了 14.06 亿 t 泥沙，其中花园口以上冲刷了 6.65 亿 t，花园口至高村冲刷 0.08 亿 t，高村至艾山冲刷 2.87 亿 t，艾山至利津冲刷 4.46 亿 t 泥沙。高村以上河段和高村以下河段冲刷量各占全下游的一半左右。

从该含沙量级下不同流量级洪水在下游的冲淤情况（表 2.6-2）来看，随着洪水流量增大，下游逐步由淤积转为冲刷。2000m³/s 以下流量洪水在全下游和艾山至利津河段基本呈现淤积；2000～2500m³/s 流量洪水在高村以上河段大体呈现淤积，高村以下河段基本呈现冲刷；当流量达到 2500m³/s 以上时，全下游和高村以下河段基本呈现冲刷，并且随着流量的增大，全下游的冲刷效率有增大的趋势。

从不同流量级不同历时洪水在下游的冲淤情况来看，含沙量 20～60kg/m³ 的洪水、流量 2500～3500m³/s 的洪水、历时达到 6～7d 及以上的洪水在全下游和高村以下河段都有较好的冲刷效果；流量为 3500～4000m³/s、历时 4～5d 及以上的洪水在全下游和高村以下河段冲刷效果较好。

3）含沙量 60～100kg/m³

该含沙量级洪水共发生 46 场，小黑武来水量 635 亿 m³，小黑武来沙量 51.08 亿 t，洪水总历时 314d，该含沙量级洪水在利津以上淤积泥沙 13.06 亿 t，其中花园口以上淤积 9.03 亿 t，花园口至高村淤积 5.40 亿 t，高村至艾山、艾山至利津分别冲刷 0.78 亿 t 和 0.59 亿 t 泥沙。从该含沙量级洪水在下游的冲淤情况（表 2.6-3）可以看出，高村以上河段淤积严重，为全下游淤积量的 110%，高村以下河段则呈现微冲。

由表 2.6-3 可以看出，该含沙量级下随着洪水流量的增大，全下游的淤积效率和淤积比呈降低趋势。当洪水流量达到 3000～3500m³/s 及以上时，全下游淤积量占来沙量的比例趋于减小，全下游淤积效率相对较低。

4）含沙量 100～300kg/m³

该含沙量级洪水共发生 30 场，小黑武来水量 309 亿 m³，小黑武来沙量 42.09 亿 t，洪水总历时 167d，该含沙量级洪水在利津以上淤积 18.42 亿 t 泥沙，其中花园口以上河段淤积 9.23 亿 t，花园口至高村河段淤积 8.07 亿 t，高村至艾山河段淤积 1.26 亿 t，艾山至利津河段微冲，冲刷 0.14 亿 t 泥沙。从该含沙量级洪水在下游的冲淤情况（表 2.6-4）可以看出，高村以上河段淤积严重，占全下游淤积量的 94%，高村至艾山河段呈现淤积，艾山以下河段则呈现微冲。

由表 2.6-4 可以看出，该含沙量级下随着洪水流量的增大，全下游的淤积效率和淤积比呈降低趋势。

5）非漫滩洪水冲淤特性

综上所述，非漫滩洪水随着含沙量的增大，全下游逐步由冲刷转为淤积；另外，非漫滩洪水随着流量的增大，全下游由淤积逐步转为冲刷或者淤积效率呈降低趋势。

从不同水沙、历时洪水在下游的整体表现来看：①含沙量 20kg/m³ 以下，全下游基本呈现冲刷，流量增大到 2500～3500m³/s，全下游和艾山至利津河段冲刷效率明显增加；流量增大到 3500m³/s 及以上，全下游冲刷效率进一步提高。从不同历时洪水在下游的冲淤表现来看，流量为 2500m³/s 以上的洪水历时达到 4～5d 及以上对全下游和高村以下河段冲刷效果较好。②含沙量 20～60kg/m³，随着流量的增大，下游逐步由淤积转为冲刷。当流量达到 2500m³/s 以上时，全下游和高村以下河段基本呈现冲刷，并且随着流量的增大，全下游的冲刷效率有增大的趋势。从不同历时洪水在下游的冲淤情况来看，流量为 2500～3500m³/s 的洪水历时达到 6～7d 及以上在全下游和高村以下河段都有较好的冲刷效果；流量为 3500～4000m³/s 的洪水历时 4～5d 及以上在全下游和高村以下河段冲刷效果较好。③含沙量 60～100kg/m³ 和含沙量 100～300kg/m³ 的洪水，随着流量的增大，全下游淤积效率和淤积比呈现降低的趋势。流量达到 3000～3500m³/s 及以上时，全下游的淤积效率显著降低。

### 2.6.1.2    一般含沙量漫滩洪水下游河道的冲淤特性分析

1960～2006 年一般含沙量漫滩洪水出现 22 场，小黑武总来水量 1123.7 亿 m³，来沙量 48.99 亿 t，平均含沙量为 43.60kg/m³，洪水历时 309d。利津以上共冲刷 1.20 亿 t 泥沙，其中花园口以上冲刷 3.40 亿 t，花园口至高村淤积 2.35 亿 t，高村至艾山淤积 3.08 亿 t，艾山至利津冲刷 3.23 亿 t。从不同流量级漫滩洪水下游河道的冲淤效率变化情况（表 2.6-5）来看，艾山至利津河段各流量级漫滩洪水均为冲刷，流量为 2500～3000m³/s 时，高村至艾山、艾山至利津河段表现为冲刷，冲刷效率分别为 5.60kg/m³、2.54kg/m³，流量为 3500～4000m³/s 时，全下游及艾山至利津河段冲刷效率相对较大，分别为 10.55kg/m³、4.35kg/m³。

表 2.6-5    1960～2006 年一般含沙量漫滩洪水的冲淤情况

| 流量级<br>（m³/s） | 洪水场次 | 总历时<br>（d） | 水量<br>（亿 m³） | 沙量<br>（亿 t） | 冲淤效率（kg/m³） | | | | |
|---|---|---|---|---|---|---|---|---|---|
| | | | | | 小一花 | 花一高 | 高一艾 | 艾一利 | 小一利 |
| 2500～3000 | 2 | 21 | 51.7 | 3.71 | 7.86 | 11.47 | −5.60 | −2.54 | 11.20 |
| 3000～3500 | 4 | 59 | 165.6 | 15.73 | 1.37 | 27.09 | 5.17 | −2.76 | 30.87 |
| 3500～4000 | 3 | 44 | 141.2 | 6.71 | 0.41 | −3.61 | −3.00 | −4.35 | −10.55 |
| >4000 | 13 | 185 | 765.2 | 22.83 | −5.35 | −2.90 | 3.84 | −2.64 | −7.05 |
| 总计 | 22 | 309 | 1123.7 | 48.99 | −3.03 | 2.09 | 2.74 | −2.87 | −1.06 |

### 2.6.2    高含沙洪水下游河道的冲淤特性

此次研究的高含沙洪水是指以小黑武为控制站，黄河下游洪水过程中小黑武最大日平均含沙量超过 300kg/m³ 的洪水。各场洪水均以等历时划分，相邻两站洪水传播时间均为 1d。各场次高含沙洪水下游河道的冲淤情况见表 2.6-6。

表 2.6-6　1960～2006 年黄河下游高含沙洪水的水沙特征及下游冲淤情况统计表

| | 高含沙洪水编号 | 起始时间 | 结束时间 | 历时 (d) | 最大流量 (m³/s) | 最大含沙量 (kg/m³) | 平均流量 (m³/s) | 平均含沙量 (kg/m³) | 水量 (亿 m³) | 沙量 (亿 t) | 冲淤效率 (kg/m³) | | | | |
|---|---|---|---|---|---|---|---|---|---|---|---|---|---|---|---|
| | | | | | | | | | | | 小—花 | 花—高 | 高—艾 | 艾—利 | 小—利 |
| | 1 | 1995-07-18 | 1995-07-21 | 4 | 1663 | 334.5 | 1185 | 266.3 | 4.1 | 1.1 | 164.3 | 46.1 | 9.2 | 9.0 | 228.7 |
| | 2 | 1999-07-16 | 1999-07-19 | 4 | 1921 | 433.7 | 1342 | 310.9 | 4.6 | 1.4 | 153.4 | 88.8 | 6.9 | 21.1 | 270.2 |
| | 1～2 合计 | | | 8 | — | — | — | — | 8.7 | 2.5 | 158.5 | 68.8 | 8.0 | 15.4 | 250.7 |
| | 3 | 1996-07-17 | 1996-07-21 | 5 | 2342 | 396.8 | 1629 | 336.5 | 7.0 | 2.4 | 181.0 | 79.4 | 6.5 | 1.4 | 268.4 |
| | 4 | 1973-08-20 | 1973-08-25 | 6 | 2614 | 305.6 | 1829 | 162.0 | 9.5 | 1.5 | 22.5 | 60.0 | 4.5 | 8.1 | 95.1 |
| | 5 | 1996-07-29 | 1996-08-01 | 4 | 2169 | 470.3 | 1945 | 339.2 | 6.7 | 2.3 | 187.7 | 61.5 | 16.8 | -4.1 | 261.9 |
| | 3～5 合计 | | | 15 | — | — | — | — | 23.2 | 6.2 | 118.3 | 66.3 | 8.7 | 2.5 | 195.8 |
| 非漫滩高含沙洪水 | 6 | 1971-08-20 | 1971-08-25 | 6 | 2997 | 484.7 | 2049 | 164.1 | 10.6 | 1.7 | 29.8 | 47.0 | 16.9 | -7.7 | 86.1 |
| | 7 | 1997-07-31 | 1997-08-04 | 5 | 3440 | 483.9 | 2076 | 364.9 | 9.0 | 3.3 | 149.1 | 88.2 | 16.0 | 12.7 | 266.0 |
| | 8 | 1970-08-09 | 1970-08-13 | 5 | 3135 | 344.8 | 2268 | 267.4 | 9.8 | 2.6 | 8.5 | 101.8 | 42.5 | 8.5 | 161.2 |
| | 9 | 1969-07-28 | 1969-08-03 | 7 | 3157 | 335 | 2489 | 265.7 | 15.1 | 4.0 | 79.2 | 50.9 | 17.4 | 13.8 | 161.3 |
| | 6～9 合计 | | | 23 | — | — | — | — | 44.4 | 11.6 | 65.9 | 68.7 | 22.5 | 7.3 | 164.4 |
| | 10 | 1974-08-01 | 1974-08-03 | 3 | 3615 | 352.7 | 2559 | 224.2 | 6.6 | 1.5 | 78.2 | 43.5 | 7.3 | -6.1 | 122.9 |
| | 11 | 1988-07-08 | 1988-07-10 | 3 | 3073 | 328.3 | 2566 | 160.7 | 6.7 | 1.1 | 99.6 | 21.2 | -6.7 | 1.4 | 115.4 |
| | 12 | 1994-08-11 | 1994-08-16 | 6 | 3496 | 330.6 | 2734 | 197.6 | 14.2 | 2.8 | 3.2 | 65.3 | 12.3 | -2.6 | 78.1 |
| | 13 | 1970-08-03 | 1970-08-08 | 6 | 4635 | 506.7 | 2759 | 377.6 | 14.3 | 5.4 | 128.2 | 115.8 | 35.9 | 6.8 | 286.7 |
| | 14 | 1994-09-02 | 1994-09-04 | 3 | 3551 | 301.1 | 2915 | 242.6 | 7.6 | 1.8 | 79.6 | 59.5 | 11.1 | 16.0 | 166.3 |
| | 10～14 合计 | | | 21 | — | — | — | — | 49.3 | 12.6 | 74.2 | 70.2 | 15.7 | 3.0 | 163.2 |
| | 1～14 合计 | | | 67 | — | — | — | — | 125.7 | 32.9 | 85.3 | 68.9 | 16.3 | 5.3 | 175.7 |
| 漫滩高含沙洪水 | 15 | 1971-07-26 | 1971-07-28 | 3 | 4626 | 337.0 | 3334 | 240.7 | 8.6 | 2.1 | 72.6 | 61.9 | 10.5 | 12.2 | 157.2 |
| | 16 | 1973-08-27 | 1973-09-03 | 8 | 4550 | 422.1 | 3627 | 271.2 | 25.1 | 6.8 | 2.5 | 97.3 | 14.7 | 1.5 | 116.0 |
| | 17 | 1977-07-06 | 1977-07-13 | 8 | 7649 | 476.5 | 4145 | 271.1 | 28.7 | 7.8 | 18.2 | 113.3 | 0.2 | -3.1 | 128.6 |
| | 18 | 1977-08-04 | 1977-08-10 | 7 | 7496 | 516.9 | 4201 | 340.2 | 25.4 | 8.6 | 40.2 | 117.9 | 5.4 | 8.0 | 171.4 |
| | 19 | 1988-08-05 | 1988-08-13 | 9 | 6107 | 491.9 | 3942 | 196.7 | 30.7 | 6.0 | 68.9 | 36.1 | 7.2 | -12.6 | 99.6 |
| | 20 | 1992-08-10 | 1992-08-17 | 8 | 4525 | 392.1 | 3084 | 257.2 | 21.3 | 5.5 | 66.2 | 114.1 | 3.2 | -7.1 | 176.3 |
| | 21 | 1994-07-09 | 1994-07-13 | 5 | 4161 | 341.1 | 2935 | 205.7 | 12.7 | 2.6 | 105.2 | 40.2 | 6.2 | -1.9 | 149.7 |
| | 15～21 合计 | | | 48 | — | — | — | — | 152.4 | 39.4 | 46.5 | 87.0 | 6.4 | -2.0 | 137.9 |
| | 1～21 总合计 | | | 115 | — | — | — | — | 278.1 | 72.4 | 64.0 | 78.8 | 10.8 | 1.3 | 155.0 |

—表示无数据

1960～2006 年，黄河下游共发生高含沙洪水 21 场，总历时 115d，小黑武来水量 278.1 亿 $m^3$，来沙量 72.4 亿 t。利津以上共淤积泥沙 43.12 亿 t。全下游的淤积效率为 155.0kg/$m^3$，淤积比为 60%。小浪底至花园口、花园口至高村、高村至艾山和艾山至利津各河段的淤积效率分别为 64.0kg/$m^3$、78.8kg/$m^3$、10.8kg/$m^3$ 和 1.3kg/$m^3$。

#### 2.6.2.1　非漫滩高含沙洪水冲淤特性

在 21 场高含沙洪水中，非漫滩高含沙洪水共有 14 场，历时 67d，占所有高含沙洪水历时的 58.3%，进入下游的水量 125.7 亿 $m^3$、沙量 32.9 亿 t，分别占高含沙洪水来水来沙量的 45.2% 和 45.5%。利津以上共淤积泥沙 22.10 亿 t，占所有高含沙洪水总淤积量的 51.3%。全下游的淤积效率为 175.7kg/$m^3$，高村以下的淤积效率为 21.6kg/$m^3$。

1960～2006 年，黄河下游含沙量大于 150kg/$m^3$ 的洪水（不包括高含沙洪水，下文同）共发生 10 场，总历时 57d。进入下游的水量 106.1 亿 $m^3$、沙量 18.9 亿 t，利津以上共淤积泥沙 9.44 亿 t，全下游淤积效率为 89.0kg/$m^3$，淤积比为 50%，各河段的冲淤效率分别为 45.3kg/$m^3$、39.5kg/$m^3$、4.3kg/$m^3$、–0.1kg/$m^3$。各场次含沙量大于 150kg/$m^3$ 的洪水下游河道的冲淤情况见表 2.6-7。

下面从不同流量级洪水的冲淤情况对非漫滩高含沙洪水和含沙量大于 150kg/$m^3$ 的洪水进行对比。

1）1000～1500$m^3$/s

流量为 1000～1500$m^3$/s 的高含沙洪水共有 2 场，共历时 8d，进入下游的水沙量分别为 8.7 亿 $m^3$ 和 2.5 亿 t，全下游淤积效率为 250.7kg/$m^3$，淤积比为 86%，各河段淤积效率分别为 158.5kg/$m^3$、68.8kg/$m^3$、8.0kg/$m^3$、15.4kg/$m^3$。流量小于 1500$m^3$/s 的高含沙洪水，全下游淤积非常严重，尤其是花园口以上河段，其次是花园口至高村河段，高村以下河段也有一定的淤积，艾山至利津河段淤积效率较大。

2）1500～2000$m^3$/s

流量为 1500～2000$m^3$/s 的高含沙洪水共有 3 场，历时 15d，进入下游的水量 23.2 亿 $m^3$、沙量 6.2 亿 t，全下游淤积效率为 195.8kg/$m^3$，淤积比为 74%，各河段淤积效率分别为 118.3kg/$m^3$、66.3kg/$m^3$、8.7kg/$m^3$、2.5kg/$m^3$。对于 1500～2000$m^3$/s 的高含沙洪水，全下游淤积效率相对 1000～1500$m^3$/s 有所减小，尤其是在花园口以上和艾山至利津河段。

流量为 1500～2000$m^3$/s 的含沙量在 150kg/$m^3$ 以上的洪水共有 3 场，共历时 17d，进入下游的水量 24.3 亿 $m^3$、沙量 3.7 亿 t，全下游淤积效率为 75.5kg/$m^3$，淤积比为 48%，各河段冲淤效率分别为 41.7kg/$m^3$、27.5kg/$m^3$、8.2kg/$m^3$、–1.9kg/$m^3$。可以看出，全下游及各河段的淤积效率相对于同流量级高含沙洪水都不同程度减小，高村以上河段减小幅度较大。

表 2.6-7 1960~2006 年黄河下游含沙量大于 150kg/m³ 一般含沙量洪水的水沙特征及下游冲淤情况统计表

| >150kg/m³ 洪水编号 | 起始时间 | 结束时间 | 历时 (d) | 最大流量 (m³/s) | 最大含沙量 (kg/m³) | 平均流量 (m³/s) | 平均含沙量 (kg/m³) | 水量 (亿m³) | 沙量 (亿t) | 冲淤效率 (kg/m³) | | | | |
|---|---|---|---|---|---|---|---|---|---|---|---|---|---|---|
| | | | | | | | | | | 小—花 | 花—高 | 高—艾 | 艾—利 | 小—利 |
| 1 | 1995-08-06 | 1995-08-12 | 7 | 2862 | 258.8 | 1579 | 161.9 | 9.6 | 1.5 | 39.0 | 34.5 | 4.6 | -2.9 | 75.2 |
| 2 | 1969-08-09 | 1969-08-15 | 7 | 2680 | 280.7 | 1683 | 151.6 | 10.2 | 1.5 | 25.7 | 11.3 | 11.4 | -6.3 | 42.1 |
| 3 | 1992-07-30 | 1992-08-01 | 3 | 2273 | 189.9 | 1733 | 160.8 | 4.5 | 0.7 | 84.0 | 49.2 | 8.4 | 10.3 | 151.9 |
| 1~3 合计 | | | 17 | — | — | — | — | 24.3 | 3.7 | 41.7 | 27.5 | 8.2 | -1.9 | 75.5 |
| 4 | 1978-07-13 | 1978-07-18 | 6 | 2565 | 279.5 | 2112 | 209.3 | 10.9 | 2.3 | 55.4 | 47.8 | 8.8 | 7.3 | 119.2 |
| 5 | 1979-07-29 | 1979-08-03 | 6 | 2692 | 255.5 | 2154 | 201.8 | 11.2 | 2.3 | 72.0 | 36.8 | -7.3 | -0.3 | 101.2 |
| 6 | 1978-07-20 | 1978-07-26 | 7 | 3179 | 266.8 | 2182 | 176.3 | 13.2 | 2.3 | 20.5 | 35.0 | 12.1 | 2.7 | 70.2 |
| 7 | 1995-09-02 | 1995-09-07 | 6 | 2919 | 207.0 | 2224 | 151.0 | 11.5 | 1.7 | 28.8 | 38.0 | 1.2 | -9.3 | 58.7 |
| 8 | 1980-07-29 | 1980-08-01 | 4 | 3127 | 241.3 | 2390 | 189.5 | 8.3 | 1.6 | 105.1 | 11.2 | 8.1 | -0.7 | 123.7 |
| 4~8 合计 | | | 29 | — | — | — | — | 55.1 | 10.2 | 52.3 | 35.0 | 4.6 | 0.0 | 91.8 |
| 9 | 1994-08-05 | 1994-08-09 | 5 | 5211 | 277.2 | 2714 | 218.9 | 11.7 | 2.6 | 51.0 | 83.2 | -3.3 | 4.7 | 135.7 |
| 10 | 1989-07-21 | 1989-07-26 | 6 | 5298 | 203.69 | 2895 | 157.1 | 15.0 | 2.4 | 20.8 | 41.5 | 2.9 | -1.3 | 63.8 |
| 9~10 合计 | | | 11 | — | — | — | — | 26.7 | 5.0 | 34.0 | 59.8 | 0.2 | 1.3 | 95.3 |
| 总合计 | | | 57 | — | — | — | — | 106.1 | 18.9 | 45.3 | 39.5 | 4.3 | -0.1 | 89.0 |

—表示无数据

3）2000～2500m³/s

流量为 2000～2500m³/s 的高含沙洪水共有 4 场，历时 23d，进入下游的水量 44.4 亿 m³、沙量 11.6 亿 t，全下游淤积效率为 164.4kg/m³，淤积比为 63%，各河段淤积效率分别为 65.9kg/m³、68.7kg/m³、22.5kg/m³、7.3kg/m³。对于 2000～2500m³/s 的高含沙洪水，全下游淤积效率进一步减小。分河段而言，各河段分布趋于平均，花园口以上河段淤积效率显著减小，高村以下河段淤积效率则增大，尤其是高村至艾山的卡口河段。

流量为 2000～2500m³/s 的含沙量在 150kg/m³ 以上的洪水共有 5 场，历时 29d，进入下游的水量 55.1 亿 m³、沙量 10.2 亿 t，全下游淤积效率为 91.8kg/m³，淤积比为 50%，各河段淤积效率分别为 52.3kg/m³、35.0kg/m³、4.6kg/m³、0.0kg/m³。全下游及各河段的淤积效率都相对同流量级高含沙洪水明显减小，且高村以下河段淤积效率减小幅度更为显著。

4）2500～3000m³/s

流量为 2500～3000m³/s 的高含沙洪水共有 5 场，历时 21d，进入下游的水量 49.3 亿 m³、沙量 12.6 亿 t，全下游淤积效率为 163.2kg/m³，淤积比为 64%，各河段淤积效率分别为 74.2kg/m³、70.2kg/m³、15.7kg/m³、3.0kg/m³。对于 2500～3000m³/s 的高含沙洪水，全下游淤积效率和 2000～2500m³/s 相当，分河段而言，高村以下河段淤积效率较 2000～2500m³/s 有所减小。

流量为 2500～3000m³/s 的含沙量在 150kg/m³ 以上的洪水共有 2 场，共历时 11d，进入下游的水量 26.7 亿 m³、沙量 5.0 亿 t，全下游淤积效率为 95.3kg/m³，淤积比为 52%，各河段淤积效率分别为 34.0kg/m³、59.8kg/m³、0.2kg/m³、1.3kg/m³。全下游及各河段的淤积效率都相对同流量级高含沙洪水明显减小，且高村以下河段淤积效率减小幅度更为显著。

综上所述，对于非漫滩高含沙洪水，随着流量的增大，全下游淤积效率有所减小，淤积主要集中在高村以上河段。

#### 2.6.2.2　漫滩高含沙洪水冲淤特性

1）漫滩高含沙洪水下游河道冲淤概况

在 21 场高含沙洪水中，漫滩高含沙洪水共有 7 场，分别发生在 1971 年、1973 年、1977 年（2 场）、1988 年、1992 年和 1994 年，历时 48d，占所有高含沙洪水历时的 41.7%，进入下游的水量 152.4 亿 m³、沙量 39.4 亿 t，分别占高含沙洪水来水量和来沙量的 54.8% 和 54.5%。利津以上共淤积泥沙 21.02 亿 t，占所有高含沙洪水总淤积量的 48.7%。全下游的淤积效率为 137.9kg/m³，淤积比为 53%。高村以下的淤积效率为 4.4kg/m³。

对于这 7 场漫滩高含沙洪水而言，洪水平均流量基本在 3000m³/s 以上，最大流量都在 4000m³/s 以上，淤积主要集中在高村以上河段，占全下游淤积量的 96.8%，尤其是花园口至高村河段，占全下游淤积量的 63.1%，而该河段为游荡性河段，漫滩高含沙洪水经过一般都要发生以主槽冲刷和滩地淤积为特征的冲淤变化，即所谓的"淤滩刷槽"。高村以下河段淤积量仅占全下游淤积量的 3.2%。

2）漫滩高含沙洪水的同流量水位变化及横断面调整变化

洪水前后的同流量水位变化，往往能反映下游河道的冲淤变化情况，尤其是主槽的冲淤变化情况。根据上述年份洪水要素的实测资料，分析洪水前后的同流量水位的特征值变化，结果见表 2.6-8。1971 年 7 月高含沙洪水过后高村以上河段均表现为同流量水位降低，花园口、夹河滩、高村洪水过后同流量水位均下降了 0.1m；其横断面调整上则表现为主槽的横向摆动，塑造新的主槽，因此主槽实际范围有所扩大。1973 年 8 月高含沙洪水过后花园口和高村断面的同流量水位降低明显，分别降低了 0.71m 和 0.05m，和横断面调整保持一致，因此也有明显的淤滩刷槽效果。1977 年 7 月高含沙洪水过后高村以上河段同流量水位降低明显，花园口、夹河滩洪水过后同流量水位分别下降了 1.4m、0.7m。8 月高含沙洪水过后高村以上河段同流量水位则相应升高，但从 1977 年 6 月和9 月的横断面调整来看，高村以上河段表现出明显的淤滩刷槽。1988 年 8 月和 1992 年 8 月的高含沙洪水多数河段都呈现同流量水位降低的现象，且各主要测站洪水过后没有明显的同流量水位升高的现象发生（除 1994 年 7 月夹河滩断面），且这三场洪水在下游的冲淤表现为高村以上河段淤积、高村至艾山河段微淤、艾山至利津河段冲刷，由此可以得出，高村以上河段表现为明显的淤滩刷槽，高村以下河段主槽微淤甚至冲刷。

根据漫滩高含沙洪水年份实测大断面统测成果，重点分析高村以上河段汛期前后河道横断面的变化情况，结果见表 2.6-9。其中，具有明显淤滩刷槽效果的断面形态变化如图 2.6-1 和图 2.6-2 所示。

3）漫滩高含沙洪水滩槽淤积分配

根据漫滩高含沙洪水年份汛期前后下游河道的横断面形态，用断面法计算的下游河道各河段淤积量见表 2.6-10，用输沙率法计算的漫滩高含沙洪水时段下游河道各河段淤积量见表 2.6-11。从整个汛期来看，艾山以上河段主滩和槽地淤积量基本上各占 50% 左右，艾山至利津河段主槽还有所冲刷；从漫滩高含沙洪水时段来看，高村以上河段滩地淤积占主体，主槽略有淤积，高村以下河段则主槽较多呈现出冲刷，滩地多为淤积。

表 2.6-8　漫滩高含沙洪水年份洪水前后同流量水位变化情况表

**1971 年 7 月洪水前后同流量水位**

| 站名 | 流量 (m³/s) | 水位 (m) | 日期 |
|---|---|---|---|
| 花园口 | 1110 | 92.1 | 7-26 |
| | 1100 | 92.0 | 8-1 |
| 夹河滩 | 1020 | 73.0 | 7-27 |
| | 1100 | 72.9 | 8-2 |
| 高村 | 1180 | 60.6 | 7-28 |
| | 1240 | 60.5 | 8-4 |
| 孙口 | 1250 | 45.4 | 7-29 |
| | 1200 | 45.4 | 8-2 |
| 艾山 | 1140 | 37.7 | 7-29 |
| | 1200 | 37.8 | 8-3 |
| 洛口 | 1330 | 27.3 | 7-29 |
| | 1310 | 27.4 | 8-4 |
| 利津 | 1260 | 11.8 | 7-30 |
| | 1270 | 12.0 | 8-4 |

**1973 年 8 月洪水前后同流量水位**

| 站名 | 流量 (m³/s) | 水位 (m) | 日期 |
|---|---|---|---|
| 花园口 | 2340 | 93.06 | 8-25 |
| | 2340 | 92.35 | 9-5 |
| 夹河滩 | 2970 | 73.84 | 8-25 |
| | 2990 | 74.25 | 9-6 |
| 高村 | 3070 | 61.86 | 8-28 |
| | 3180 | 61.81 | 9-7 |
| 孙口 | 3070 | 47.05 | 8-31 |
| | 3070 | 47.09 | 9-9 |
| 艾山 | 2900 | 39.68 | 8-31 |
| | 2940 | 39.71 | 9-9 |
| 洛口 | 2860 | 29.15 | 9-1 |
| | 2860 | 29.28 | 9-10 |
| 利津 | 2650 | 13.05 | 9-1 |
| | 2700 | 12.93 | 9-10 |

**1977 年 7 月洪水前后同流量水位**

| 站名 | 流量 (m³/s) | 水位 (m) | 日期 |
|---|---|---|---|
| 花园口 | 1700 | 92.1 | 7-6 |
| | 1680 | 90.7 | 7-15 |
| 夹河滩 | 1590 | 73.7 | 7-7 |
| | 1540 | 73.0 | 7-16 |
| 高村 | 1940 | 60.9 | 7-7 |
| | 1920 | 61.1 | 7-17 |
| 孙口 | 1790 | 46.1 | 7-8 |
| | 1790 | 46.2 | 7-18 |
| 艾山 | 2060 | 39.0 | 7-9 |
| | 2040 | 38.8 | 7-19 |
| 洛口 | 1970 | 28.3 | 7-9 |
| | 2000 | 28.2 | 7-18 |
| 利津 | 1810 | 11.8 | 7-9 |
| | 1800 | 11.9 | 7-21 |

**1988 年 8 月洪水前后同流量水位**

| 站名 | 流量 (m³/s) | 水位 (m) | 日期 |
|---|---|---|---|
| 花园口 | 3590 | 93.3 | 8-7 |
| | 3670 | 92.9 | 8-14 |
| 夹河滩 | 4420 | 74.6 | 8-9 |
| | 4520 | 74.5 | 8-15 |
| 高村 | 4900 | 62.7 | 8-10 |
| | 4880 | 62.2 | 8-20 |
| 孙口 | 4880 | 48.1 | 8-11 |
| | 4890 | 48.1 | 8-21 |
| 艾山 | 4710 | 41.2 | 8-11 |
| | 4680 | 41.2 | 8-21 |
| 洛口 | 4490 | 30.6 | 8-11 |
| | 4560 | 30.5 | 8-21 |
| 利津 | 4090 | 13.5 | 8-12 |
| | 4090 | 13.5 | 8-22 |

**1992 年 8 月洪水前后同流量水位**

| 站名 | 流量 (m³/s) | 水位 (m) | 日期 |
|---|---|---|---|
| 花园口 | — | — | — |
| | — | — | — |
| 夹河滩 | 2100 | 74.2 | 8-12 |
| | 2150 | 74.23 | 8-19 |
| 高村 | 2060 | 62.25 | 8-14 |
| | 2080 | 62.08 | 8-21 |
| 孙口 | 2030 | 47.57 | 8-15 |
| | 2050 | 47.47 | 8-22 |
| 艾山 | 1970 | 40.33 | 8-15 |
| | 1990 | 40.26 | 8-23 |
| 洛口 | 2050 | 29.88 | 8-16 |
| | 2010 | 29.41 | 8-23 |
| 利津 | 1970 | 12.98 | 8-17 |
| | 1950 | 12.76 | 8-24 |

**1994 年 7 月洪水前后同流量水位**

| 站名 | 流量 (m³/s) | 水位 (m) | 日期 |
|---|---|---|---|
| 花园口 | 1110 | 92.74 | 7-9 |
| | 1080 | 92.55 | 7-15 |
| 夹河滩 | 1120 | 75.57 | 7-10 |
| | 1090 | 75.83 | 7-15 |
| 高村 | 1530 | 61.84 | 7-11 |
| | 1570 | 61.68 | 7-15 |
| 孙口 | 1220 | 46.93 | 7-11 |
| | 1210 | 47.00 | 7-17 |
| 艾山 | 1520 | 39.90 | 7-12 |
| | 1570 | 39.94 | 7-17 |
| 洛口 | 2100 | 30.14 | 7-12 |
| | 2110 | 29.97 | 7-16 |
| 利津 | 1790 | 13.17 | 7-13 |
| | 1780 | 13.22 | 7-17 |

表 2.6-9　漫滩高含沙洪水年份高村以上河段汛期前后河道横断面的变化情况

| 典型年份 | 花园口 | 夹河滩 | 高村 |
|---|---|---|---|
| 1971 | ○ | — | √ |
| 1973 | √ | × | √ |
| 1977 | √ | ○ | √ |
| 1988 | √ | √ | ○ |
| 1992 | ○ | ○ | √ |
| 1994 | ○ | × | √ |

注："√"代表淤滩刷槽，"×"代表主槽抬高萎缩，"○"代表主槽摆动，"—"代表主槽变化不明显

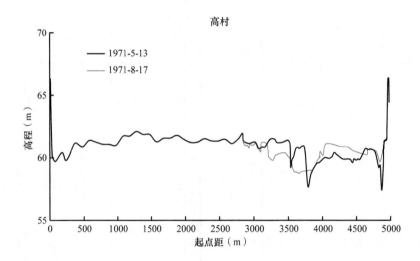

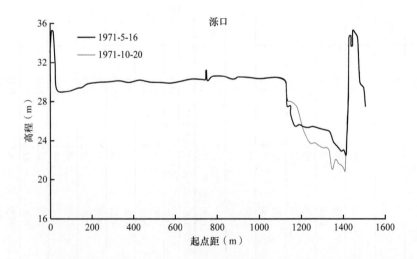

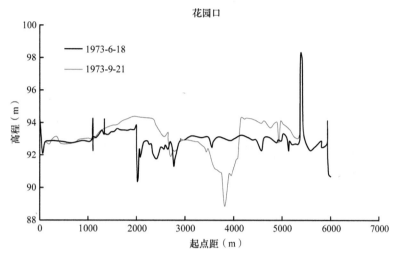

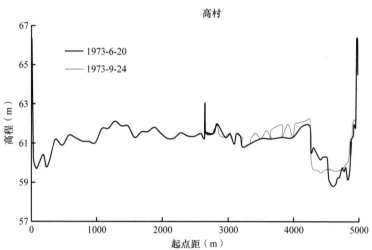

图 2.6-1　1971 年、1973 年下游主要测站高含沙洪水前后横断面变化图

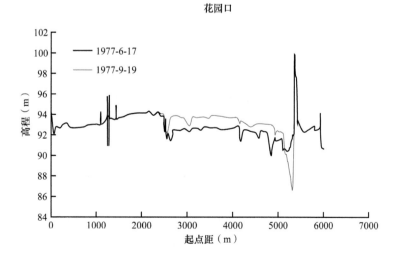

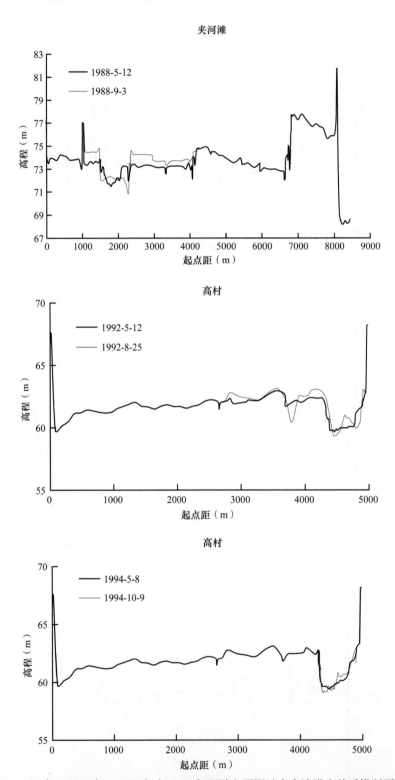

图 2.6-2 1977 年、1988 年、1992 年和 1994 年下游主要测站高含沙洪水前后横断面变化图

表 2.6-10　漫滩高含沙洪水年份汛期下游河道各河段淤积量统计表（断面法）（单位：亿 t）

| 年份 | 花园口以上 | | | 花园口—高村 | | | 高村—艾山 | | | 艾山—利津 | | | 利津以上 | | |
|---|---|---|---|---|---|---|---|---|---|---|---|---|---|---|---|
| | 主槽 | 滩地 | 全断面 | 主槽 | 滩地 | 全断面 | 主槽 | 滩地 | 全断面 | 主槽 | 滩地 | 全断面 | 主槽 | 滩地 | 全断面 |
| 1971 | 1.88 | 1.09 | 2.96 | 0.91 | 1.13 | 2.04 | 0.27 | 0.13 | 0.40 | 0.00 | 0.03 | 0.03 | 3.06 | 2.37 | 5.43 |
| 1973 | 0.62 | 0.47 | 1.08 | 1.49 | 2.39 | 3.89 | 0.28 | 0.41 | 0.68 | −0.30 | 0.13 | −0.17 | 2.09 | 3.39 | 5.48 |
| 1977 | −0.52 | 0.60 | 0.08 | 2.66 | 4.37 | 7.03 | 0.25 | 0.36 | 0.61 | 0.36 | 0.14 | 0.50 | 2.75 | 5.46 | 8.22 |
| 1988 | 1.57 | 1.02 | 2.59 | 1.53 | 1.40 | 2.93 | 0.29 | 0.11 | 0.39 | −0.45 | 0.00 | −0.45 | 2.94 | 2.54 | 5.48 |
| 1992 | 0.75 | 1.17 | 1.91 | 2.84 | 1.79 | 4.63 | 0.07 | −0.01 | 0.06 | −0.10 | −0.02 | −0.12 | 3.56 | 2.93 | 6.49 |
| 1994 | 0.76 | 0.78 | 1.53 | 1.94 | 1.32 | 3.26 | 0.09 | 0.07 | 0.16 | 0.04 | 0.01 | 0.04 | 2.83 | 2.17 | 5.00 |
| 合计 | 5.05 | 5.12 | 10.16 | 11.38 | 12.40 | 23.79 | 1.25 | 1.06 | 2.31 | −0.45 | 0.28 | −0.17 | 17.23 | 18.86 | 36.09 |

表 2.6-11　漫滩高含沙洪水时段下游河道各河段淤积量统计表（输沙率法）（单位：亿 t）

| 年份 | 花园口以上 | | | 花园口—高村 | | | 高村—艾山 | | | 艾山—利津 | | | 利津以上 | | |
|---|---|---|---|---|---|---|---|---|---|---|---|---|---|---|---|
| | 主槽 | 滩地 | 全断面 | 主槽 | 滩地 | 全断面 | 主槽 | 滩地 | 全断面 | 主槽 | 滩地 | 全断面 | 主槽 | 滩地 | 全断面 |
| 1971 | −0.46 | 1.09 | 0.63 | −0.59 | 1.13 | 0.54 | −0.04 | 0.13 | 0.09 | 0.08 | 0.03 | 0.11 | −1.01 | 2.37 | 1.36 |
| 1973 | −0.40 | 0.47 | 0.06 | 0.05 | 2.39 | 2.44 | −0.04 | 0.41 | 0.37 | −0.09 | 0.13 | 0.04 | −0.48 | 3.39 | 2.91 |
| 1977 | 0.94 | 0.60 | 1.54 | 1.87 | 4.37 | 6.24 | −0.21 | 0.36 | 0.14 | −0.02 | 0.14 | 0.11 | 2.58 | 5.46 | 8.04 |
| 1988 | 1.09 | 1.02 | 2.11 | −0.30 | 1.40 | 1.11 | 0.11 | 0.11 | 0.22 | −0.39 | 0.00 | −0.39 | 0.52 | 2.54 | 3.05 |
| 1992 | 0.24 | 1.17 | 1.41 | 0.64 | 1.79 | 2.43 | −0.01 | −0.01 | −0.01 | −0.14 | −0.02 | −0.15 | 0.83 | 2.93 | 3.76 |
| 1994 | 0.56 | 0.78 | 1.33 | −0.81 | 1.32 | 0.51 | 0.01 | 0.07 | 0.08 | −0.03 | 0.01 | −0.02 | −0.27 | 2.17 | 1.90 |
| 合计 | 1.97 | 5.12 | 7.09 | 0.86 | 12.40 | 13.27 | −0.09 | 1.06 | 0.97 | −0.59 | 0.28 | −0.31 | 2.16 | 18.86 | 21.02 |

### 2.6.3　下游平滩流量对洪水过程的响应

1）下游平滩流量对进入下游来水、来沙及洪水过程的响应

不同时段进入黄河下游的水沙特征、下游河道年均冲淤量及汛期不同流量级洪水历时见表 2.6-12 及表 2.6-13。可以看出，在进入下游的水丰、沙丰的 20 世纪 50 年代，小流量出现较少，基本以较大流量过程出现，漫滩机会多，黄河下游平滩流量一般在 6000m³/s 左右，因此下游河道维持着一个良性河槽；1969 年 11 月至 1973 年 10 月，由于小流量出现概率增大且小流量挟带沙量多，主槽大幅度萎缩，因此下游河道平滩流量锐减，到 1973 年汛前，下游整体平滩流量降至 3000m³/s 左右；1986 年以来，进入黄河下游的年水量和汛期水量均大幅度减少，而且黄河下游中常洪水出现的概率和持续时间大幅度减少，下游整体平滩流量较小。

表 2.6-12　黄河下游不同时段水沙特征及下游河道年均冲淤量

| 时段 | 小黑武全年水沙特征 | | 小黑武汛期水沙特征 | | 冲淤量（亿 t） | | 时段末平滩流量（m³/s） |
|---|---|---|---|---|---|---|---|
| | 水量（亿 m³） | 沙量（亿 t） | 水量（亿 m³） | 沙量（亿 t） | 全断面 | 主槽 | |
| 1950-7～1960-6 | 480 | 17.95 | 276 | 12.38 | 3.61 | 0.82 | 6000 |
| 1960-11～1964-10 | 573 | 6.03 | 339 | 6.03 | −5.78 | −5.78 | 8500 |
| 1964-11～1969-10 | 486 | 15.46 | 277 | 12.37 | 2.13 | 2.01 | 5800 |
| 1969-11～1973-10 | 344 | 14.46 | 171 | 11.43 | 1.84 | 1.34 | 3400 |
| 1973-11～1980-10 | 395 | 12.4 | 230 | 11.05 | 1.81 | 0.02 | 5000 |
| 1980-11～1985-10 | 482 | 9.7 | 319 | 9.10 | −0.97 | −1.26 | 6500 |
| 1985-11～1999-10 | 278 | 7.64 | 131 | 6.04 | 2.23 | 1.61 | 3000 |
| 1999-11～2006-10 | 222 | 0.65 | 84 | 0.82 | −13.23 | −13.9 | 3500 |

表 2.6-13　黄河下游各时段汛段不同流量级洪水历时　　　　　（单位：d）

| 时段 | 流量级（m³/s） | | | | | |
|---|---|---|---|---|---|---|
| | <800 | 800～2500 | 2500～3000 | 3000～3500 | 3500～4000 | >4000 |
| 1950-7～1960-6 | 3.3 | 69.0 | 18.5 | 9.8 | 5.0 | 17.3 |
| 1960-11～1964-10 | 1.5 | 48.8 | 15.5 | 9.3 | 11.8 | 36.3 |
| 1964-11～1973-10 | 19.1 | 62.3 | 10.8 | 10.0 | 6.7 | 14.1 |
| 1973-11～1980-10 | 16.6 | 68.1 | 11.0 | 7.9 | 4.3 | 15.1 |
| 1980-11～1985-10 | 4.6 | 51.6 | 14.8 | 7.2 | 11.0 | 33.8 |
| 1985-11～1999-10 | 48.3 | 62.8 | 5.4 | 3.2 | 1.4 | 2.0 |
| 1999-11～2006-10 | 90.7 | 25.4 | 6.6 | 0.3 | 0.0 | 0.0 |

1999 年 11 月至 2006 年 10 月，进入黄河下游的年均水量为 222 亿 m³，年均沙量为 0.65 亿 t，由于水库拦沙，总的来说进入下游的水沙关系是协调的，这一时期下游河道共冲刷泥沙 13.23 亿 t。从小浪底水库入库水沙和运用过程看，1999 年 10 月至 2001 年 10 月，入库为枯水年，年均来水仅 151 亿 m³，虽然水库拦沙比高达 96%，但出库最大流量仅 1680m³/s（2001 年 4 月 5 日），冲刷仅发展到高村断面附近，高村以下河段则发生淤积，致使 2002 年汛前高村附近河段最小过流能力仅为 1800m³/s 左右。自 2002 年黄河首次调水调沙试验以来，水库每年调节较大流量下泄，水沙关系进一步协调，黄河下游河槽发生全线冲刷，至 2006 年汛后，主槽最小过流能力恢复到 3500m³/s 左右。由此，下游河道平滩流量的大小对进入下游的水沙状况及汛期流量过程的变化的响应是显著的。

2）维持 4000m³/s 左右平滩流量对应进入下游的洪水过程

根据 1960～2006 年发生的 309 场实测洪水过程资料和下游各断面平滩流量资料，分析下游河道最小汛前平滩流量 5000m³/s 以上、4000m³/s 左右及 4000m³/s 以下对应年份的来水来沙情况，比较分析来水来沙过程不同对下游最小平滩流量的影响。

（1）下游最小平滩流量 5000m³/s 以上对应年份洪水的统计情况见表 2.6-14。统计时段内黄河下游河道发生洪水 62 场，总历时 798d，小黑武来水量 2331 亿 m³，来沙量 66.06 亿 t，分别占对应年份汛期来水量和来沙量的 86.30% 和 86.60%。从分流量级情况来看，对下游较为不利的为 1000～2500m³/s 流量的洪水，小黑武来水量和来沙量占汛期来水量和来沙量比重小，分别为 9.12% 和 11.97%；对下游较为有利的 2500m³/s 以上流量的洪水，小黑武来水量和来沙量分别占汛期来水量和来沙量的 77.18% 和 74.64%；3500m³/s 以上流量的洪水，小黑武来水量和来沙量则分别占汛期来水量和来沙量的 49.94% 和 44.13%，即占汛期的近一半。

表 2.6-14　下游最小平滩流量 5000m³/s 以上对应年份的洪水特征值（1960～2006 年）

| 流量级（m³/s） | 场次 | 历时（d） | 日均最大流量（m³/s） | 平均流量（m³/s） | 水量（亿 m³） | 沙量（亿 t） | 水量占汛期水量百分比（%） | 沙量占汛期沙量百分比（%） | 冲淤量（亿 t） | 冲淤效率（kg/m³） |
|---|---|---|---|---|---|---|---|---|---|---|
| 1000～2000 | 12 | 85 | 3166 | 1541 | 113 | 3.33 | 4.19 | 4.37 | 1.24 | 11.0 |
| 2000～2500 | 8 | 67 | 3715 | 2299 | 133 | 5.80 | 4.93 | 7.60 | 0.24 | 1.8 |
| 2500～3000 | 15 | 187 | 4076 | 2733 | 442 | 12.63 | 16.35 | 16.56 | −4.33 | −9.8 |

续表

| 流量级<br>(m³/s) | 场次 | 历时<br>(d) | 日均最大流<br>量（m³/s） | 平均流量<br>(m³/s) | 水量<br>(亿 m³) | 沙量<br>(亿 t) | 水量占汛期<br>水量百分比<br>(%) | 沙量占汛期<br>沙量百分比<br>(%) | 冲淤量<br>(亿 t) | 冲淤效率<br>(kg/m³) |
|---|---|---|---|---|---|---|---|---|---|---|
| 3000～3500 | 9 | 104 | 5600 | 3274 | 294 | 10.64 | 10.89 | 13.95 | -0.90 | -3.0 |
| 3500～4000 | 3 | 88 | 5367 | 3644 | 277 | 4.39 | 10.26 | 5.76 | -5.78 | -20.9 |
| 4000 以上 | 15 | 267 | 7330 | 4645 | 1072 | 29.27 | 39.68 | 38.37 | -15.46 | -14.4 |
| 小计 | 62 | 798 | 7330 | 3380 | 2331 | 66.06 | 86.30 | 86.60 | -24.98 | -10.7 |

（2）下游最小平滩流量 4000m³/s 左右对应年份洪水的统计情况见表 2.6-15。统计时段内黄河下游河道发生洪水 73 场，总历时 511d，小黑武来水量 1047 亿 m³，来沙量 71.35 亿 t，分别占对应年份汛期来水量和来沙量的 65.58%和 79.17%。从洪水分流量级情况来看，对下游较为不利的为 1000～2500m³/s 流量的洪水，小黑武来水量和来沙量分别占汛期来水量和来沙量的 31.90%和 46.27%；对下游较为有利的为 2500m³/s 以上流量的洪水，小黑武来水量和来沙量分别占汛期来水量和来沙量的 32.69%和 32.90%，其中 3500m³/s 以上流量的洪水，小黑武来水量和来沙量分别占汛期来水量和来沙量的 10.54%和 15.02%；3500m³/s 以上流量的来水量和来沙量占 2500m³/s 以上流量的 31%和 46%。

表 2.6-15　下游最小平滩流量 4000m³/s 左右对应年份的洪水特征值（1960～2006 年）

| 流量级<br>(m³/s) | 场次 | 历时<br>(d) | 日均最大流<br>量（m³/s） | 平均流量<br>(m³/s) | 水量<br>(亿 m³) | 沙量<br>(亿 t) | 水量占汛期<br>水量百分比<br>(%) | 沙量占汛期<br>沙量百分比<br>(%) | 冲淤量<br>(亿 t) | 冲淤效率<br>(kg/m³) |
|---|---|---|---|---|---|---|---|---|---|---|
| 1000～2000 | 34 | 178 | 2997 | 1582 | 243 | 15.72 | 15.24 | 17.44 | 5.36 | 22.0 |
| 2000～2500 | 21 | 138 | 4626 | 2230 | 266 | 25.98 | 16.66 | 28.83 | 12.12 | 45.6 |
| 2500～3000 | 10 | 114 | 5298 | 2857 | 281 | 12.64 | 17.63 | 14.03 | 0.54 | 1.9 |
| 3000～3500 | 3 | 32 | 4864 | 3189 | 88 | 3.47 | 5.52 | 3.85 | -0.36 | -4.1 |
| 3500～4000 | 3 | 38 | 6227 | 3796 | 125 | 11.36 | 7.81 | 12.61 | 2.13 | 17.1 |
| 4000 以上 | 2 | 11 | 6339 | 4583 | 44 | 2.17 | 2.73 | 2.41 | -0.79 | -18.1 |
| 小计 | 73 | 511 | 6339 | 2371 | 1047 | 71.35 | 65.58 | 79.17 | 19.01 | 18.2 |

（3）下游最小平滩流量 4000m³/s 以下对应年份洪水的统计情况见表 2.6-16。统计时段内黄河下游河道发生洪水 53 场，共历时 367d，小黑武来水量 639 亿 m³，来沙量 53.82 亿 t，来水量和来沙量分别占汛期来水量和来沙量的 45.40%和 78.64%。从分流量级情况来看，对下游较为不利的为 1000～2500m³/s 流量的洪水，小黑武来水量和来沙量分别占汛期来水量和来沙量的 31.82%和 46.75%；对下游较为有利的 2500m³/s 以上流量的洪水，小黑武来水量和来沙量分别占汛期来水量和来沙量的 13.58%和 31.88%；3500m³/s 以上流量的洪水没有出现。

表 2.6-16　下游最小平滩流量 4000m³/s 以下对应年份的洪水特征值（1960～2006 年）

| 流量级<br>(m³/s) | 场次 | 历时<br>(d) | 日均最大流<br>量（m³/s） | 平均流量<br>(m³/s) | 水量<br>(亿 m³) | 沙量<br>(亿 t) | 水量占汛期<br>水量百分比<br>(%) | 沙量占汛期<br>沙量百分比<br>(%) | 冲淤量<br>(亿 t) | 冲淤效率<br>(kg/m³) |
|---|---|---|---|---|---|---|---|---|---|---|
| 1000～2000 | 25 | 149 | 2862 | 1374 | 177 | 15.94 | 12.56 | 23.29 | 8.21 | 46.41 |

续表

| 流量级 (m³/s) | 场次 | 历时 (d) | 日均最大流量 (m³/s) | 平均流量 (m³/s) | 水量 (亿 m³) | 沙量 (亿 t) | 水量占汛期水量百分比 (%) | 沙量占汛期沙量百分比 (%) | 冲淤量 (亿 t) | 冲淤效率 (kg/m³) |
|---|---|---|---|---|---|---|---|---|---|---|
| 2000~2500 | 19 | 140 | 3551 | 2243 | 271 | 16.06 | 19.26 | 23.46 | 4.65 | 17.14 |
| 2500~3000 | 8 | 60 | 5211 | 2734 | 142 | 17.17 | 10.06 | 25.09 | 10.25 | 72.36 |
| 3000~3500 | 1 | 18 | 5320 | 3185 | 50 | 4.65 | 3.52 | 6.79 | 3.22 | 64.91 |
| 小计 | 53 | 367 | 5320 | 2016 | 639 | 53.82 | 45.40 | 78.64 | 26.33 | 41.18 |

对比分析表 2.6-14~表 2.6-16,可以得出:①从洪水平均流量来看,进入下游河道的洪水平均流量越大,对应下游平滩流量越大。②流量达到 2500m³/s 以上,尤其是流量达到 3500m³/s 以上洪水的水量和挟带的沙量占汛期来水量和来沙量的比重越大,对应平滩流量就越大。③从下游不同年份对应平滩流量大小来看,当下游最小平滩流量达到 5000m³/s 以上时,汛期洪水大流量带大沙相应比重大,3500m³/s 以上流量洪水的水沙量占整个汛期的近一半;当下游最小平滩流量为 4000m³/s 以下时,汛期未出现 3500m³/s 以上流量的洪水;当下游最小平滩流量在 4000m³/s 左右时,汛期 3500m³/s 以上流量的洪水占一定比重,且挟带沙量较大。因此,维持下游河道 4000m³/s 左右的平滩流量,汛期 3500m³/s 以上流量的洪水须具有一定比重。

3) 平滩流量与造床流量的变化关系

造床流量是指造床作用与多年流量过程的综合造床作用相当的一种流量。这种流量对塑造河床形态所起的作用最大,是长系列的一个代表流量。采用钱意颖方法计算黄河下游 1960~2005 年花园口断面的造床流量。黄河下游最小平滩流量和花园口断面造床流量历年变化趋势见图 2.6-3,二者关系见图 2.6-4。

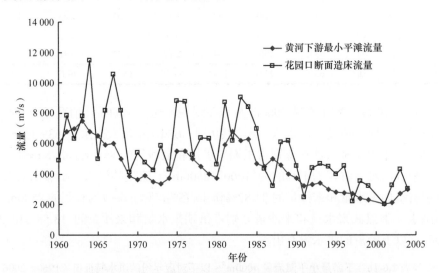

图 2.6-3 黄河下游最小平滩流量和花园口断面造床流量历年变化趋势

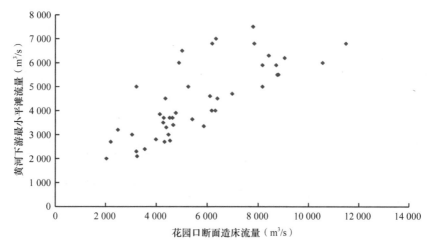

图 2.6-4　黄河下游最小平滩流量和花园口断面造床流量变化关系

由图 2.6-3 和图 2.6-4 可见，黄河下游最小平滩流量和花园口断面造床流量的变化趋势有较好的一致性，相关性较好。因此，在目前黄河下游来水偏枯的条件下，可以通过小浪底水库调整下游来水过程来适当增大造床流量，从而增大下游河道的平滩流量。

4）维持黄河下游 4000m³/s 左右平滩流量的中水河槽对小浪底水库流量调控的要求

根据前面的综合分析，维持黄河下游 4000m³/s 左右平滩流量对小浪底流量调控要求的关键在于必须保证 3500m³/s 以上洪水具有一定比重，由大流量洪水挟带沙量入海。

## 2.6.4　不同峰型洪水下游河道的冲淤特性

对于下游河道洪水的输沙能力，除流量、历时和含沙量指标之外，峰型也有一定的影响。峰型的指标一般用洪峰系数来判别，即一场洪水最大流量和平均流量的比值。

对于一般含沙量洪水而言，分别以 1981 年和 1994 年的各两场洪水为例，见表 2.6-17 和表 2.6-18。1981 年 7 月，黄河下游发生了两场洪水，其中 7 月中旬的一场洪水历时 5d，历时较短，小黑武最大流量 4511m³/s，平均流量 2777m³/s，洪峰系数为 1.62，属于尖瘦型洪峰；进入下游的水量为 12.0 亿 m³，沙量为 0.745 亿 t，全下游淤积量为 0.051 亿 t，全下游冲淤效率为 4.25kg/m³，高村以下河段冲淤效率为-2.83kg/m³，全下游淤积比为 7%。而 7 月下旬的一场洪水历时 9d，洪水历时较长，小黑武最大流量 3357m³/s，平均流量 2691m³/s，洪峰系数为 1.25，峰型较为宽胖；进入下游的水量为 19.4 亿 m³，沙量为 1.015 亿 t，全下游冲刷 0.015 亿 t，全下游冲淤效率为-0.77kg/m³，高村以下河段冲淤效率为-7.86kg/m³。这说明在河道边界条件相似，且来水来沙量差别不大的情况下，宽胖型洪峰较尖瘦型洪峰更有利于下游河道的输沙。

表2.6-17 不同峰型洪水进入下游的水沙条件和下游河道冲淤情况表

| 起始时间 | 结束时间 | 历时(d) | 最大流量(m³/s) | 平均流量(m³/s) | 洪峰系数 | 最大含沙量(kg/m³) | 平均含沙量(kg/m³) | 水量(亿m³) | 沙量(亿t) | 冲淤量(亿t) | | | | |
|---|---|---|---|---|---|---|---|---|---|---|---|---|---|---|
| | | | | | | | | | | 小—花 | 花—高 | 高—艾 | 艾—利 | 小—利 |
| 1981-07-14 | 1981-07-18 | 5 | 4511 | 2777 | 1.62 | 90.8 | 62.1 | 12.0 | 0.745 | 0.081 | 0.003 | 0.007 | −0.041 | 0.051 |
| 1981-07-22 | 1981-07-30 | 9 | 3357 | 2691 | 1.25 | 66.0 | 52.3 | 19.4 | 1.015 | −0.104 | 0.241 | −0.102 | −0.051 | −0.015 |
| 1994-08-05 | 1994-08-09 | 5 | 5211 | 2714 | 1.92 | 277.2 | 218.9 | 11.7 | 2.566 | 0.598 | 0.976 | −0.038 | 0.055 | 1.590 |
| 1994-08-11 | 1994-08-16 | 6 | 3496 | 2734 | 1.28 | 330.6 | 197.2 | 14.2 | 2.800 | 0.045 | 0.925 | 0.174 | −0.037 | 1.107 |

注：由于数值修约，小—利冲淤量可能与小—花、花—高、高—艾和艾—利之和稍有差别

表2.6-18 不同峰型洪水下游河道冲淤效率和淤积比情况表

| 起始时间 | 结束时间 | 历时(d) | 水量(亿m³) | 沙量(亿t) | 冲淤效率(kg/m³) | | | | | 淤积比（%） | | | | |
|---|---|---|---|---|---|---|---|---|---|---|---|---|---|---|
| | | | | | 小—花 | 花—高 | 高—艾 | 艾—利 | 小—利 | 小—花 | 花—高 | 高—艾 | 艾—利 | 小—利 |
| 1981-07-14 | 1981-07-18 | 5 | 12.0 | 0.745 | 6.75 | 0.25 | 0.58 | −3.42 | 4.25 | 11 | 0 | 1 | −6 | 7 |
| 1981-07-22 | 1981-07-30 | 9 | 19.4 | 1.015 | −5.34 | 12.43 | −5.23 | −2.63 | −0.77 | −10 | 24 | −10 | −5 | −1 |
| 1994-08-05 | 1994-08-09 | 5 | 11.7 | 2.566 | 51.11 | 83.42 | −3.25 | 4.70 | 135.90 | 23 | 38 | −1 | 2 | 62 |
| 1994-08-11 | 1994-08-16 | 6 | 14.2 | 2.800 | 3.17 | 65.14 | 12.25 | −2.61 | 77.96 | 2 | 33 | 6 | −1 | 40 |

图2.6-5和图2.6-6分别为1981年7月与1994年8月洪水流量和含沙量过程图。

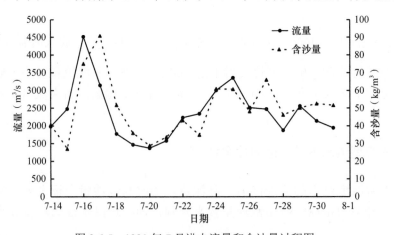

图2.6-5 1981年7月洪水流量和含沙量过程图

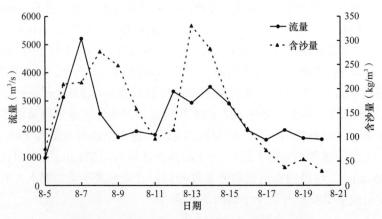

图2.6-6 1994年8月洪水流量和含沙量过程图

对于高含沙洪水而言，洪水峰型对下游河道冲淤的影响较为明显：1994 年 8 月，黄河下游发生了两场高含沙洪水，其中 8 月上旬的一场洪水历时 5d，小黑武最大流量 5211m³/s，平均流量 2714m³/s，洪峰系数为 1.92，峰型为尖瘦型；进入下游的水量为 11.7 亿 m³，沙量为 2.566 亿 t，全下游淤积量为 1.590 亿 t，全下游冲淤效率为 135.90kg/m³，全下游淤积比为 62%。而 8 月中旬的一场洪水历时 6d，小黑武最大流量 3496m³/s，平均流量 2734m³/s，洪峰系数为 1.28，峰型较为宽胖；进入下游的水量为 14.2 亿 m³，沙量为 2.800 亿 t，全下游淤积量为 1.107 亿 t，全下游冲淤效率为 77.96kg/m³，全下游淤积比为 40%。这说明在洪水含沙量较高的情况下，持续一定的流量也可以使下游河道输沙效率有所提高。

### 2.6.5　汛期平水期及非汛期下游河道的冲淤特性

黄河下游汛期平水期是指汛期小黑武流量小于 1000m³/s 的时段，1960～2006 年汛期平水期下游来水来沙及各河段河道冲淤情况见表 2.6-19。可以看出：①从全下游冲淤情况看，各流量级均表现为冲刷，冲刷效率随流量增加呈增加趋势；②从不同流量沿程冲淤情况看，当流量小于 600m³/s 时，全下游整体表现为冲刷，冲刷主要在花园口以上，花园口以下微淤。流量为 600～800m³/s 时，冲刷发展到高村，高村以下河段淤积。流量为 800～1000m³/s 时，冲刷发展到高村，高村至艾山河段微淤积，艾山以下河段微冲。流量为 1000～1500m³/s 时，冲刷发展到高村，高村以下河段微淤。流量为 1500～2000m³/s 时，冲刷发展到艾山，艾山以下河段淤积，从艾山至利津河段冲淤效率看，流量大于 1000m³/s 后，该河段淤积效率明显增加。

1960～2006 年非汛期下游来水来沙及各河段河道冲淤情况见表 2.6-20。可以看出：①流量小于 600m³/s 的情况下，花园口以上河段发生冲刷，花园口以下河段则发生淤积，由于流量较小，冲刷量和淤积量均不大；流量为 600～800m³/s 时，下游河道冲刷集中在花园口以上河段，花园口至高村河段微冲，高村以下河段淤积，淤积重心逐渐下移至高村以下河段。②流量为 800～1500m³/s 时，冲刷发展到高村，花园口以上河段冲淤效率为 -6.01～-4.68kg/m³，花园口至高村河段冲淤效率为 -3.83～-2.00kg/m³，高村至艾山河段冲淤效率为 0.75～1.38kg/m³，艾山至利津河段冲淤效率为 2.79～3.36kg/m³。③流量超过 1500m³/s 后，下游河道的冲刷发展到艾山，淤积重心完全集中在艾山至利津河段。

根据上述分析，汛期平水期及非汛期，在满足水库发电、灌溉、供水的前提下，从下游河道特别是高村至艾山和艾山至利津河段的减淤方面考虑，小浪底水库应尽量控制下泄流量，小黑武流量以不大于 800m³/s 为宜。

表 2.6-19  1960～2006 年汛期平水期下游来水来沙及各河段河道冲淤情况统计表（含沙量小于 20kg/m³）

| 流量级 (m³/s) | 场次 | 历时 (d) | 小黑武 | | 花园口以上 | | 花园口—高村 | | 高村—艾山 | | 艾山—利津 | | 利津以上 | |
|---|---|---|---|---|---|---|---|---|---|---|---|---|---|---|
| | | | 来水量 (亿 m³) | 来沙量 (亿 t) | 冲淤量 (亿 t) | 冲淤效率 (kg/m³) | 冲淤量 (亿 t) | 冲淤效率 (kg/m³) | 冲淤量 (亿 t) | 冲淤效率 (kg/m³) | 冲淤量 (亿 t) | 冲淤效率 (kg/m³) | 冲淤量 (亿 t) | 冲淤效率 (kg/m³) |
| <600 | 43 | 526 | 191.4 | 0.81 | -0.42 | -2.18 | 0.09 | 0.46 | 0.13 | 0.70 | 0.18 | 0.92 | -0.02 | -0.11 |
| 600~800 | 23 | 233 | 138.2 | 0.39 | -0.38 | -2.78 | -0.17 | -1.22 | 0.05 | 0.34 | 0.20 | 1.42 | -0.31 | -2.23 |
| 800~1000 | 22 | 198 | 151.5 | 1.09 | -0.41 | -2.71 | -0.13 | -0.87 | 0.02 | 0.14 | -0.06 | -0.39 | -0.58 | -3.83 |
| 1000~1500 | 46 | 366 | 395.3 | 4.51 | -1.26 | -3.19 | -0.47 | -1.19 | 0.34 | 0.85 | 0.71 | 1.80 | -0.68 | -1.73 |
| 1500~2000 | 29 | 231 | 346.2 | 5.21 | -1.88 | -5.42 | -1.04 | -2.99 | -0.38 | -1.11 | 0.55 | 1.58 | -2.75 | -7.94 |
| 合计 | 163 | 1554 | 1222.6 | 12.01 | -4.35 | -3.56 | -1.72 | -1.41 | 0.16 | 0.13 | 1.57 | 1.29 | -4.34 | -3.55 |

表 2.6-20  1960～2006 年非汛期下游来水来沙及各河段河道冲淤情况统计表（含沙量小于 20kg/m³）

| 流量级 (m³/s) | 场次 | 历时 (d) | 小黑武 | | 花园口以上 | | 花园口—高村 | | 高村—艾山 | | 艾山—利津 | | 利津以上 | |
|---|---|---|---|---|---|---|---|---|---|---|---|---|---|---|
| | | | 来水量 (亿 m³) | 来沙量 (亿 t) | 冲淤量 (亿 t) | 冲淤效率 (kg/m³) | 冲淤量 (亿 t) | 冲淤效率 (kg/m³) | 冲淤量 (亿 t) | 冲淤效率 (kg/m³) | 冲淤量 (亿 t) | 冲淤效率 (kg/m³) | 冲淤量 (亿 t) | 冲淤效率 (kg/m³) |
| <600 | 159 | 1795 | 675.0 | 1.70 | -1.75 | -4.74 | 0.37 | 0.91 | 0.41 | 1.00 | 1.10 | 2.82 | 0.14 | 0.00 |
| 600~800 | 138 | 1500 | 893.3 | 2.05 | -3.64 | -4.07 | -0.89 | -0.99 | 1.63 | 1.83 | 2.16 | 2.42 | -0.73 | -0.81 |
| 800~1000 | 134 | 1449 | 1057.9 | 1.89 | -4.95 | -4.68 | -2.11 | -2.00 | 1.46 | 1.38 | 2.96 | 2.79 | -2.65 | -2.50 |
| 1000~1500 | 167 | 1661 | 1766.6 | 3.93 | -10.61 | -6.01 | -6.76 | -3.83 | 1.32 | 0.75 | 5.93 | 3.36 | -10.13 | -5.73 |
| 1500~2000 | 37 | 442 | 625.3 | 3.18 | -3.33 | -5.32 | -1.93 | -3.08 | -0.15 | -0.24 | 1.26 | 2.02 | -4.14 | -6.63 |
| 2000~2600 | 11 | 135 | 252.5 | 1.12 | -1.69 | -6.70 | -0.81 | -3.19 | -0.50 | -1.99 | 0.44 | 1.74 | -2.56 | -10.14 |
| 合计 | 646 | 6982 | 5270.6 | 13.87 | -25.96 | -4.93 | -12.12 | -2.30 | 4.16 | 0.79 | 13.85 | 2.63 | -20.07 | -3.81 |

# 2.7 渭河下游河道的淤积情况、危害及冲淤规律

## 2.7.1 渭河下游河道的淤积情况及危害

### 1）渭河下游河道的淤积情况

根据大量资料分析论证，咸阳至泾河口接近冲淤平衡，泾河口至赤水为冲淤平衡向微淤过渡的河段，赤水至渭河入黄河口为微淤河段。

根据有关文献记载，1958 年在华县打井发现地面下古坟，淤高约 3m，1959 年在咸阳附近渭河左岸地面下 1m 处发现秦朝古物（古井和陶器），据此判断自秦朝以来咸阳至西安一带滩地淤积约 1m，华县附近滩地淤积约 3m。因此，三门峡水库建库前，渭河下游河道呈缓慢淤积上升的趋势，是一条微淤的河道。

三门峡水库投入运用后渭河下游淤积严重。1960～2008 年，渭河下游共淤积泥沙 12.62 亿 $m^3$，其中 1960～1973 年淤积 10.32 亿 $m^3$，占总淤积量的 82%；1974～1990 年淤积 0.36 亿 $m^3$，占总淤积量的 3%；1991～2010 年淤积 1.94 亿 $m^3$，占总淤积量的 15%。渭河下游河道淤积，造成河床不断抬升，排洪能力急剧下降，是洪水位上升的主要原因。2000 年华县站 1890$m^3$/s 洪峰流量水位比 1981 年 5380$m^3$/s 流量水位还高 0.27m。2003 年咸阳站、临潼站、华县站洪峰流量分别为 5340$m^3$/s、5100$m^3$/s 和 3570$m^3$/s，相应洪水位均创历史最高，特别是华县站水位 342.76m 比 1996 年历史最高水位高出 0.51m，从而使中小洪水易形成"横河""斜河"，防洪大堤被冲决的概率增加。

### 2）渭河下游河道淤积造成的危害

泥沙淤积河道、河床不断抬高是渭河下游洪水灾害频繁、防洪形势严峻的根本原因。渭河下游无控制性水利枢纽工程，下游防洪主要依靠两岸堤防约束洪水，随着河床的淤积抬升，堤防越修越高，防守也越来越难，特别是遇到连续高含沙小洪水等不利水沙组合时，河槽严重淤塞，河势变化迅猛，水位上涨较多，往往形成小水大灾的被动局面；随着河道淤积抬升，南山支流入渭也将受阻，渭河倒灌，决堤概率增加。

此外，渭河下游河道不断淤积抬高，对河道两岸及三门峡库区移民返迁区的排涝也造成了不利影响。部分堤防保护区自流排水条件逐步丧失，排水沟淤积严重，排水能力不足，每遇暴雨往往酿成灾害。目前，"二华"排水干沟和交口抽渭、洛惠渠等大型灌区超过 200 万亩[①]农田丧失了自流排水能力，三门峡库区有 60 多万亩土地盐碱化程度加剧。三门峡库区返迁移民生产和生活条件难以改善，生命财产受到严重威胁，并直接影响社会稳定。

## 2.7.2 渭河下游河道冲淤规律

### 2.7.2.1 非漫滩洪水冲淤特性

根据 1960 年 7 月至 2010 年 6 月渭河下游水沙资料，在分析水沙过程的基础上，对

---

① 1 亩≈666.7$m^2$。

洪水进行了划分,划分洪水时,考虑上下站洪水过程的对应关系,以流量过程为主,考虑含沙量的变化情况,尽量使上下站有一个完整的水沙传播过程。

1960~2010 年,渭河下游共发生洪水 275 场,历时 1478d,其中咸阳站和张家山站(简称咸张)来水量为 1004.0 亿 m³,来沙量为 105.19 亿 t,平均含沙量 104.77kg/m³,其中张家山站来水量为 270.14 亿 m³,占咸张来水量的 26.9%,张家山站来沙量为 70.66 亿 t,占咸张来沙量的 67.2%。渭河下游华县以上河段共冲刷泥沙 4.36 亿 t,根据 1962~1967 年和 1975~1990 年华阴实测资料,华县至华阴河段淤积 0.387 亿 t。

1960~1973 年,三门峡水库运用对渭河下游冲淤特性有一定程度的影响,主要对 1974~2010 年渭河下游的洪水冲淤特性进行系统分析,并以此确定渭河下游洪水的调控指标。

首先分析 1974~2010 年泾河张家山站洪水冲淤特性,以张家山站为控制站,不同含沙量级、不同流量级非漫滩洪水渭河下游的冲淤情况见表 2.7-1,可以看出:①随着张家山站洪水含沙量的增大,渭河下游华县以上河段和华县至华阴河段表现为冲刷效率减小或者淤积效率增大;当张家山站含沙量为 200~300kg/m³ 时,渭河下游转冲为淤;当张家山站含沙量大于 300kg/m³ 时,渭河下游淤积较为严重。②从张家山站不同流量级洪水渭河下游冲淤来看,含沙量小于 200kg/m³ 时,各流量级的洪水均表现为冲刷;当含沙量大于 200kg/m³ 时,随着流量的增大,渭河下游华县以上河段和华县至华阴河段表现为淤积效率减小或者冲刷效率增大;当含沙量大于 300kg/m³ 时,流量小于 300m³/s 的洪水渭河下游淤积严重,流量为 300~600m³/s 时,渭河下游转淤为冲,流量大于 600m³/s 时,冲刷效率明显增大。

然后分析 1974~2010 年主汛期(7 月 1 日至 9 月 10 日)资料,以张家山站为控制站,不同含沙量级和不同流量级的水沙过程渭河下游冲淤情况见表 2.7-2。

当张家山站含沙量小于 300kg/m³ 时,张家山站来水量占主汛期来水量的 52.7%,沙量占 21.4%,渭河下游华县以上河段表现为冲刷,共冲刷泥沙 3.73 亿 t。

当张家山站洪水含沙量大于 300kg/m³ 时,张家山站来水量占主汛期来水量的 47.3%,沙量占 78.6%,渭河下游华县以上河段表现为淤积,共淤积泥沙 5.92 亿 t。淤积主要集中在流量小于 300m³/s 的水沙过程,此类水沙张家山站来水量占主汛期来水量的 16.8%,沙量占 27.2%,渭河下游华县以上河段淤积 4.51 亿 t。流量为 300~600m³/s 时,淤积量为 0.08 亿 t,淤积明显减轻;流量大于 600m³/s 时,华县以上淤积 1.33 亿 t。

从上述张家山站洪水及主汛期的水沙过程来看,渭河下游的淤积主要集中在张家山站含沙量大于 300kg/m³ 且流量小于 300m³/s 的水沙过程。

进一步分析 1974~2010 年主汛期资料,以咸阳站和张家山站为控制站,不同含沙量级、不同流量级一般含沙量非漫滩洪水渭河下游的冲淤情况见表 2.7-3。

三门峡水库蓄清排浑运用后的 1974~2010 年,渭河下游共发生一般含沙量非漫滩洪水 120 场,历时 643d,其中咸张水量 389.4 亿 m³,沙量 17.071 亿 t,渭河下游华县以上河段共冲刷泥沙 3.046 亿 t,有华阴实测资料的年份,华县至华阴河段冲刷泥沙 1.877 亿 t。

表 2.7-1　张家山站不同含沙量级、不同流量级非漫滩洪水渭河下游的冲淤情况（1974～2010 年）

| 张家山站含沙量级 (kg/m³) | 张家山站流量级 (m³/s) | 场次 | 历时 (d) | 张家山站 平均流量 (m³/s) | 张家山站 平均含沙量 (kg/m³) | 咸阳站 平均流量 (m³/s) | 咸阳站 平均含沙量 (kg/m³) | 咸阳站+张家山站 平均流量 (m³/s) | 咸阳站+张家山站 平均含沙量 (kg/m³) | 冲淤量 (亿 t) 咸张—华县 | 冲淤量 (亿 t) 华县—华阴 | 冲淤效率 (kg/m³) 咸张—华县 | 冲淤效率 (kg/m³) 华县—华阴 |
|---|---|---|---|---|---|---|---|---|---|---|---|---|---|
| <60 | <100 | 19 | 105 | 72 | 17.04 | 480 | 16.54 | 552 | 16.61 | -0.750 | -0.177 | -14.98 | -5.13 |
| | 100~200 | 21 | 156 | 139 | 25.90 | 597 | 15.04 | 736 | 17.09 | -1.179 | -0.657 | -11.88 | -8.69 |
| | 200~300 | 3 | 23 | 246 | 21.08 | 453 | 11.33 | 1152 | 13.41 | -0.383 | -0.193 | -16.71 | -11.47 |
| | 小计 | 43 | 284 | — | — | — | — | — | — | -2.312 | -1.027 | -11.41 | -8.46 |
| 60~200 | <100 | 7 | 30 | 80 | 132.35 | 626 | 46.92 | 706 | 56.62 | -0.329 | -0.193 | -17.98 | -13.99 |
| | 100~200 | 15 | 74 | 156 | 111.86 | 587 | 38.27 | 743 | 53.70 | -0.437 | -0.344 | -9.21 | -9.90 |
| | 200~300 | 5 | 26 | 227 | 112.19 | 635 | 31.82 | 862 | 54.98 | -0.130 | -0.194 | -6.74 | -17.69 |
| | 300~400 | 1 | 12 | 389 | 78.15 | 1337 | 14.62 | 1726 | 28.95 | -0.186 | -0.185 | -10.40 | -10.35 |
| | 400~500 | 1 | 7 | 476 | 143.81 | 1442 | 39.52 | 1918 | 65.38 | -0.133 | -0.109 | -11.46 | -9.39 |
| | >500 | 1 | 5 | 524 | 172.86 | 1814 | 24.24 | 2338 | 57.55 | -0.152 | -0.031 | -15.06 | -3.06 |
| | 小计 | 30 | 154 | — | — | — | — | — | — | -1.367 | -1.056 | -10.75 | -11.43 |
| 200~300 | <100 | 3 | 15 | 85 | 249.48 | 331 | 37.57 | 416 | 82.11 | 0.122 | 0.027 | 22.49 | 25.96 |
| | 100~200 | 6 | 28 | 141 | 239.46 | 503 | 53.36 | 644 | 94.04 | -0.092 | 0.175 | -5.89 | 16.16 |
| | 200~300 | 5 | 25 | 260 | 252.43 | 330 | 37.62 | 686 | 117.74 | 0.003 | 0.015 | 0.22 | 1.21 |
| | 300~400 | 3 | 15 | 362 | 269.94 | 631 | 33.33 | 993 | 119.52 | 0.152 | -0.043 | 11.81 | -8.69 |
| | 小计 | 17 | 83 | — | — | — | — | — | — | 0.185 | 0.174 | 3.80 | 5.77 |
| 300~500 | <100 | 10 | 47 | 78 | 400.32 | 285 | 35.65 | 363 | 114.06 | 0.481 | 0.087 | 32.60 | 10.78 |
| | 100~200 | 17 | 74 | 133 | 386.39 | 218 | 51.69 | 350 | 178.23 | 0.849 | 0.113 | 37.86 | 16.14 |
| | 200~300 | 15 | 68 | 252 | 403.51 | 296 | 101.46 | 548 | 239.87 | 0.240 | 0.301 | 8.23 | 12.63 |
| | 300~400 | 7 | 28 | 359 | 418.11 | 168 | 26.22 | 527 | 293.04 | -0.051 | -0.039 | -4.00 | -8.52 |
| | 400~500 | 1 | 5 | 463 | 411.10 | 361 | 176.30 | 824 | 308.20 | -0.113 | 0.002 | -31.62 | 0.51 |
| | 500~600 | | | | | | | | | | | | |
| | >600 | 4 | 20 | 618 | 461.17 | 392 | 110.69 | 1011 | 325.17 | -0.172 | -0.077 | -15.14 | -11.22 |
| | 小计 | 54 | 242 | — | — | — | — | — | — | 1.234 | 0.387 | 11.97 | 11.83 |
| >500 | <100 | | | | | | | | | | | | |
| | 100~200 | 2 | 7 | 160 | 541.92 | 37 | 1.54 | 197 | 440.58 | 0.168 | 0.048 | 141.14 | 91.88 |
| | 200~300 | 4 | 21 | 245 | 577.84 | 121 | 101.30 | 367 | 420.16 | 0.309 | 0.210 | 46.45 | 65.09 |
| | 300~400 | 4 | 18 | 336 | 565.59 | 331 | 86.18 | 666 | 327.66 | 0.000 | -0.004 | -0.04 | -0.56 |
| | 400~500 | 1 | 3 | 495 | 639.49 | 577 | 136.05 | 1072 | 368.43 | 0.054 | -0.001 | 19.44 | -0.08 |
| | 500~600 | | | | | | | | | | | | |
| | >600 | 2 | 7 | 907 | 607.09 | 426 | 315.18 | 1334 | 513.79 | -0.217 | 0.115 | -26.97 | 14.25 |
| | 小计 | 13 | 56 | — | — | — | — | — | — | 0.314 | 0.368 | 22.97 | 24.65 |
| 合计 | | 157 | 819 | — | — | — | — | — | — | -1.946 | -1.154 | -4.07 | -4.65 |

—表示无数据

表2.7-2　1974~2010年主汛期张家山站不同含沙量级和不同流量级水沙过程及渭河下游冲淤情况

| 张家山站含沙量级(kg/m³) | 张家山站流量级(m³/s) | 张家山站 天数 | 张家山站 水量(亿m³) | 张家山站 水量百分数(%) | 张家山站 沙量(亿t) | 张家山站 沙量百分数(%) | 张家山站 平均流量(m³/s) | 张家山站 平均含沙量(kg/m³) | 咸阳站 水量(亿m³) | 咸阳站 沙量(亿t) | 咸阳站 平均流量(m³/s) | 咸阳站 平均含沙量(kg/m³) | 华县站 水量(亿m³) | 华县站 沙量(亿t) | 华县站 平均流量(m³/s) | 华县站 平均含沙量(kg/m³) | 华县以上河段淤积量(亿t) |
|---|---|---|---|---|---|---|---|---|---|---|---|---|---|---|---|---|---|
| <300 | <100 | 52.2 | 1.12 | 22.1 | 0.10 | 6.3 | 25 | 89.29 | 4.96 | 0.12 | 110 | 24.19 | 8.52 | 0.3 | 189 | 35.21 | -3.29 |
| | 100~200 | 5.5 | 0.66 | 13.0 | 0.09 | 5.7 | 139 | 136.36 | 1.65 | 0.06 | 347 | 36.36 | 2.87 | 0.15 | 604 | 52.26 | -0.23 |
| | 200~300 | 1.4 | 0.29 | 5.7 | 0.05 | 2.9 | 242 | 166.94 | 0.81 | 0.04 | 689 | 44.02 | 1.35 | 0.09 | 1146 | 68.01 | -0.31 |
| | <300 | 59.1 | 2.07 | 40.8 | 0.24 | 15.0 | | | 7.42 | 0.22 | | | 12.74 | 0.54 | | | -3.83 |
| | 300~400 | 0.6 | 0.18 | 3.5 | 0.04 | 2.3 | 343 | 198.03 | 0.50 | 0.02 | 957 | 31.63 | 0.82 | 0.05 | 1586 | 61.55 | 0.01 |
| | 400~500 | 0.1 | 0.06 | 1.1 | 0.01 | 0.6 | 467 | 139.92 | 0.13 | 0.01 | 1081 | 38.12 | 0.20 | 0.01 | 1719 | 66.15 | -0.03 |
| | 500~600 | 0.2 | 0.10 | 2.0 | 0.02 | 1.2 | 540 | 138.04 | 0.30 | 0.01 | 1615 | 29.23 | 0.52 | 0.03 | 2735 | 45.35 | -0.02 |
| | 300~600 | 0.8 | 0.34 | 6.6 | 0.07 | 4.1 | | | 0.93 | 0.04 | | | 1.54 | 0.09 | | | -0.04 |
| | >600 | 0.3 | 0.27 | 5.3 | 0.04 | 2.3 | 962 | 160.87 | 0.57 | 0.02 | 2224 | 38.8 | 0.89 | 0.06 | 3191 | 70.97 | 0.14 |
| | 小计 | 60.2 | 2.68 | 52.7 | 0.34 | 21.4 | | | 8.92 | 0.28 | | | 15.17 | 0.69 | | | -3.73 |
| >300 | <100 | 4.2 | 0.18 | 3.6 | 0.09 | 5.7 | 50 | 500.00 | 0.27 | 0.02 | 76 | 58.03 | 0.67 | 0.08 | 185 | 119.40 | 0.66 |
| | 100~200 | 3.1 | 0.35 | 6.9 | 0.18 | 11.4 | 131 | 514.29 | 0.46 | 0.05 | 177 | 107.74 | 1.00 | 0.16 | 373 | 160.00 | 2.36 |
| | 200~300 | 1.6 | 0.32 | 6.3 | 0.16 | 10.1 | 231 | 500.00 | 0.29 | 0.02 | 204 | 78.07 | 0.74 | 0.14 | 535 | 189.19 | 1.49 |
| | <300 | 8.9 | 0.85 | 16.8 | 0.43 | 27.2 | | | 1.02 | 0.09 | | | 2.41 | 0.38 | | | 4.51 |
| | 300~400 | 0.8 | 0.24 | 4.7 | 0.12 | 7.6 | 346 | 505.36 | 0.14 | 0.01 | 197 | 75.46 | 0.47 | 0.13 | 674 | 273.54 | 0.14 |
| | 400~500 | 0.6 | 0.19 | 3.8 | 0.10 | 6.4 | 442 | 500.48 | 0.07 | 0.01 | 162 | 125.64 | 0.30 | 0.11 | 688 | 356.71 | -0.06 |
| | 500~600 | 0.5 | 0.20 | 4.0 | 0.09 | 5.9 | 541 | 466.77 | 0.09 | 0.01 | 247 | 83.72 | 0.32 | 0.10 | 871 | 313.84 | 0 |
| | 300~600 | 1.8 | 0.63 | 12.6 | 0.31 | 19.9 | | | 0.30 | 0.03 | | | 1.10 | 0.34 | | | 0.08 |
| | 600~800 | 0.5 | 0.26 | 5.1 | 0.14 | 8.8 | 698 | 518.26 | 0.13 | 0.01 | 355 | 85.31 | 0.44 | 0.15 | 1186 | 336.99 | -0.1 |
| | 800~1000 | 0.4 | 0.30 | 5.8 | 0.16 | 10.0 | 908 | 539.17 | 0.06 | 0.00 | 180 | 58.39 | 0.36 | 0.15 | 1090 | 424.96 | 0.45 |
| | 1000~1500 | 0.1 | 0.15 | 2.9 | 0.08 | 5.1 | 1278 | 505.79 | 0.07 | 0.02 | 602 | 205.11 | 0.22 | 0.09 | 1906 | 393.35 | 0.09 |
| | >1500 | 0.1 | 0.20 | 4.0 | 0.12 | 7.6 | 2198 | 543 | 0.07 | 0.03 | 835 | 298.69 | 0.26 | 0.12 | 2725 | 466.33 | 0.89 |
| | >600 | 1.0 | 0.91 | 17.9 | 0.50 | 31.5 | | | 0.33 | 0.06 | | | 1.28 | 0.51 | | | 1.33 |
| | 小计 | 11.8 | 2.39 | 47.3 | 1.24 | 78.6 | | | 1.66 | 0.17 | | | 4.79 | 1.23 | | | 5.92 |
| 合计 | | 72.0 | 5.06 | 100.0 | 1.58 | 100.0 | | | 10.58 | 0.45 | | | 19.96 | 1.91 | | | 2.19 |

从表 2.7-3 可以看出：①随着含沙量的增大，华县以上河段和华县至华阴河段基本表现为冲刷效率减小或者淤积效率增大，当含沙量大于 100kg/m³ 时，华县以上河段转冲为淤。②随着流量的增大，华县以上河段基本表现为冲刷效率增大或者淤积效率减小；含沙量小于 60kg/m³ 时，华县以上河段各流量级均表现为冲刷；当含沙量为 60～100kg/m³ 时，600m³/s 流量以下华县以上河段为淤积，600m³/s 以上则转为冲刷。③从各流量级华县以上河段及华县至华阴河段的冲淤效率来看，1000～1500m³/s 流量冲刷效率较大。

表 2.7-3　不同含沙量级和流量级一般含沙量非漫滩洪水渭河下游河道的冲淤情况（1974～2010 年）

| 含沙量级<br>(kg/m³) | 流量级<br>(m³/s) | 场次 | 历时<br>(d) | 水量<br>(亿 m³) | 沙量<br>(亿 t) | 冲淤量（亿 t） | | 冲淤效率（kg/m³） | |
| --- | --- | --- | --- | --- | --- | --- | --- | --- | --- |
| | | | | | | 咸张—华县 | 华县—华阴 | 咸张—华县 | 华县—华阴 |
| <20 | <400 | 9 | 50 | 15.70 | 0.131 | −0.223 | −0.036 | −14.20 | −5.71 |
| | 400~600 | 12 | 61 | 26.04 | 0.245 | −0.306 | −0.081 | −11.75 | −5.26 |
| | 600~800 | 14 | 87 | 50.93 | 0.583 | −0.737 | −0.225 | −14.48 | −6.10 |
| | 800~1000 | 6 | 62 | 46.79 | 0.381 | −0.612 | −0.301 | −13.08 | −8.74 |
| | 1000~1500 | 1 | 9 | 9.83 | 0.080 | −0.166 | −0.117 | −16.88 | −11.91 |
| | >1500 | — | — | — | — | — | — | — | — |
| | 小计 | 42 | 269 | 149.29 | 1.42 | −2.044 | −0.760 | −13.69 | −7.39 |
| 20~60 | <400 | 2 | 6 | 1.64 | 0.069 | −0.014 | | −8.76 | |
| | 400~600 | 15 | 69 | 31.65 | 1.143 | −0.311 | −0.108 | −9.83 | −5.38 |
| | 600~800 | 13 | 60 | 36.64 | 1.543 | −0.355 | −0.173 | −9.69 | −5.39 |
| | 800~1000 | 5 | 28 | 22.00 | 0.875 | −0.226 | −0.131 | −10.25 | −5.97 |
| | 1000~1500 | 4 | 24 | 26.48 | 0.948 | −0.314 | −0.140 | −11.84 | −7.73 |
| | >1500 | 2 | 17 | 28.00 | 1.099 | −0.338 | −0.216 | −12.08 | −7.72 |
| | 小计 | 41 | 204 | 146.41 | 5.677 | −1.558 | −0.768 | −10.64 | −6.39 |
| 60~100 | <400 | | | | | | | | |
| | 400~600 | 6 | 29 | 11.03 | 0.896 | 0.066 | −0.087 | 6.00 | −11.62 |
| | 600~800 | 3 | 14 | 7.84 | 0.575 | −0.036 | −0.085 | −4.59 | −14.10 |
| | 800~1000 | 2 | 10 | 7.80 | 0.692 | −0.015 | −0.064 | −1.88 | −8.19 |
| | 1000~1500 | 2 | 13 | 11.88 | 0.997 | −0.160 | | −13.45 | |
| | >1500 | 1 | 7 | 11.60 | 0.758 | −0.113 | −0.109 | −9.73 | −12.41 |
| | 小计 | 14 | 73 | 50.16 | 3.918 | −0.257 | −0.344 | −5.13 | −11.28 |
| 100~200 | <400 | 8 | 33 | 7.48 | 1.017 | 0.259 | −0.053 | 34.63 | −13.48 |
| | 400~600 | 4 | 13 | 5.66 | 0.748 | 0.156 | 0.000 | 27.47 | 0.00 |
| | 600~800 | 2 | 10 | 5.85 | 0.652 | 0.069 | 0.017 | 11.75 | 4.63 |
| | 800~1000 | 3 | 13 | 9.78 | 1.127 | 0.095 | −0.088 | 9.73 | −11.27 |
| | 1000~1500 | 3 | 10 | 9.86 | 1.356 | 0.071 | −0.009 | 7.19 | −1.37 |
| | >1500 | — | — | — | — | — | — | — | — |
| | 小计 | 20 | 79 | 38.63 | 4.9 | 0.65 | −0.133 | 16.83 | −3.21 |
| 200~300 | <400 | 2 | 11 | 2.04 | 0.529 | 0.192 | 0.055 | 94.16 | 27.00 |
| | 400~600 | 1 | 7 | 2.89 | 0.627 | −0.029 | 0.075 | −9.87 | 36.95 |
| | 小计 | 3 | 18 | 4.92 | 1.156 | 0.163 | 0.130 | 33.17 | 29.68 |
| | 合计 | 120 | 643 | 389.4 | 17.071 | −3.046 | −1.877 | −7.82 | −6.42 |

—表示无数据

#### 2.7.2.2　调控流量与历时

从冲淤情况来看，渭河下游的一般含沙量非漫滩洪水中，咸张 1000～1500m³/s 流量的洪水在渭河下游尤其是华县以上河段冲刷效果较好。点绘所有场次洪水华县以上河段排沙比与咸张平均流量的关系得出，当咸张平均流量大于 800m³/s 时，华县以上河段排

沙比均大于 1 或者接近 1,因此当咸张平均流量大于 800m³/s 时,可以认为这些洪水在
渭河下游基本不淤积。因此,一般含沙量非漫滩洪水的临界冲淤条件即咸张平均流量为
800m³/s。

  进一步分析 1974 年以来咸张 800~1500m³/s 流量的洪水在渭河下游的冲刷效果,下
游各河段冲淤效率与洪水历时和咸张水量的关系分别如图 2.7-1 和图 2.7-2 所示,可以看
出,当洪水历时 5d 以上和咸张水量为 4 亿 m³ 以上时,冲刷效果相对较佳,此时对应的
洪水平均流量约为 1000m³/s。因此,咸张流量为 1000m³/s 左右、历时 5d 的洪水在渭河
下游冲刷效果较好。

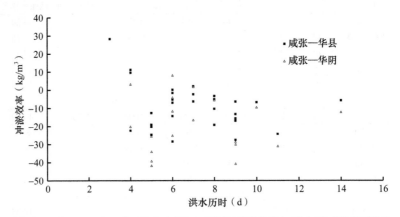

图 2.7-1   800~1500m³/s 洪水在渭河下游的冲淤效率与洪水历时的关系图

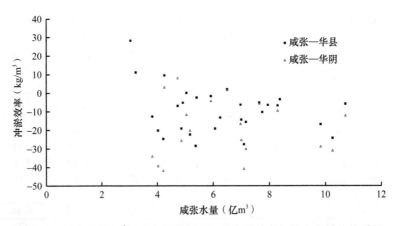

图 2.7-2   800~1500m³/s 洪水在渭河下游的冲淤效率与咸张水量的关系图

  点绘洪水前后潼关 1000m³/s 水位变化与华县洪水平均流量的关系图(图 2.7-3),可
见,当华县洪水平均流量大于 1000m³/s 时,潼关高程表现为下降。

  综上所述,由 800~1500m³/s 洪水在渭河下游的冲淤效率与洪水历时和咸张水量的
关系得出,咸张流量为 1000m³/s 左右、历时 5d 的洪水在渭河下游冲刷效果较好;此外,
当华县洪水平均流量大于 1000m³/s 时,潼关高程表现为降低。因此,调控流量选用咸张
流量 1000m³/s,调控历时为 5d。

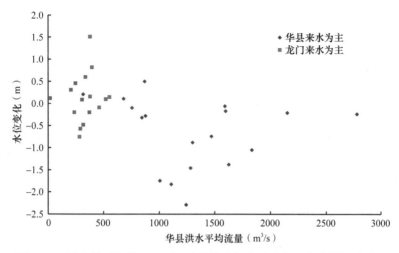

图 2.7-3　洪水前后潼关 1000m³/s 水位变化与华县洪水平均流量的关系图

### 2.7.2.3　漫滩洪水冲淤特性

#### 1）一般含沙量漫滩洪水

1960～2010 年，渭河下游发生一般含沙量漫滩洪水共 21 场，历时 158d，咸张水量 180.44 亿 m³，沙量 6.88 亿 t，其中张家山站水量为 34.63 亿 m³，占咸张水量的 19.2%，张家山站沙量为 2.70 亿 t，占咸张沙量的 39.2%。华县最大流量为 1500～5000m³/s，平均含沙量为 10～80kg/m³。渭河下游华县以上河段共冲刷泥沙 1.569 亿 t，根据华阴实测资料，1962～1967 年和 1975～1990 年华县至华阴河段冲刷泥沙 0.454 亿 t。各场次洪水华县以上河段基本表现为冲刷，场均冲刷 0.075 亿 t，洪水平均冲刷效率为 8.69kg/m³。

表 2.7-4 为不同流量级一般含沙量漫滩洪水在渭河下游华县以上的冲淤情况，可以看出，渭河下游华县以上河段的冲刷主要集中在流量为 1500m³/s 以下的洪水，尤其是流量为 1000～1500m³/s 的洪水，当流量大于 2000m³/s 时，洪水产生一定的淤积，这主要是由于该流量级的两场洪水漫滩程度较大，造成了滩地淤积。

表 2.7-4　不同流量级一般含沙量漫滩洪水在渭河下游华县以上的冲淤情况

| 流量级（m³/s） | 场次 | 历时（d） | 水量（亿 m³） | 沙量（亿 t） | 华县以上冲淤量（亿 t） | 华县以上冲淤效率（kg/m³） |
|---|---|---|---|---|---|---|
| <1000 | 5 | 29 | 23.36 | 1.24 | −0.302 | −12.84 |
| 1000～1500 | 12 | 92 | 95.75 | 2.59 | −1.067 | −11.14 |
| 1500～2000 | 2 | 23 | 34.42 | 1.38 | −0.284 | −8.25 |
| >2000 | 2 | 14 | 26.91 | 1.67 | 0.084 | 3.12 |
| 合计 | 21 | 158 | 180.44 | 6.88 | −1.569 | −8.69 |

#### 2）漫滩高含沙洪水

漫滩高含沙洪水是指咸张最大日均含沙量大于 300kg/m³ 且造成下游河道漫滩的洪水，漫滩高含沙洪水在渭河下游的冲淤情况见表 2.7-5，可以看出，在漫滩高含沙

**表 2.7-5　漫滩高含沙洪水渭河下游河道冲淤情况**

| 咸阳站+张家山站 | | 历时(d) | 咸阳站最大含沙量(kg/m³) | 张家山站最大含沙量(kg/m³) | 咸阳站+张家山站 | | | | | 冲淤量（亿 t） | | | 张家山站水量占比(%) | 张家山站沙量占比(%) |
|---|---|---|---|---|---|---|---|---|---|---|---|---|---|---|
| 起始时间 | 结束时间 | | | | 平均流量(m³/s) | 平均含沙量(kg/m³) | 水量(亿 m³) | 沙量(亿 t) | 最大流量(m³/s) | 最大含沙量(kg/m³) | 咸阳—华县 | 华县—华阴 | 全下游 | | |
| 1962-07-24 | 1962-07-31 | 8 | 125.00 | 716.98 | 1309 | 135.98 | 9.05 | 1.231 | 2629 | 474.7 | -0.006 | 0.578 | 0.572 | 19.90 | 67.00 |
| 1964-07-17 | 1964-07-20 | 4 | 11.83 | 674.39 | 824 | 415.56 | 2.85 | 1.183 | 1253 | 527.98 | -0.243 | 0.002 | -0.242 | 71.00 | 99.40 |
| 1964-07-21 | 1964-07-29 | 9 | 338.84 | 493.76 | 952 | 200.88 | 7.40 | 1.487 | 2171 | 371.72 | 0.005 | 0.119 | 0.124 | 27.40 | 34.60 |
| 1964-08-11 | 1964-08-16 | 6 | 525.42 | 703.96 | 919 | 511.04 | 4.77 | 2.436 | 1800 | 641.84 | -0.356 | 0.375 | 0.019 | 70.40 | 80.00 |
| 1966-07-23 | 1966-07-31 | 9 | 370.20 | 587.13 | 1859 | 361.21 | 14.45 | 5.220 | 4064 | 556.59 | -0.345 | 1.266 | 0.921 | 52.40 | 66.50 |
| 1968-08-03 | 1968-08-06 | 4 | 583.50 | 543.14 | 1199 | 416.61 | 4.14 | 1.727 | 2014 | 563.06 | 0.191 | — | 0.191 | 41.50 | 44.80 |
| 1970-08-03 | 1970-08-07 | 5 | 298.43 | 589.23 | 1317 | 349.17 | 5.69 | 1.987 | 1972 | 438.18 | -0.274 | — | -0.274 | 62.80 | 80.60 |
| 1973-08-26 | 1973-08-29 | 4 | 524.50 | 570.97 | 1908 | 488.39 | 6.59 | 3.220 | 2540 | 538.14 | 0.155 | — | 0.155 | 44.20 | 45.50 |
| 1973-08-30 | 1973-09-02 | 4 | 262.38 | 484.44 | 2029 | 330.14 | 7.01 | 2.315 | 3950 | 373.96 | -0.123 | — | -0.123 | 59.00 | 74.90 |
| 1977-07-06 | 1977-07-09 | 4 | 383.14 | 631.78 | 1912 | 474.85 | 6.61 | 3.138 | 3290 | 621.78 | -0.211 | 0.142 | -0.069 | 61.70 | 74.10 |
| 1981-08-16 | 1981-08-28 | 13 | 37.28 | 532.77 | 1903 | 71.79 | 21.37 | 1.534 | 5545 | 439.94 | -0.126 | -0.269 | -0.395 | 23.10 | 71.40 |
| 1992-08-11 | 1992-08-15 | 5 | 394.15 | 529.10 | 1586 | 367.71 | 6.85 | 2.520 | 3100 | 482.02 | -0.106 | — | -0.106 | 57.50 | 73.30 |
| 1996-07-27 | 1996-07-30 | 4 | 214.77 | 600.20 | 1306 | 513.93 | 4.52 | 2.321 | 3103 | 585.39 | 0.327 | — | 0.327 | 95.40 | 98.40 |
| 2003-08-26 | 2003-09-04 | 10 | 187.39 | 457.04 | 1558 | 131.53 | 13.46 | 1.770 | 3710 | 385.60 | 0.403 | — | 0.403 | 34.90 | 74.30 |
| 合计 | | 89 | | | | | 114.76 | 32.088 | — | — | -0.710 | 2.213 | 1.502 | | |

—表示无数据

洪水以张家山站来沙为主体的同时，咸阳也多发生高含沙洪水。14 场洪水咸张水量 114.76 亿 m³，沙量 32.088 亿 t，其中张家山站水量 51.1 亿 m³，占咸张水量的 44.5%，张家山站沙量为 22.37 亿 t，占咸张沙量的 69.7%。来水方面，分为以咸阳站来水为主和以张家山站来水为主，来沙方面，以咸阳站来水为主的漫滩高含沙洪水中咸阳站来沙也占一定比例，以张家山站来水为主的漫滩高含沙洪水则张家山站来沙居多。从渭河下游的冲淤情况可以看出，漫滩高含沙洪水的淤积主要集中在华县至华阴河段，该河段共淤积泥沙 2.213 亿 t，且主要集中在 1962 年、1964 年和 1966 年，共淤积 2.340 亿 t。咸阳至华县则冲刷 0.710 亿 t。

点绘 1962 年、1964 年、1966 年、1968 年、1996 年、2003 年等渭河下游主要表现为淤积年份的典型断面洪水前后的横断面（图 2.7-4～图 2.7-11），可以看出，这些年份洪水过后滩地淤积均比较明显，主槽则有不同程度的冲深或者展宽。

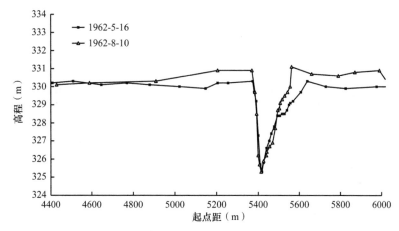

图 2.7-4  1962 年渭淤 2 断面洪水前后横断面变化图

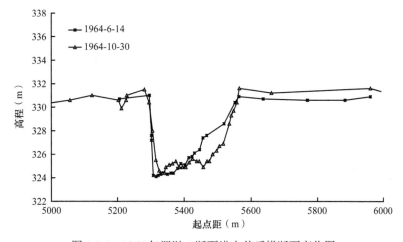

图 2.7-5  1964 年渭淤 2 断面洪水前后横断面变化图

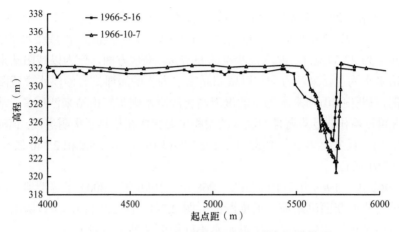

图 2.7-6　1966 年渭淤 2 断面洪水前后横断面变化图

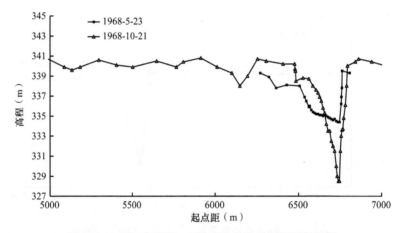

图 2.7-7　1968 年渭淤 10 断面洪水前后横断面变化图

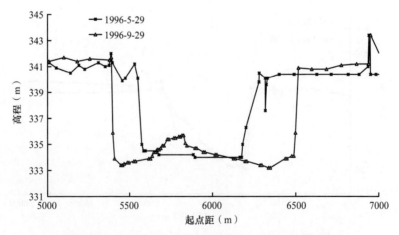

图 2.7-8　1996 年渭淤 10 断面洪水前后横断面变化图

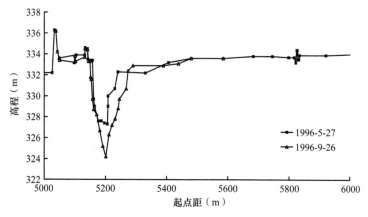

图 2.7-9　1996 年渭淤 2 断面洪水前后横断面变化图

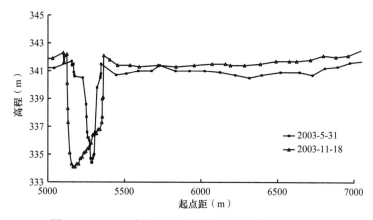

图 2.7-10　2003 年渭淤 10 断面洪水前后横断面变化图

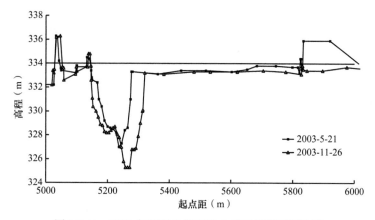

图 2.7-11　2003 年渭淤 2 断面洪水前后横断面变化图

　　洪水前后的同流量水位变化，往往能反映下游河道的冲淤变化情况，尤其是主槽的冲淤变化情况。根据上述年份洪水要素的实测资料，分析对渭河下游造成严重淤积的几场漫滩高含沙洪水前后各站的同流量水位的变化，结果见表 2.7-6，可以看出，漫滩高含沙洪水过后渭河下游各主要水文站多表现为同流量水位降低。

表 2.7-6　漫滩高含沙洪水年份洪水前后同流量水位的变化情况

| 1962 年 7 月洪水前后同流量水位 | | | 1964 年 7 月洪水前后同流量水位 | | | 1966 年 7 月洪水前后同流量水位 | | |
|---|---|---|---|---|---|---|---|---|
| 站名 | 流量<br>(m³/s) | 水位<br>(m) | 日期 | 站名 | 流量<br>(m³/s) | 水位<br>(m) | 日期 | 站名 | 流量<br>(m³/s) | 水位<br>(m) | 日期 |

| 1962 年 7 月洪水前后同流量水位 | | | | 1964 年 7 月洪水前后同流量水位 | | | | 1966 年 7 月洪水前后同流量水位 | | | |
|---|---|---|---|---|---|---|---|---|---|---|---|
| 站名 | 流量<br>(m³/s) | 水位<br>(m) | 日期 | 站名 | 流量<br>(m³/s) | 水位<br>(m) | 日期 | 站名 | 流量<br>(m³/s) | 水位<br>(m) | 日期 |
| 临潼 | 410 | 353.90 | 7-26 | 临潼 | 504 | 353.77 | 7-19 | 临潼 | 518 | 353.79 | 7-23 |
|  | 411 | 353.90 | 8-1 |  | 515 | 353.39 | 8-16 |  | 507 | 353.02 | 8-4 |
| 华县 | 494 | 335.30 | 7-27 | 华县 | 402 | 334.94 | 7-17 | 华县 | 665 | 336.10 | 7-23 |
|  | 485 | 335.40 | 8-2 |  | 406 | 333.92 | 8-17 |  | 643 | 336.21 | 8-8 |
| 华阴 | 470 | 330.52 | 7-26 | 华阴 | 358 | 329.26 | 7-17 | 华阴 | 401 | 330.20 | 7-23 |
|  | 460 | 330.26 | 8-3 |  | 368 | 328.93 | 8-20 |  | 421 | 328.70 | 8-4 |
| **1968 年 8 月洪水前后同流量水位** | | | | **1973 年 8 月洪水前后同流量水位** | | | | **1996 年 7 月洪水前后同流量水位** | | | |
| 站名 | 流量<br>(m³/s) | 水位<br>(m) | 日期 | 站名 | 流量<br>(m³/s) | 水位<br>(m) | 日期 | 站名 | 流量<br>(m³/s) | 水位<br>(m) | 日期 |
| 临潼 | 358 | 353.58 | 8-3 | 临潼 | 480 | 353.69 | 8-25 | 临潼 | 423 | 353.85 | 7-27 |
|  | 418 | 353.26 | 8-7 |  | 460 | 353.86 | 9-3 |  | 421 | 353.35 | 7-31 |
| 华县 | 176 | 338.18 | 8-3 | 华县 | 540 | 336.84 | 8-25 | 华县 | 583 | 337.94 | 7-10 |
|  | 168 | 337.89 | 8-10 |  | 538 | 336.79 | 9-3 |  | 539 | 337.65 | 7-15 |
| **2003 年 8 月洪水前后同流量水位** | | | | | | | | | | | |
| 站名 | 流量<br>(m³/s) | 水位<br>(m) | 日期 | | | | | | | | |
| 临潼 | 461 | 353.98 | 8-26 | | | | | | | | |
|  | 470 | 354.25 | 8-29 | | | | | | | | |
| 华县 | 628 | 339.15 | 8-27 | | | | | | | | |
|  | 628 | 338.87 | 9-11 | | | | | | | | |

综上所述，漫滩高含沙洪水在渭河下游的淤积主要在华县至华阴河段，从洪水前后渭河下游典型横断面的变化情况和同流量水位的变化情况来看，滩地明显落淤，主槽则有不同程度的冲深或者展宽，同流量水位多表现为降低，因此，漫滩高含沙洪水对渭河下游河道有明显的"淤滩刷槽"效果。对于渭河下游的漫滩高含沙洪水，水库不予拦蓄。

### 2.7.3　中水河槽规模论证

渭河下游河道中水河槽规模与来水来沙条件、河床边界条件等诸多因素有关，为了分析未来较长时期内可能维持的中水河槽规模，我们从以下不同方面进行分析论证。

1）通过来水量与平滩流量的关系论证中水河槽规模

渭河下游平滩流量不仅与当年来水量有关，还与往年来水量有关。通过分析渭河下游华县平滩流量与水量的关系，发现华县平滩流量与年水量和汛期水量的 2 年滑动平均值相关关系较好，相关系数均在 0.8 以上，结果见图 2.7-12 和图 2.7-13。根据 2030 年设计水平 1956~2000 年系列，华县多年平均水量 55.5 亿 m³，沙量 3.13 亿 t，其中汛期水量 38.01 亿 m³，沙量 2.87 亿 t。由图 2.7-12 和图 2.7-13 可以看出，华县年均水量 55.5 亿 m³、汛期水量 38.01 亿 m³ 可塑造的平滩流量为 2300~2700m³/s。

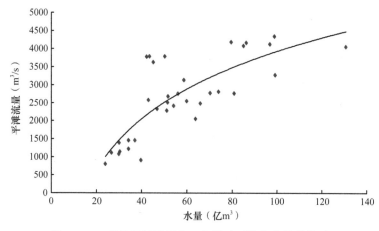

图 2.7-12　华县平滩流量与 2 年滑动平均年水量的关系

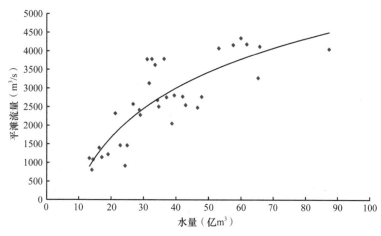

图 2.7-13　华县平滩流量与 2 年滑动平均汛期水量的关系

2）通过造床流量论证中水河槽规模

从平滩流量相当于造床流量出发，采用马卡维耶夫法计算华县断面造床流量。马卡维耶夫认为某流量的造床作用与其输沙能力大小有关，同时也依赖该流量所经历的时间长短，即 $Q^m JP$ 最大时相应的流量为造床流量，其中 $Q$ 为某一级流量，$J$ 为比降，$P$ 为 $Q$ 相应的频率。

根据华县 2030 年设计水平 1956～2000 年系列，采用马卡维耶夫法计算的设计水沙系列华县断面造床流量为 2488m³/s。

3）通过水沙条件论证中水河槽规模

维持渭河下游一定的中水河槽，需要一定的水沙条件。从实测资料来看，1985～1993年，华县平滩流量基本为 2000～3000m³/s，平均为 2500m³/s，该时段华县年平均水量 62 亿 m³，汛期平均水量 35 亿 m³；年平均沙量 2.68 亿 t，汛期平均沙量 2.19 亿 t，汛期来沙系数 0.19。

从华县平滩流量与来沙系数关系（图 2.7-14）可知，要维持渭河下游 3000m³/s 的平滩流量，来沙系数应在 0.11 左右；维持渭河下游 2500m³/s 的平滩流量，来沙系数应在 0.18 左右；维持渭河下游 2000m³/s 的平滩流量，来沙系数应在 0.32 左右。由 2030 年设计水平 1956～2000 年系列知，华县多年平均汛期水量 38.01 亿 m³，沙量 2.87 亿 t，汛期来沙系数 0.21，能维持的平滩流量在 2300m³/s 左右。

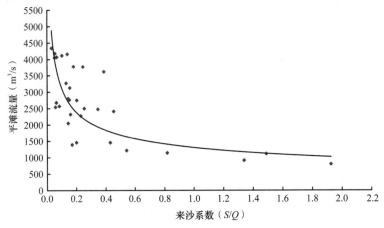

图 2.7-14　华县平滩流量与来沙系数的关系图

4）中水河槽规模的选定

根据以上分析论证，渭河下游中水河槽的过流能力为华县断面流量 2300～2700m³/s，平均约为 2500m³/s；东庄水库建成后，考虑水库拦沙和调水调沙运用，渭河下游中水河槽的过流能力将会进一步提高，预计较长时期内可以维持在 2500m³/s 左右。

另外，2003 年完成的《三门峡库区渭洛河下游防洪续建工程可行性研究报告》、国务院 2005 年批复的《渭河流域重点治理规划》，都提到了渭河下游各个河段的整治流量，咸阳至耿镇桥河段为 1800m³/s，耿镇桥至赤水河口河段为 3500m³/s，赤水河口以下河段为 3000m³/s。考虑到近期渭河来水来沙减少，渭河下游中水河槽规模为 2500m³/s 基本合适。

## 2.7.4　恢复和维持中水河槽的调控指标

要恢复和维持渭河下游河道 2500m³/s 的中水河槽规模，在一定的来水来沙条件下，需要东庄水库拦蓄对恢复和维持中水河槽不利的水沙过程，泄放对恢复和维持中水河槽有利的水沙过程。根据渭河下游洪水冲淤特性分析，提出恢复和维持渭河下游中水河槽的调控指标。

（1）当张家山发生流量小于 300m³/s、含沙量大于 300kg/m³ 的高含沙小洪水时，渭河下游主槽淤积严重，泾河高含沙小洪水是渭河下游主槽淤积萎缩的主要原因，如 1994 年和 1995 年泾河发生高含沙小洪水，渭河下游主槽发生淤积，主槽过洪能力大幅下降，因此，东庄水库要拦蓄泾河下游的高含沙小洪水。

（2）当张家山发生流量大于 600m³/s、含沙量大于 300kg/m³ 的非漫滩高含沙洪水时，渭河下游冲刷较为明显，主槽过洪能力提高。因此，此类洪水适当泄空冲刷水库。

（3）咸张流量大于 1000m³/s 的洪水输沙效率较高，渭河下游主槽发生冲刷，平滩流量扩大。因此，东庄水库应结合咸阳来水情况，泄放咸张流量大于 1000m³/s 的洪水。

（4）漫滩高含沙洪水往往造成滩地大量淤积，主槽冲刷展宽，通过淤滩刷槽，主槽过洪能力显著增大，对塑造中水河槽非常有利，如 2003 年洪水渭河下游平滩流量从汛前的 1000m³/s 左右增大到 2500m³/s 左右。因此，对于渭河下游的漫滩高含沙洪水，东庄水库不予拦蓄。

# 2.8　调控理论与指标

经过对黄河和渭河下游河道冲淤规律分析可知，多沙河流水库下游河道减淤和中水河槽维持对于水库运用的一般要求是实现调控流量两极分化，即在汛期平水期和非汛期，下泄流量在满足水库发电、灌溉、供水的前提下不宜过大，存在一个"调控下限流量"；在汛期洪水期，水库应释放较大流量，以满足下游河道的输沙要求，并尽可能冲刷下游河道，存在一个"调控上限流量"。这两个调控流量的具体值，可以进一步通过数值模拟等方法对多个方案进行综合分析比选确定。下面以小浪底水库为例，说明年内不同时期的调控原则。

## 2.8.1　汛期平水期和非汛期调控模式

在汛期平水期和非汛期，入库含沙量较小且水位相对于汛期洪水期较高，水库下泄流量比较平稳且含沙量较低或为清水。对于一般含沙量河流上的水库，这一时期的调控一般以追求发电、供水等兴利指标的最大化为目标，而对于多沙河流水库，则要求在满足生态、供水、发电的基本需求前提下，结合下游河道的冲淤规律控制下泄流量，避免下游出现上冲下淤的不利局面。

以小浪底水库为例，根据汛期平水期和非汛期下游河道的冲淤特性，下泄流量大对高村以上河段冲刷有利，而对高村以下河段减淤不利，因此，对于调控下限流量，从下游河道特别是高村至艾山和艾山至利津河段的减淤方面考虑，小浪底水库应尽量控制下泄流量，使小黑武流量不大于 800m³/s。为满足水库发电要求，汛期出库流量按 400m³/s 控制。

## 2.8.2　汛期洪水期调控模式

结合对黄河下游不同含沙量级、流量级洪水冲淤特性的分析，提出小浪底水库在汛期洪水期对进入下游流量的调控模式。

### 2.8.2.1　一般含沙量洪水调控流量和历时

通过对不同水沙条件下洪水冲淤特性分析研究可知，对于含沙量为 20kg/m³ 以下的非漫滩洪水，流量增大到 2500m³/s 及以上时，下游河道和艾山至利津河段冲刷效率明显增加，流量增大到 3500m³/s 及以上时，全下游冲刷效率进一步提高；对于含沙量为 20～60kg/m³ 的非漫滩洪水，随着流量的增大，下游逐步由淤积转为冲刷，当流量达到 2500m³/s 以上时，全下游和高村以下河段基本呈现冲刷，并且随着流量的增大，全下游的冲刷效率呈现增大的趋势；对于含沙量为 60～100kg/m³ 和 100kg/m³ 以上的非漫滩洪水，随着流量的增大，下游淤积效率和淤积比呈现降低的趋势，当洪水流量达到 3000～3500m³/s 以上时，全下游的淤积效率显著降低。

对于汛期漫滩洪水，艾山至利津河段各流量级漫滩洪水均为冲刷，从不同流量级漫滩洪水下游河道冲淤效率变化情况看，流量为 2500～3000m³/s 时，高村至艾山及艾山至利津河段表现为冲刷，冲刷效率分别为 5.60kg/m³、2.54kg/m³，流量为 3500～4000m³/s 时，全下游及艾山至利津河段冲刷效率相对较大。

根据前述洪水冲淤特性分析，从下游河道减淤的角度来看，调控上限流量选择 2500～3000m³/s 时能取得较好的减淤效果，当调控上限流量选择 3500～4000m³/s 时减淤效果优于 2500～3000m³/s。

从维持下游河道中水河槽要求来看，维持下游河道 4000m³/s 左右平滩流量的中水河槽需要一定比重的 3500m³/s 以上流量的洪水。

经过对调控上限流量不同方案的比选论证，调控上限流量采用 3700m³/s 时，历时不少于 5d。

对于拦沙后期下游河道平滩流量控制，近期水利部黄河水利委员会及中国水利水电科学研究院等单位对黄河下游中水河槽的规模进行了大量的研究，结果表明，小浪底水库拦沙后期，在正常的来水来沙条件下，黄河下游适宜的中水河槽保持规模为过流能力 4000m³/s 左右。经过小浪底水库运用以来的拦沙和调水调沙，2007 年汛后下游河道主槽最小平滩流量达到 3700m³/s 左右。水库调水调沙过程中应控制凑泄小黑武流量不大于下游河道平滩流量，前两年控制小黑武流量不大于 3700m³/s，之后控制小黑武流量不大于 4000m³/s。

### 2.8.2.2 高含沙洪水调控模式

1）非漫滩高含沙洪水

根据实测资料分析，对非漫滩高含沙洪水，当流量小于 2000m³/s 时，下游河道淤积比较严重，且淤积主要集中在高村以上河段，高村以下河段也有一定程度的淤积。全下游平均淤积效率达 210.8kg/m³，全下游淤积比达 77%。

流量为 2000～2500m³/s 的非漫滩高含沙洪水，全下游淤积效率达 164.4kg/m³，全下游淤积比达 63%。此流量级非漫滩高含沙洪水高村以下河段淤积较为严重，高村至艾山、艾山至利津河段的淤积效率分别为 22.5kg/m³ 和 7.3kg/m³。

流量为 2500～3000m³/s 的非漫滩高含沙洪水，属于较大流量的非漫滩高含沙洪水，全下游淤积效率达 163.2kg/m³，全下游淤积比为 64%。高村至艾山、艾山至利津河段的淤积效率分别为 15.7kg/m³ 和 3.0kg/m³。此流量级非漫滩高含沙洪水高村以下河段的淤积有所减轻。

2）漫滩高含沙洪水

实测漫滩高含沙洪水共 7 场，全下游的淤积效率为 137.9kg/m³，淤积比为 53%。沿程来看，其淤积主要集中在高村以上河段，占全下游总淤积量的 96.8%，但由于高村以上河段会产生淤滩刷槽的作用，因此主槽淤积并不明显，高村以下河段微淤甚至冲刷，高村至艾山、艾山至利津河段的冲淤效率分别为 6.4kg/m³ 和–2.0kg/m³。

综上所述，根据高含沙洪水在下游河道的冲淤特性，水库对不同水沙条件的高含沙洪水的调节，需区别对待。对于平均流量在 2500m³/s 以下的非漫滩高含沙洪水，全下游主槽淤积严重，水库应当拦蓄，避免此类洪水进入下游淤积主槽；对于平均流量在 2500m³/s 以上的非漫滩高含沙洪水，下游河道淤积依旧明显，而前述分析的 150kg/m³ 以上一般含沙量的 2500～3000m³/s 流量级洪水，高村至艾山河段的淤积效率仅为 0.2kg/m³，因此水库应适当拦蓄，低壅水排沙出库，减少下游河道淤积。对于漫滩高含沙洪水，其在下游河道有淤滩刷槽效果，且高村以下河段基本不淤，因此水库不予拦蓄。

因此，水库针对高含沙洪水的调节原则如下：对于天然情况下 2500m³/s 流量以下的非漫滩高含沙洪水，水库以拦为主；对于天然情况下 2500m³/s 流量以上的非漫滩高含沙洪水，水库应适当拦蓄，低壅水排沙出库；对于漫滩高含沙洪水，水库不予拦蓄。

# 第3章　拦沙后期水库运用阶段划分及滩槽形态控制水位动态调整研究

## 3.1　多沙河流水库分阶段运用的特征及意义

在多沙河流上修建水库工程，当其蓄水运用时，坝前水位壅高，河道水深加大，相同流量条件下，流速减小，水流挟沙力降低，必然导致大量入库泥沙淤积在库区，使得有效库容不断损失。然而，天然河流具有冲淤平衡趋向性，在河流上修建水库，破坏了原有的冲淤平衡边界条件，河道转入淤积，由于持续淤积，坝前淤积面高程抬升，河道水深逐步减小，最终河道达到新的冲淤平衡状态。因此，多沙河流水库的运用过程，也是水库逐步淤积，最终达到新的冲淤平衡的过程。一般情况下，我们需要延长水库的淤积年限，尽量保持较大的水库库容，以便充分发挥水库的综合效益。

在水库淤积过程中，随着有效库容的不断减小，库区输沙流态将不断发生变化，进而影响水库的调节能力、排沙效果、淤积形态及综合效益等各个方面。根据水库淤积过程及影响，划分不同的运用阶段，有利于我们针对不同时期水库的特点，制订合适的运用方式，并对运行水位进行调整，从而达到延缓水库淤积、发挥水库综合效益的目的。

水库投入运用时起始运行水位的不同会形成不同的淤积形态发展过程，进而影响库区的回水长度和防洪调度。运行水位越高，水库淤积越快，且淤积部位也越靠上，甚至出现淤积末端上延，发生"翘尾巴"的现象，将给防洪带来不利影响；同时，较高的起始运行水位意味着水库清水下泄期更长，容易造成初期下游河道的大幅度冲刷下切，进而导致堤防及控导工程失稳、河势变化、沿岸工程引水困难等一系列问题。因此，对于多沙河流上的大型水库，采用分阶段运用，逐步抬高运行水位，可以避免一次性抬高水位所带来的诸多不利影响，有效地控制水库淤积速度，延长水库拦沙年限，有利于充分发挥水库的综合效益。

## 3.2　拦沙后期水库起始运行水位方案研究论证

根据水库淤积过程变化，多沙河流水库运用一般可划分为拦沙初期、拦沙后期和正常运用期三个时期，且不同阶段库区输沙流态存在差别，对淤积形态塑造的影响不同。

阶段划分指标一般有起始运行水位、水库淤积量、坝前淤积高程等。表 3.2-1 总结了小浪底、古贤和东庄水库的阶段划分指标。可以看出，水库进入正常运用期的标志是淤积量达到设计拦沙量或坝前滩面高程达到设计淤积平衡形态所对应的值，无论是采用淤积量还是坝前淤积高程作为指标，其临界值均是对设计淤积形态的表征，需要对水库淤积形态的纵横剖面设计后确定。水库由拦沙初期进入拦沙后期的标志是水库淤积量达到某一临界值,该临界值大小与水库起始运行水位或排沙底孔进口高程有关。

表 3.2-1　水库运用阶段划分指标

| 水库 | 阶段划分指标 | |
| --- | --- | --- |
| | 拦沙初期/拦沙后期 | 拦沙后期/正常运用期 |
| 小浪底 | 淤积量达到 21 亿~22 亿 m³ | 形成高滩深槽,坝前滩面高程达 254m |
| 古贤 | 当起始运行水位以下库容和以上斜体淤积淤满后 | 水库拦沙库容淤满 |
| 东庄 | 坝前泥沙淤积面达到排沙底孔进口高程 | 水库拦沙库容淤满 |

以黄河小浪底水库运用阶段划分为例。拦沙初期为水库累计淤积量达到 21 亿~22 亿 m³ 之前的时期,约相当于设计阶段初步确定的水库运用初期起始运行水位(205m)淤积量;拦沙后期为水库淤积量达到 21 亿~22 亿 m³ 之后至库区形成高滩深槽和坝前滩面高程达 254m,对应水库淤积量达到 75.5 亿 m³ 的整个时期;拦沙后期结束之后为正常运用期。其中,拦沙后期经历时间较长,其间小浪底水库入库水沙过程、黄河下游河道边界条件均可能发生较大变化,考虑到水库运用是一个动态变化的过程,应进一步细分阶段研究,确定各阶段调度方式与调控指标,充分发挥水库的综合效益。

小浪底水库拦沙后期运用阶段的划分,应遵循水利枢纽工程的开发原则,尤其是有利于黄河下游河道防洪减淤的原则,既要考虑水库的淤积量、淤积形态和库容保持情况,又要考虑下游河道的边界条件、水库的来水来沙条件及实现下游河道不断流的目标等。小浪底水库拦沙后期与拦沙初期的关键区别在于,拦沙后期具有降低库水位、基本泄空水库蓄水、冲刷恢复库容、滩槽同步塑造的机会。根据拦沙后期阶段运用特征,可将拦沙后期分为三个阶段,见图 3.2-1,具体指标的采用要综合考虑水库运用年限、库区泥沙淤积形态、坝前滩面高程及其他工程建设情况等研究确定。

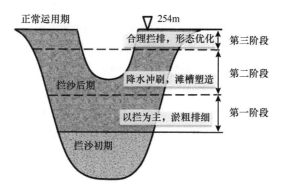

图 3.2-1　小浪底水库拦沙后期阶段运用特征

## 3.2.1　水库起始运行水位比选方案拟定

规划中的古贤水利枢纽工程位于龙门水文站上游 72.5km 处,上距碛口坝址 238.4km,下距壶口瀑布和禹门口铁桥分别为 10.1km 和 74.8km。坝址右岸为陕西省宜川县,左岸为山西省吉县,控制流域面积 489 948km²,占三门峡水库控制流域面积的

71%，原始总库容 134.61 亿 $m^3$。库区河谷宽度上窄下宽，河谷底宽 400～600m，坝址河底高程 463m，河谷底宽 455m，天然河道平均比降 8.55‰。库区两岸支流众多，流域面积大于 1000$km^2$ 的入黄支流有 7 条，其中左岸有湫水河、三川河、屈产河和昕水河；右岸有无定河、清涧河、延河。这些支流沟深坡陡，河道比降达 25‰～54‰，横断面窄深，含沙量大，泥沙粒径较粗，湫水河、无定河、清涧河、延河泥沙中值粒径分别达到 0.036mm、0.035mm、0.029mm、0.031mm，是黄河粗泥沙的主要来源区。古贤水利枢纽作为黄河干流控制性骨干工程之一，是黄河水沙调控体系的重要组成部分，不仅库容大，而且控制了黄河洪水、泥沙的主要来源区，特别是粗泥沙来源区，同时距离小浪底水利枢纽较近，与小浪底水库联合拦沙和调水调沙、协调黄河下游水沙关系，具有独特的地理优势，在黄河水沙调控体系中具有承上启下的战略地位。

古贤水库起始运行水位是水库拦沙初期汛期运用的最低水位。项目建议书编制初期曾分析过起始运行水位 530m 方案，虽然其拦沙和调水调沙效果最好，但拦沙初期和正常运用期水头变幅太大，为 100m 左右，水电站需要分期建设，泄水建筑物布置也存在很大困难，投资增加较大。通过水工建筑物优化布置和比较，为保证水轮机组的良性运行和减少泄水建筑物的投资，水库起始运行水位不宜低于 560m。为此，本阶段重点比较了起始运行水位 560m 方案、575m 方案、588m 方案，三个方案起始运行水位以下的原始库容分别为 31.42 亿 $m^3$、45.51 亿 $m^3$、60.49 亿 $m^3$。

1）560m 方案

古贤水库正常运用期正常蓄水位 627m，死水位 588m，最大发电水头 161.1m，最小发电水头 91.1m。选定装机方案的装机容量 2100MW，额定水头 141m。根据推荐的水轮发电机组运行特性要求，其发电运用水位应不低于 560m，因此拟定起始最低运行水位 560m 方案。

在水库拦沙初期，汛期（7～9 月）水位在 560m 和汛限水位之间调水调沙运用，水库以异重流排沙为主；非汛期调节水量，满足河道生态流量、工业和生活供水、灌溉和发电等综合利用要求。按照设计水沙条件，该阶段运用历时约 7 年。

当起始运行水位以下库容淤满后，水库进入拦沙后期，汛期继续调水调沙运用，主汛期水库逐步抬高水位拦沙和联合调水调沙运用，库区河床逐步平行淤高，控制库水位不超过正常运用期汛限水位，当水库累计淤积量达到一定量值后，利用有利的水沙条件淤高滩地、冲刷河槽，并继续拦沙和调水调沙运用，使库区逐步形成具有高滩深槽的纵横剖面形态。

在正常运用期，水库控制最低运用水位为 588m，汛限水位为 617m，汛期利用 588～617m 的库容（约 20 亿 $m^3$）调水调沙。非汛期控制库水位在正常蓄水位 627m 以下运行。

2）575m 方案

该方案水库拦沙初期起始运行水位 575m 以下原始库容为 45.51 亿 $m^3$，在起始运行水位以下拦沙库容淤满前，汛期 7～9 月在水位 575m 以上调水调沙运用，水库以异重流排沙为主。按照设计水沙条件，起始运行水位以下库容淤满历时约 9 年。

当起始运行水位 575m 以下库容基本淤满时，古贤水库进入拦沙后期，在与小浪底水库联合调水调沙过程中，遇合适的水沙条件，降低水位冲刷，淤高滩地，使高滩深槽同步形成。当水库拦沙库容淤满后，进入正常运用期。

3）588m 方案

该方案水库拦沙初期最低运用水位与设计死水位 588m 相同，588m 以下相应原始库容为 60.49 亿 m³，坝前淤积至 588m 时可拦沙约 70 亿 m³。

588m 方案水库运用方式基本同 575m 方案、560m 方案，仅拦沙初期的最低运行水位不同。按照设计水沙条件，该方案水库拦沙初期运用历时约为 13 年。

### 3.2.2　不同起始运行水位水库减淤效果对比分析

按照古贤、小浪底水库联合调水调沙运用方式，采用 1950 年水沙系列，对古贤水库拦沙初期起始运行水位 560m 方案、575m 方案、588m 方案分别进行库区及河道泥沙冲淤计算，古贤水库、小北干流河段（龙门至潼关河段）、小浪底水库及黄河下游冲淤计算成果见表 3.2-2。

表 3.2-2　古贤水库不同起始运行水位方案冲淤计算成果表

| 运用方案 | 计算时段（年） | 水库淤积量 | | 龙潼河段冲淤计算成果（计算期60年） | | | 龙潼河段最大冲刷量（亿t） | 潼关高程下降值（最大/60年末）（m） | 黄河下游冲淤计算成果（计算期80年） | | | | | |
| | | 古贤（亿 m³） | 小浪底（亿 m³） | 冲淤量（亿t） | 减淤量（亿t） | 不淤年数 | | | 联合减淤成果 | | | 其中古贤减淤 | |
| | | | | | | | | | 冲淤量（亿t） | 减淤量（亿t） | 不淤年数 | 减淤量（亿t） | 不淤年数 |
| 无古无小方案 | 1~11 | | | 5.60 | | | | | 35.74 | | | | |
| | 12~71 | | | 36.18 | | | | —　-0.76 | 178.57 | | | | |
| | 1~71 | | | 41.77 | | | | | 214.31 | | | | |
| 无古有小方案 | 1~11 | | 29.51 | 5.60 | | | | | 11.78 | 23.96 | | | |
| | 12~71 | | 20.02 | 36.18 | | | | —　-0.76 | 145.66 | 32.91 | 13.5 | | |
| | 1~71 | | 49.53 | 41.77 | | | | | 157.44 | 56.87 | | | |
| 560m 方案 | 1~11 | | 29.51 | 5.60 | | | | | 11.78 | 23.96 | | | |
| | 12~71 | 99.70 | 19.00 | 5.69 | 30.49 | 50.6 | 11.91 | 1.98/0.10 | 66.33 | 112.24 | 46.2 | 79.33 | 32.7 |
| | 1~71 | | 48.51 | 11.29 | | | | | 78.11 | 136.20 | | | |
| 575m 方案 | 1~11 | | 29.51 | 5.60 | | | | | 11.78 | 23.96 | | | |
| | 12~71 | 99.44 | 17.48 | 7.25 | 28.93 | 48.0 | 11.56 | 1.93/-0.05 | 71.93 | 106.64 | 43.9 | 73.73 | 30.4 |
| | 1~71 | | 46.99 | 12.85 | | | | | 83.71 | 130.60 | | | |
| 588m 方案 | 1~11 | | 29.51 | 5.60 | | | | | 11.78 | 23.96 | | | |
| | 12~71 | 99.29 | 18.49 | 8.62 | 27.56 | 45.7 | 11.16 | 1.87/-0.19 | 75.90 | 102.67 | 42.3 | 69.76 | 28.7 |
| | 1~71 | | 48.00 | 14.22 | | | | | 87.68 | 126.63 | | | |

注：“无古无小方案”表示无古贤水库和小浪底水库；“无古有小方案”表示无古贤水库方案；“龙潼河段”指龙门至潼关河段，下文同；—表示无数据

1）古贤水库淤积过程比较

古贤水库、小浪底水库联合调水调沙运用，古贤水库拦沙初期起始运行水位 560m 方案、575m 方案和 588m 方案水库拦沙运用年限分别为 28 年、27 年和 25 年，古贤水库起始运行水位越低水库拦沙运用年限越长。560m 方案水库拦沙运用年限较 588m 方案延长 3 年。不同起始运行水位方案古贤水库累计冲淤过程见图 3.2-2。

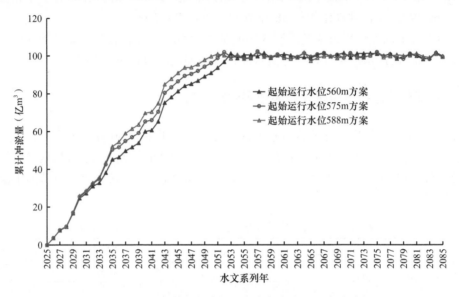

图 3.2-2  不同起始运行水位方案古贤水库累计冲淤过程

2）小北干流河段及潼关高程冲淤变化比较

通过水库拦沙和调水调沙，古贤水库运用 60 年内 560m 方案、575m 方案、588m 方案小北干流河段的淤积量分别为 5.69 亿 t、7.25 亿 t、8.62 亿 t，与同期无古贤水库情况相比，减淤量分别为 30.49 亿 t、28.93 亿 t、27.56 亿 t，水库拦沙减淤比分别为 4.25∶1、4.47∶1、4.68∶1，分别相当于现状工程条件下该河段 50.6 年、48.0 年、45.7 年不淤积。

三个方案对潼关高程的最大冲刷下降值分别为 1.98m、1.93m、1.87m。从不同方案小北干流河段历年冲淤过程看，起始运行水位越高，在古贤水库拦沙期，小北干流河段冲刷效果就越明显，在古贤水库运用的前 20 年内 560m 方案、575m 方案、588m 方案小北干流河段冲刷量分别为 8.93 亿 t、10.08 亿 t、10.61 亿 t，588m 方案较 575m 方案、560m 方案多冲刷 0.53 亿 t、1.68 亿 t；随着水库拦沙期的结束，小北干流河段逐步回淤，在古贤水库运用的后 20 年，560m 方案、575m 方案对小北干流的减淤作用要优于 588m 方案，至计算期末，三个方案均使小北干流河段总体上维持微淤状态。不同起始运行水位方案小北干流河段累计冲淤过程见图 3.2-3，潼关高程变化过程见图 3.2-4。

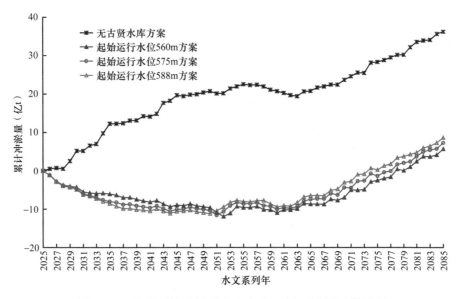

图 3.2-3　不同起始运行水位方案小北干流河段累计冲淤过程

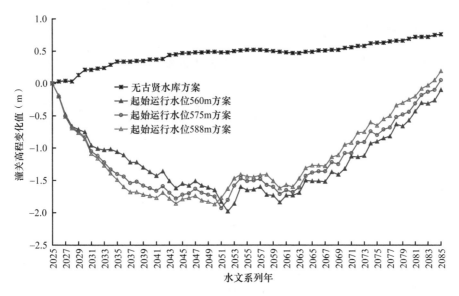

图 3.2-4　不同起始运行水位方案潼关高程变化过程

3）黄河下游河道减淤作用比较

古贤水库、小浪底水库联合调水调沙运用，古贤水库投入运用的 60 年内，560m 方案、575m 方案、588m 方案黄河下游累计淤积量分别为 66.33 亿 t、71.93 亿 t、75.90 亿 t，年均淤积 1.11 亿 t、1.20 亿 t、1.27 亿 t，与同期无古贤水库时下游河道累计淤积量相比，三个方案古贤水库减淤量分别为 79.33 亿 t、73.73 亿 t、69.76 亿 t，古贤水库拦沙减淤比分别为 1.63∶1、1.75∶1、1.85∶1，分别相当于现状工程条件下黄河下游河道 32.7 年、30.4 年、28.7 年不淤积。由此可见，古贤水库拦沙初期起始运行水位越低，水库拦沙年限就越长，对下游河道减淤作用就越明显。575m 方案对下游河道减淤量比

588m 方案大 3.97 亿 t，560m 方案比 575m 方案大 5.60 亿 t，560m 方案比 588m 方案大 9.57 亿 t。不同起始运行水位方案下游河道累计冲淤过程见图 3.2-5。

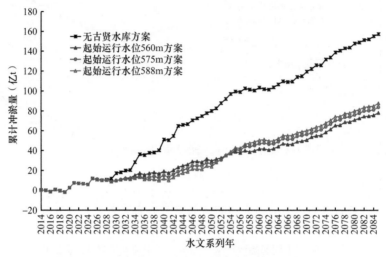

图 3.2-5　不同起始运行水位方案下游河道累计冲淤过程

4）恢复和维持黄河下游中水河槽的作用比较

古贤水库不同起始运行水位方案黄河下游平滩流量过程见表 3.2-3 和图 3.2-6～图 3.2-10。

表 3.2-3　古贤水库不同起始运行水位方案黄河下游平滩流量特征值统计表

| 计算方案 | 项目 | 古贤水库运用 1～40 年 | | | | | 古贤水库运用 41～60 年 | | | | |
|---|---|---|---|---|---|---|---|---|---|---|---|
| | | 铁一花 | 花一高 | 高一艾 | 艾一利 | 黄河下游 | 铁一花 | 花一高 | 高一艾 | 艾一利 | 黄河下游 |
| 无古有小方案 | 最大流量（$m^3/s$） | 7973 | 7095 | 4794 | 4833 | 4794 | 5014 | 4167 | 3396 | 3821 | 3396 |
| | 最小流量（$m^3/s$） | 4277 | 3799 | 3078 | 3721 | 3078 | 3229 | 2187 | 1929 | 2059 | 1929 |
| | 平均流量（$m^3/s$） | 5388 | 4660 | 3697 | 4110 | 3697 | 4100 | 3215 | 2788 | 3110 | 2788 |
| | 小于 4000$m^3/s$ 年数 | 0 | 12 | 30 | 16 | 30 | 8 | 16 | 20 | 20 | 20 |
| 560m 方案 | 最大流量（$m^3/s$） | 8796 | 7347 | 5121 | 5028 | 5028 | 7600 | 5221 | 4141 | 4729 | 4141 |
| | 最小流量（$m^3/s$） | 6965 | 5092 | 4219 | 4454 | 4219 | 4119 | 3040 | 2719 | 3155 | 2719 |
| | 平均流量（$m^3/s$） | 7759 | 5889 | 4711 | 4792 | 4711 | 6199 | 4251 | 3553 | 4053 | 3553 |
| | 小于 4000$m^3/s$ 年数 | 0 | 0 | 0 | 0 | 0 | 0 | 7 | 16 | 9 | 16 |
| 575m 方案 | 最大流量（$m^3/s$） | 8795 | 7349 | 5235 | 5122 | 5122 | 7532 | 5088 | 4104 | 4687 | 4104 |
| | 最小流量（$m^3/s$） | 7323 | 5102 | 4093 | 4520 | 4093 | 3985 | 2995 | 2591 | 3042 | 2591 |
| | 平均流量（$m^3/s$） | 7852 | 5925 | 4715 | 4864 | 4715 | 6071 | 4132 | 3468 | 3972 | 3468 |
| | 小于 4000$m^3/s$ 年数 | 0 | 0 | 0 | 0 | 0 | 1 | 9 | 18 | 10 | 18 |
| 588m 方案 | 最大流量（$m^3/s$） | 8990 | 7347 | 5397 | 5320 | 5320 | 7439 | 4896 | 3955 | 4589 | 3955 |
| | 最小流量（$m^3/s$） | 7121 | 4922 | 3953 | 4526 | 3953 | 3680 | 2859 | 2516 | 3098 | 2516 |
| | 平均流量（$m^3/s$） | 7932 | 5980 | 4741 | 4897 | 4741 | 5945 | 3968 | 3343 | 3945 | 3343 |
| | 小于 4000$m^3/s$ 年数 | 0 | 0 | 1 | 0 | 1 | 11 | 20 | 11 | 20 | 20 |

注：“铁”代表铁谢；“花”代表花园口；“高”代表高村；“艾”代表艾山；“利”代表利津，下文同

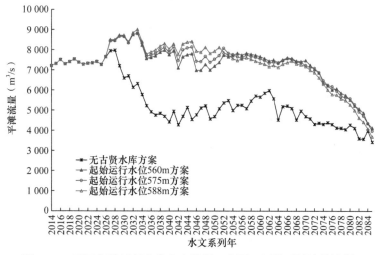

图 3.2-6 不同起始运行水位方案铁谢—花园口河段平滩流量过程

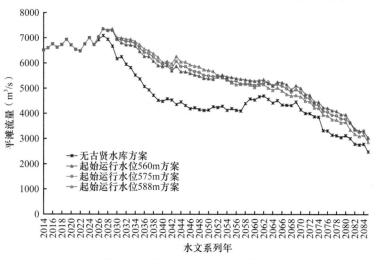

图 3.2-7 不同起始运行水位方案花园口—高村河段平滩流量过程

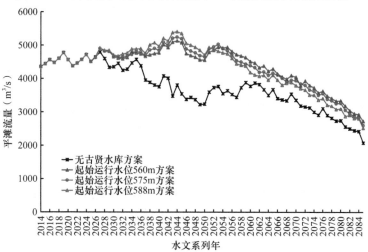

图 3.2-8 不同起始运行水位方案高村—艾山河段平滩流量过程

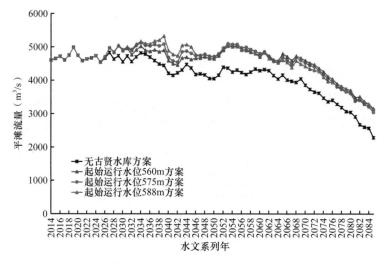

图 3.2-9 不同起始运行水位方案艾山—利津河段平滩流量过程

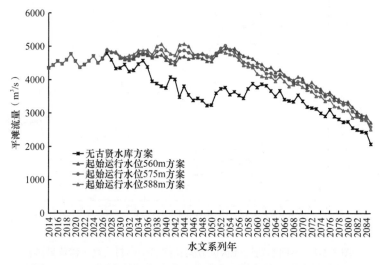

图 3.2-10 不同起始运行水位方案黄河下游整体平滩流量过程

古贤水库投入运用的前 40 年，560m 方案、575m 方案和 588m 方案黄河下游平滩流量多年均值分别为 $4711m^3/s$、$4715m^3/s$、$4741m^3/s$，最小平滩流量分别为 $4219m^3/s$、$4093m^3/s$、$3953m^3/s$，不同起始运行水位方案均可使现状工程条件下中水河槽过流能力逐步下降的不利局面得到彻底改变，从该时期平滩流量均值可以看出，588m 方案略优于 575m 方案和 560m 方案。古贤水库起始运行水位越高，拦沙初期年限也越长，下游平滩流量也越大；但随着水库的淤积，起始运行水位越高，拦沙库容淤损也越快，进入正常运用期也就越早，由于正常运用期水库排沙比较拦沙期大幅度增加，随着不利的水沙条件进入下游，各河段平滩流量将逐渐减小，古贤水库拦沙期结束后，588m 方案、575m 方案和 560m 方案下游平滩流量依次减小，该时段 560m 方案、575m 方案、588m 方案下游平滩流量大于 $4000m^3/s$ 的年数分别为 40 年、40 年、39 年。

在古贤水库运用的第 41～60 年，560m 方案、575m 方案和 588m 方案下游整体平滩流量多年均值分别为 3553m³/s、3468m³/s、3343m³/s，小于 4000m³/s 的年数分别为 16 年、18 年、20 年，最小平滩流量分别为 2719m³/s、2591m³/s、2516m³/s，各方案维持中水河槽的作用也较为明显（同期无古贤水库条件下平滩流量多年均值为 2788m³/s，历年在 1900m³/s 至 3400m³/s 之间变化）。该时期下游中水河槽的过流能力与拦沙期相反，560m 方案、575m 方案和 588m 方案时段平滩流量均值依次减小。鉴于拦沙期黄河下游可基本维持 4000m³/s 流量的中水河槽过流能力，而正常运用期起始运行水位低的方案中水河槽过流能力保持较好，因此，从长期维持中水河槽过流能力的角度而言，应选取尽量低的起始运行水位。

### 3.2.3　起始运行水位选定

1）各方案古贤水库的减淤作用基本得到了充分发挥

古贤水库通过拦沙并与小浪底水库联合调水调沙，塑造有利的水沙条件，减轻黄河下游和小北干流河段的淤积、降低潼关高程，为渭河下游防洪创造条件，是古贤水库减淤开发目标的重要内容。

就减少小北干流河段淤积和降低潼关高程作用而言，560m 方案、575m 方案和 588m 方案减淤量分别为 30.49 亿 t、28.93 亿 t、27.56 亿 t，各方案对小北干流河段减淤效果差别不大，560m 方案略优于 575m、588m 方案。560m 方案、575m 方案和 588m 方案潼关高程的最大下降值分别为 1.98m、1.93m、1.87m，560m 方案对潼关高程的降低作用略优于 575m 方案、588m 方案。

就黄河下游河道减淤而言，560m 方案、575m 方案和 588m 方案下游河道减淤量分别为 79.33 亿 t、73.73 亿 t、69.76 亿 t，分别相当于现状工程条件下 32.7 年、30.4 年、28.7 年不淤积。560m 方案下游河道减淤量和不淤年数明显大于 575m 方案、588m 方案。

从维持黄河下游中水河槽行洪输沙功能方面分析，古贤水库运用的前 40 年，560m 方案、575m 方案、588m 方案的年均平滩流量分别为 4711m³/s、4715m³/s、4741m³/s，最小平滩流量分别为 4219m³/s、4093m³/s、3953m³/s。古贤水库运用的后 20 年，560m 方案、575m 方案、588m 方案的年均平滩流量分别为 3553m³/s、3468m³/s、3343m³/s，560m 方案可使下游年均平滩流量维持在 3500m³/s 以上，优于 575m 方案、588m 方案。

2）从水电站运行条件和水工建筑物布置考虑，起始运行水位不宜低于 560m

古贤水库正常运用期正常蓄水位 627m，死水位 588m，最大发电水头 161.1m，最小发电水头 117.0m。起始运行水位为 560m 时，最小发电水头为 91.1m，水电站最大水头与最小水头之比已达 1.77，最小水头下的水轮机出力占额定出力的 40%。若古贤水库起始运行水位进一步降低，则初期和正常运用期水头变幅太大，水轮发电机组的选型存在很大困难，机组效率也将大幅度降低，机组会出现空化、磨蚀等现象，对机组运行不利。因此，从保证古贤水电站正常运行方面考虑，起始运行水位不宜低于 560m。

从泄水建筑物布置来看，泄洪洞、排沙洞担负着洪水期的泄洪任务和调水调沙期泄放大流量过程的任务，而且排沙洞还承担着水库排沙、降低过机含沙量、避免水电站进水口淤堵等任务。通过水工建筑物优化布置和比较，起始运行水位 560m 泄流规模达 3727m³/s，加上机组泄量，可以满足初期调水调沙对调控流量的要求。

3）从各方案效益比较分析来看，主要差别在于减淤效益和发电效益

按不同起始运行水位进行减淤效益和发电效益估算，560m 方案黄河下游 60 年累计减淤量比 575m 方案大 5.60 亿 t，比 588m 累计减淤量大 9.57 亿 t，减淤效益的差别主要体现在拦沙后期和正常运用期；而发电效益的差别主要体现在拦沙期，起始运行水位低则拦沙期长且发电水头低，起始运行水位高则拦沙期短且发电水头高，560m 方案、575m 方案和 588m 方案的水库拦沙运用年限分别为 28 年、27 年和 25 年，按水库运行 50 年分析计算，560m 方案累计发电量比 575m 方案减少 99 亿 kW·h，年均减少 1.98 亿 kW·h，比 588m 方案减少 167 亿 kW·h，年均减少 3.34 亿 kW·h。则从各方案减淤效益和发电效益现值来看，560m 方案比 575m 方案少 16.55 亿元，比 588m 方案少 26.86 亿元，即 588m 方案效益最好，其主要原因为 560m 减淤增加的效益主要体现在后期，而 588m 发电增加的效益主要体现在前期。

从起始运行水位经济比较结果可以看出，起始运行水位 588m 方案经济效益最好，但本次依然选用 560m 作为起始运行水位推荐方案，主要是因为古贤水利枢纽为黄河干流七大骨干工程之一，是黄河水沙调控体系的重要组成部分，是处理黄河泥沙、协调黄河水沙关系、较长期维持中水河槽过流能力的关键性工程，起始运行水位选取 560m 方案，不仅能够比 588m 方案取得更大的减淤作用，延长水库的拦沙运用年限，还能够尽早利用水库淤积的泥沙为小北干流放淤创造水沙条件，进一步延长水库拦沙库容的使用寿命，而且运用初期能够有一定时期的相对清水下泄，冲刷降低潼关高程，恢复小浪底部分调水调沙库容，使下游主槽进一步得到冲刷，恢复过流能力，为水库联合调水调沙创造良好的前期边界条件。560m 方案在较长期保持黄河下游过流能力达 4000m³/s 的中水河槽方面也具有优势，可以更好地发挥古贤水利枢纽在水沙调控体系中的作用，对保障黄河下游长治久安意义重大，是其他作用或效益无法比拟的。

综上所述，本阶段推荐古贤水利枢纽工程起始运行水位 560m 方案。

## 3.3 不同阶段泥沙调控方式

多沙河流水库运用方式有一次抬高水位及逐步抬高主汛期水位拦沙和调水调沙两种，考虑古贤水库来水来沙特点及提高水库拦沙与调水调沙对黄河下游和小北干流的减淤效益，水库采用逐步抬高主汛期水位拦沙和调水调沙的运用方式。根据水库拦沙和调水调沙运用特点，将水库运用分为三个时期，即拦沙初期、拦沙后期和正常运用期。

拦沙初期，即水库利用起始运行水位以下库容拦沙，考虑斜体淤积，该时期水库蓄水拦沙和调水运用，水库以异重流排沙为主，库区河床处于水平淤积状态。主汛期水库在起始运行水位以上调水运用，并滞蓄洪水；调节期（10月至次年6月，下文同）蓄水拦沙，调节径流，满足河道生态、发电和工农业供水等要求。

当起始运行水位以下库容和以上斜体淤积淤满后，水库进入拦沙后期运用。主汛期水库逐步抬高水位拦沙（拦粗排细）和调水调沙运用，库区河床逐步平行淤高，库水位有升降变化，水库排沙比明显增大。主汛期控制水位不超过正常运用期汛限水位，当水库累计淤积量达到 80 亿 m³ 左右时，水库利用有利的水沙条件逐步淤高滩地、冲刷槽，并继续拦沙与调水调沙运用，遇大洪水时，水库防洪运用，库区滞洪淤积逐步抬高滩面高程，逐步形成具有高滩深槽的纵横断面形态。水库拦沙期结束后，转入正常运用期；调节期水库兴利调节运用同拦沙初期。

进入正常运用期后，水库利用汛限水位以下的 20 亿 m³ 槽库容进行调水调沙运用，长期发挥水库对下游河道的减淤作用。主汛期水库运用水位在正常死水位至主汛期限制水位之间变化；主汛期限制水位至防洪高水位之间的 12 亿 m³ 库容，供水库下游防洪之用。在调节期，水库蓄水拦沙、调节径流兴利运用，水位在正常蓄水位以下调节运用。

## 3.4　拦沙期滩槽形态控制水位动态调整研究

### 3.4.1　水库淤积形态分类及主要影响因素

水库淤积形态包括纵向淤积形态和横向淤积形态，其影响因素各有不同。

#### 3.4.1.1　纵向淤积形态分类及其影响因素

纵向淤积形态主要有三角洲、带状、锥体，相应的影响因素主要有库区地形条件、水沙条件、水库运用方式和水库的泄流规模等。

1）库区地形条件

库区地形一般可分为湖泊型、河道型及介于两者之间的形状。库区地形对淤积量和淤积分布影响甚大。湖泊型水库由于水流入库后的突然扩散，水流挟沙力锐减，大量泥沙淤积在库首，往往形成三角洲淤积形态；河道型水库因库形狭长，水流挟沙力处于缓变过程，泥沙淤积量小且沿程分布相对较均匀，一般呈带状淤积形态；对于库区地形复杂，宽窄相间的水库，在展宽处泥沙大量淤积，而在束窄处泥沙淤积较少，形成比较复杂的不均匀淤积形态。中小型水库由于坝低、库短、沙多，易形成锥体淤积形态。

2）水沙条件

入库水沙量大、泥沙颗粒较细时，水库蓄水后，容易形成浑水水库而呈锥体淤积形态；入库水沙量小、泥沙颗粒较粗时，易形成三角洲淤积形态；入库水量大、沙量小的水库多形成带状淤积形态。

3）水库运用方式

蓄水运用的水库，库水位变幅不大，一般形成三角洲淤积形态；蓄清排浑运用或调水调沙运用的水库，库水位变幅大，淤积容易发展到坝前，多形成锥体淤积形态；滞洪运用的水库，泄流规模较大时，易形成锥体或带状淤积形态。

4）水库的泄流规模

泄流规模大的水库，在蓄清排浑运用时，库区流速大，易形成锥体或带状淤积形态；在滞洪排沙运用时，易形成带状淤积形态。泄流规模小的水库，库区流速相对较小，在蓄洪运用时，一般形成三角洲淤积形态；在滞洪排沙运用时，易形成锥体或三角洲淤积形态。泄流规模大，淤积的泥沙在水库泄水时可能被冲走一部分，因此冲刷作用可能改变水库原有的淤积形态；泄流规模小，冲刷作用甚弱，往往难以改变水库原来的淤积形态。

其中，库区地形条件、水库的泄流规模为客观条件，一旦工程建设完成，两项条件相对固定，不会发生变化；水沙条件可能受流域气候、下垫面等的影响，其变化难以人为控制，变化时间相对较长。

### 3.4.1.2 横向淤积形态分类及其影响因素

库区河道横向淤积形态主要表现为淤槽为主、淤滩为主、沿湿周淤积、淤积面水平抬高等。影响水库横断面淤积形态的因素很多，包括水库运用方式、含沙量及悬移质级配、流速、水深、附近河势、断面形态及水库纵剖面形态等，关系十分复杂。在水库不同运用时期库区横向淤积形态变化也较为明显。水库运用初期，坝前段横向淤积形态比较平坦，淤积面水平抬高；变动回水区横断面有冲有淤，淤积时一般为等厚淤积，冲刷时冲槽不冲滩；水库尾部段断面形态变化不大，可能表现为淤滩为主，并初步形成滩槽。水库运用后期，整个库区形成明显的滩槽，主槽冲淤交替，滩地只淤不冲，横断面出现滩槽高差增大的现象。

多沙河流上的水库运用方式可以概括为四种类型：蓄洪运用，蓄清排浑运用，自由滞洪或控制缓洪运用，多库联合运用。无论水库采用哪种运用方式，水库淤积平衡趋向性是一致的，水库淤积建立起与来水来沙及河床组成相适应的河床以后，淤积就达到平衡状态。对于蓄洪运用的水库，横向淤积形态比较平坦，淤积面平行抬高，在回水末端附近才出现滩槽。对于蓄清排浑运用的水库，横向淤积形态有明显的滩槽，处于空库运行阶段的水库，滩槽淤积变化规律为滩面只淤不冲，逐渐抬高，主槽冲淤交替，相对稳定。对于自由滞洪运用的水库，横向淤积形态有明显的滩槽，滩槽淤积变化规律同蓄清排浑运用。

### 3.4.2 水位控制对水库淤积形态的影响

水库运用方式是影响水库纵向、横向淤积形态的主要因素。水库运用方式的直接反映就是坝前的水位变化，它影响水库回水末端位置的变化，通过水位控制可有效控制库区滩槽淤积形态。库区滩槽形态控制水位一般是指河槽控制水位和滩面控制水位。河槽控制水位是淤积形态低位控制水位，主要用于控制河槽形成，一般是冲刷最低水位；滩面控制水位是淤积形态高位控制水位，主要用于控制滩面形成，一般是汛限水位。滩槽形态控制水位示意图见图 3.4-1。

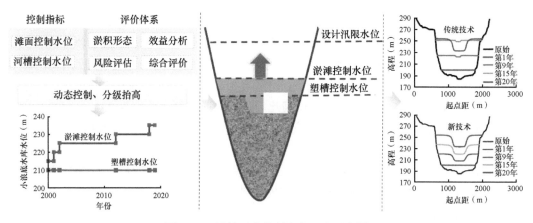

图 3.4-1　滩槽形态控制水位形态示意图

抬高水位运用时，水库回水距离长，库区大部分河段处于壅水状态，水库排沙效率降低，水库淤积速度加快，且淤积泥沙部位靠上；降低水位运用时，水库回水距离短，壅水河段缩短，水库排沙效率提高，水库淤积速度减缓，淤积泥沙部位下移。运用水位高，库区滩地淤积加快，滩面高程抬高迅速；运用水位低，有利于库区冲刷和河槽的形成；通过水位高低交替变化，可以较好地塑造出高滩深槽的河槽形态。

### 3.4.3　拦沙期滩槽形态控制水位动态调整方法

拦沙期是控制水库淤积形态变化的关键阶段，通过水位控制可以减缓水库淤积，塑造出有利于水库综合效益发挥的滩槽形态。以汛限水位作为滩面控制水位，以冲刷最低水位作为河槽控制水位，创建"动态控制、分级抬高"的滩槽形态控制水位调整模式。

对于小浪底水库（设计死水位为 230m、汛限水位为 254m），在水库拦沙期采用分级抬高淤滩控制水位的运用方式，起始运行水位初步定为 210m，淤滩控制水位分期运用，逐步抬升，最终塑槽控制水位抬升至 230m，淤滩控制水位抬升至 254m。至 2019年，已进行了 5 次调整，详见表 3.4-1。

**表 3.4-1　小浪底水库滩槽形态控制水位动态调整变化表**

| 年份 | 2000 | 2001 | 2002～2012 | 2013～2018 | 2019 |
| --- | --- | --- | --- | --- | --- |
| 前汛期淤滩控制水位（m） | 215 | 220 | 225 | 230 | 235 |
| 后汛期淤滩控制水位（m） | 235 | 235 | 248 | 248 | 248 |
| 塑槽控制水位（m） | 210 | 210 | 210 | 210 | 210 |
| 淤滩塑槽调节库容（亿 m³） | 4.36 | 8.62 | 14.17～7.97 | 12.31～8.48 | 13.41 |

从调整的过程来看，前汛期（7～8 月，下文同）淤滩控制水位由 215m 抬高至 235m，后汛期（9～10 月，下文同）淤滩控制水位由 235m 抬高至 248m。小浪底水库年内 7～8 月为主汛期，入库流量大，洪水含沙量高，水库初期运行水位不宜过高。2000～2001年水库前汛期保持可调节水量 4 亿～8 亿 m³，在满足防洪、供水需求前提下，尽量少蓄水，减少淤积，保障初期大坝安全。2002 年以后，小浪底水库开始实施调水调沙，前汛

期水库保持蓄水量 8 亿～13 亿 $m^3$，在满足防洪、调水调沙、供水的前提下，尽量少蓄水，控制低水位运行，减少水库淤积，且避免淤积泥沙部位靠上，造成防洪库容损失。

后汛期小浪底入库泥沙量明显减少，采用相对较高的控制水位，对水库淤积的影响也明显减小，在满足防洪需求的情况下，可适当抬高水位运用。2000～2001 年，受库区移民影响，最高运用水位不超过 235m，因此后汛期淤滩控制水位定为 235m，2002～2019 年考虑到下游滩区防洪需求，水位不宜超过 248m，因此后汛期淤滩控制水位均暂定为 248m。

综合来看，拦沙期滩槽形态控制水位调整模式的核心是以满足水库主要开发任务（防洪、减淤、供水、发电等）需求为前提，尽量少蓄水，减少淤积、延长水库拦沙运用年限，避免水库淤积上延影响防洪库容。

# 第4章 滩槽同步塑造的水沙调控研究

## 4.1 滩槽同步塑造理念

多沙河流不协调的水沙关系带来一系列严重问题，突出表现在河道主槽淤积萎缩严重，威胁大堤和防洪安全；中常洪水水位高，严重威胁滩区人民生命财产安全。从水库有效库容保持和长期利用角度讲，不协调的水沙关系还会加速水库淤积，缩短水库寿命。因此，需要通过水库拦沙和调水调沙改善不协调的水沙关系，实现两个目标：①恢复并维持下游主槽过流能力，稳定基本河势；②调整优化水库淤积形态，实现水库排沙减淤。此外，水库调水调沙还可以兼顾改善河道及河口生态，改善下游引水条件的目标。

传统水库运用中，水库拦沙库容淤满后再恢复槽库容形成高滩深槽，拦沙期库区只淤不冲，拦沙年限短，减淤效果差，支流沟口存在"拦门沙坎"导致支流库容无法充分利用。例如，官厅水库的支流妫水河形成高达 10m 的"拦门沙坎"，库容无法充分利用，影响综合效益发挥，见图 4.1-1。

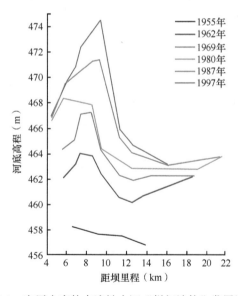

图 4.1-1　官厅水库的支流妫水河"拦门沙坎"发展过程图

本项目研发了滩槽同步塑造技术，在水库拦沙运用过程中，遇合适的水沙过程，降低水位排沙塑槽运用，恢复库区库容，改单向淤积为冲淤交替，实现拦沙库容重复利用，延长拦沙年限；塑槽的同时，降低支流沟口的侵蚀基准面，形成溯源冲刷和沿程冲刷，避免"拦门沙坎"形成。

## 4.2 滩槽同步塑造的调控指标

### 4.2.1 塑槽流量

选择适宜的塑槽流量是水库滩槽塑造的关键问题之一，塑槽流量选择需要统筹兼顾塑槽效果和塑槽效率，既要达到较好的塑槽效果，又要减少塑槽过程中水资源的浪费。以小浪底水库为例，为选择拦沙后期塑槽流量指标，统计分析了三门峡、青铜峡、天桥、王瑶等已建水库历史上 200 余场塑槽冲刷洪水过程，由于各水库的入库水沙、地形特点、开发任务、泄流规模等条件不同，各流量级洪水塑槽冲刷效果存在一定差异。通过归纳总结，认为适宜的塑槽流量需要综合考虑冲刷量、冲刷强度、冲刷效率、发生频率等指标。

三门峡水库与小浪底水库入库水沙条件差别小，库容大小、地形特点等条件相近，统计三门峡水库历史上 117 场塑槽冲刷洪水过程，分析洪水塑槽冲刷规律，对小浪底水库的塑槽流量选择具有重要的参考意义。其中，前期水库为淤积状态的有 66 场，前期水库为冲刷状态的有 51 场。按时段平均流量大小分为 8 个量级，即 1000m³/s 以下、1000～1500m³/s、1500～2000m³/s、2000～2500m³/s、2500～3000m³/s、3000～3500m³/s、3500～4000m³/s 和 4000m³/s 以上。

1）前期水库淤积状态下各流量级洪水塑槽冲刷效果

从累计冲刷量来看，1500～2000m³/s 流量级洪水的冲刷量最多，累计冲刷 11.90 亿 t，其次分别为 2000～2500m³/s 流量级和 2500～3000m³/s 流量级洪水，分别累计冲刷 7.34 亿 t 和 6.50 亿 t。考虑到不同流量级洪水发生次数不一样，比较单场洪水的平均冲刷量得出，流量越大，单场洪水的平均冲刷量也越大。

不同流量级的洪水历时往往不同，可从冲刷强度（即日均冲刷量）进行对比，2000～2500m³/s 流量级洪水的冲刷强度最大，为 0.105 亿 t/d，其次是 2500～3000m³/s 流量级的洪水，为 0.093 亿 t/d；3000m³/s 以上大流量级洪水的冲刷强度反而较小，为 0.047 亿～0.068 亿 t/d。

从冲刷效率来看（单位水量冲刷量），洪水历时越短，冲刷效率相对越高。流量大的洪水由于历时长，冲刷效率反而低。小于 2500m³/s 的四个流量级洪水，历时为 4.3～6.4d，冲刷效率维持在一个较高的水平，为 0.053～0.064t/m³。

2）前期水库冲刷状态下各流量级洪水的塑槽冲刷效果

前期库区为冲刷状态下各流量级洪水的单场冲刷量、冲刷强度、冲刷效率均差别不大。其中，单场洪水的冲刷量、冲刷强度随流量增大而增大，但差别不大，分别为 0.23 亿～0.45 亿 t 和 0.016 亿～0.043 亿 t/d；各流量级洪水的平均冲刷效率均比较低，为 0.010～0.027t/m³。可见，前期库区发生冲刷后，水库后续塑槽冲刷效果明显降低。因此，水库运用不宜只淤不冲，也不宜只冲不淤，应采用冲淤交替的方式。

3）塑槽流量选择

水库前期处于淤积状态时，在其他条件相同的前提下，流量大的洪水（≥3000m³/s）综合冲刷量大，塑槽效果显著，但天然条件下，其发生频率低。流量小的洪水（<2000m³/s）由于持续历时短，虽然冲刷效率高，发生频率也高，但冲刷的总量偏少，塑槽能力有限。流量为 2000～2500m³/s 和 2500～3000m³/s 的洪水，各项指标较为均衡，且发生场次分别占总数的 18% 和 11%，有一定的发生概率，综合塑槽冲刷效果较好，适合用于库区塑槽冲刷和恢复库容。

在库区前期处于冲刷状态时，各流量级洪水的冲刷效果都不如前期处于淤积状态的情况，且不同流量级的差别也不大。所以，在水库拦沙后期，应选择在水库前期为淤积状态且入库流量较大时提前泄水，充分利用有一定发生频率的中等洪水进行塑槽排沙，水库塑槽过程也应采用冲淤交替的方式。

小浪底水库塑槽流量选择，需要考虑下游河道减淤，并与调水调沙相结合。因此，塑槽流量不宜小于 2600m³/s，利用水库提前预泄大流量过程，结合入库中等流量洪水，形成一定历时且水沙和谐的洪水过程，使水库塑槽冲刷与下游河道调水调沙同步进行。

## 4.2.2　塑槽历时

水库塑槽历时越长，库区累计冲淤量越大，形成河槽形态越好；但随着水库塑槽历时的延长，冲刷效率会相应下降，影响水库综合效益的发挥。因此，塑槽历时选择的关键在于找到库容保持与蓄水兴利之间的平衡。

仍以三门峡水库塑槽冲刷资料为基础，对不同历时洪水的冲刷效果进行分级分析。冲刷历时按 1～3d、4～6d、7～10d 和 10d 以上分为四个级别。其中，1～3d 突出了短历时中小洪水的集中排沙情况，4～6d 是体现有一定连续时间的中等洪水的塑槽冲刷情况，7～10d 及 10d 以上则是体现历时相对较长、入库平均流量较大洪水的塑槽冲刷情况。

前期水库为淤积状态下，平均历时越长，单场洪水冲刷量越大，但冲刷强度和冲刷效率越低。历时由 1～3d 增至 4～6d 时，平均冲刷强度下降比较快；超过 6d 后，平均冲刷强度的下降速度变慢，为一个持续稳定的下降过程。随着历时的增加，冲刷效率衰减的速度逐渐变缓。历时为 1～3d 时，平均冲刷效率为 0.097t/m³；历时为 4～6d 时，平均冲刷效率为 0.060t/m³；历时为 7～10d 时，平均冲刷效率为 0.040t/m³；历时超过 10d 时，平均冲刷效率为 0.024t/m³，见图 4.2-1～图 4.2-3。

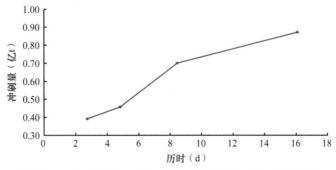

图 4.2-1　前期淤积状态下单场洪水冲刷量与历时的关系图

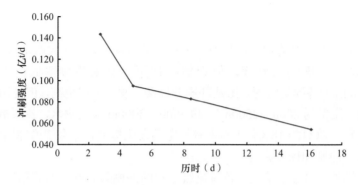

图 4.2-2 前期淤积状态下冲刷强度与历时的关系图

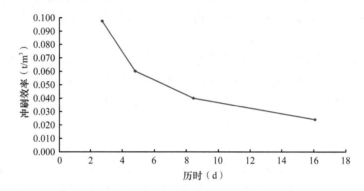

图 4.2-3 前期淤积状态下冲刷效率与历时的关系图

前期水库为冲刷状态时，河床已经粗化，冲刷历时的长短对冲刷效果的影响相对有限，但仍表现出一定的规律性。单场洪水冲刷量随着历时的增加而增大，为 0.17 亿～0.37 亿 t，差别不大；冲刷强度随历时的增加而减弱，为 0.020 亿～0.058 亿 t/d；冲刷效率也随历时的增加而减小，为 0.011～0.028t/m³。

综合来看，前期水库为淤积状态时，历时 4～6d、7～10d 时，单场洪水冲刷量随历时的增加增速较快，而历时超过 10d 后，单场洪水冲刷量随历时的增加增速大幅减慢；冲刷强度和冲刷效率随历时的增加明显衰减。

在具体水库塑槽调度过程中，不仅要考虑洪水塑槽的效果，还要结合水库所在流域的水文预报水平和实际水沙条件。一方面，要取得较好的塑槽冲刷效果，需要提前泄水、降低水位以提升洪水的冲刷效率；另一方面，也需要保证塑槽冲刷后的水库满足基本兴利需求。如果流域水文预报精度高，预报期长，且实际来水偏丰，则塑槽时间可适当延长；反之，则塑槽时间应相应缩短。

以小浪底水库为例，入库洪水预报 2d 内较为精确，超过 2d 预报精度有所下降。因此，塑槽冲刷历时应不少于 2d，以 6～10d 较为适宜，若入库洪水历时长（如 2018 年、2019 年汛期洪水），也可适当延长溯槽冲刷历时。

### 4.2.3 塑槽控制水位

塑槽控制水位分为塑槽低水位、塑槽高水位两个指标。其中，随着水库淤积量的增加和淤积面的抬高,水库塑槽低水位也要相应升高。以小浪底水库为例,拦沙期塑槽低水位为 210m,随着淤积面逐渐抬高,至拦沙期结束,塑槽低水位将提高至 230m。塑槽高水位主要用于控制河槽的滩面高程,采用逐步抬高控制的方式,既满足水库汛期减淤、兴利的库容需求,又保证滩面和河槽形成的同步与协调,一般把逐步抬高的汛限水位作为塑槽高水位,最终抬升至设计汛限水位 254m,相应河槽坝前滩面也达到 254m。

## 4.3　滩槽同步塑造的冲刷模式

在一定水流条件和河道边界条件下,水流具有相应的挟沙力。当水流中的含沙量超过水流挟沙力时,水流处于超饱和状态,河床将发生淤积;反之,水流处于次饱和状态,水流将向床面层寻求补给,河床将发生冲刷;通过淤积或者冲刷,达到不冲不淤的新平衡状态。通过水库调度,可以调整水流的挟沙力,从而实现库区河道的冲刷与淤积的相互转变。

水库处于高水位运用时,入库水流挟沙力低,库区发生沿程淤积,滩地与河槽同步淤积抬升;当水库降低水位运用时,库区河道水面比降增大,入库水流挟沙力增大,滩地只淤不冲,而河槽冲刷下切,逐渐形成明显的滩槽形态。

水库发生的冲刷主要为溯源冲刷和沿程冲刷。为了获得更好的冲刷效果,应采用溯源冲刷与沿程冲刷相结合的复合冲刷模式,即当入库流量较大时,可以结合洪水预报,提前泄空水库蓄水,降低坝前水位,利用大水冲刷库区,使溯源冲刷与沿程冲刷同时发生,这样恢复库容效果更好。

## 4.4　滩槽同步塑造的调控方式

针对多沙河流水库滩槽同步塑造的需求,提出了"小水拦沙,大水排沙,淤滩塑槽,适时造峰"的运用方式。拦沙后期将相机选择有一定持续时间的较大流量适当降低水位冲刷恢复库容,并塑造出相对窄深河槽,下游河道也可以"多来多排"以减少淤积;在一般水沙条件下水库适当蓄水,逐步抬高水位"拦粗排细"调水调沙运用,滩地持续淤积抬升,有利于高滩深槽形态的塑造。滩槽同步塑造的水沙调控见图 4.4-1。

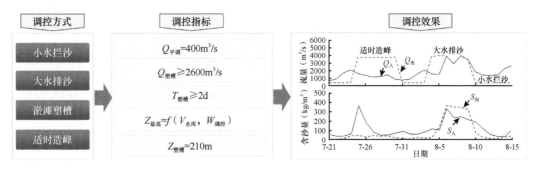

图 4.4-1　滩槽同步塑造的水沙调控示意图

该运用方式下，库区有冲有淤，淤滩塑槽同步进行。这种运用方式既拦沙又调水调沙，可以充分利用水库拦沙库容，延长拦沙库容使用年限，并且使进入下游河道的水沙过程更加合理，有利于下游河道减淤。这种"小水拦沙，大水排沙，淤滩塑槽，适时造峰"的运用方式是对"逐步抬高水位，拦粗排细运用"方式的继承和发展。

## 4.5 滩槽同步塑造的效果分析

### 4.5.1 数学模型计算

本小节通过对小浪底水库"小水拦沙，大水排沙，淤滩塑槽，适时造峰"运用方式（称为方式二）与"逐步抬高水位，拦粗排细运用"（称为方式一）的计算结果进行对比分析，说明"小水拦沙，大水排沙，淤滩塑槽，适时造峰"运用方式在延长拦沙库容使用年限、减少下游河道淤积、恢复并维持下游河道中水河槽等方面的良好效果。

#### 4.5.1.1 计算边界条件

本次库区、下游冲淤计算采用的起始地形条件为 2007 年 10 月实测地形，1997 年 9 月至 2007 年 10 月，库区累计淤积泥沙 23.95 亿 $m^3$；1999 年 10 月至 2007 年 10 月，下游河道冲刷 15.53 亿 t。采用 2020 年水平四站（龙门、华县、河津、状头）减沙量 5 亿 t，且平水平沙的 1968 系列作为入库水沙条件。

本次计算采用的起始库容曲线为 2007 年 10 月小浪底水库实测库容曲线，水库泄流规模采用限制泄流曲线。

水库水位升降控制基本按"小浪底水利枢纽拦沙后期（第一阶段）运用调度规程"执行，即小浪底水库坝前水位不宜骤升骤降，库水位在 260m 以上连续 24h 的上升幅度不应大于 5m；当库水位连续下降时，7d 内最大下降幅度不应大于 15m。库水位为 250～275m 时，连续 24h 最大下降幅度不应大于 4m；库水位为 250m 以下时，连续 24h 最大下降幅度不应大于 3m。

#### 4.5.1.2 水库淤积量对比分析

表 4.5-1 和图 4.5-1 给出了黄河勘测规划设计研究院有限公司（以下简称"黄河设计公司"）、中国水利水电科学研究院（以下简称"中国水科院"）和水利部西北水利科学研究所（以下简称"西北水科所"）三个数学模型方式一和方式二小浪底库区淤积量计算结果。可以看出，各模型计算的库区累计淤积量有所差别，但性质相同。方式一和方式二相比，水库运用前 8 年，库区淤积量差别相对较小。第 9 年，方式二库区发生了较为明显的冲刷，方式一比方式二库区累计淤积量明显增多。从图 4.5-1 可以看出，方式一到第 11 年库区基本达到冲淤平衡，而方式二到第 16 年至第 18 年库区才达到冲淤平衡。三个模型中，黄河设计公司的计算结果居中。

表 4.5-1　小浪底水库历年淤积量对比表　　　　（单位：亿 m³）

| 运用年 | 黄河设计公司 | | | 中国水科院 | | | 西北水科所 | | |
|---|---|---|---|---|---|---|---|---|---|
| | 方式一 | 方式二 | 方式二减方式一 | 方式一 | 方式二 | 方式二减方式一 | 方式一 | 方式二 | 方式二减方式一 |
| 1 | 6.32 | 7.36 | 1.04 | 9.25 | 8.92 | −0.33 | 4.98 | 6.31 | 1.33 |
| 2 | 4.51 | 5.76 | 1.25 | 5.21 | 6.63 | 1.42 | 3.28 | 4.02 | 0.74 |
| 3 | 7.79 | 6.43 | −1.36 | 9.73 | 8.73 | −1.00 | 5.43 | 4.76 | −0.67 |
| 4 | 4.89 | 3.28 | −1.61 | 3.96 | 4.49 | 0.53 | 4.24 | 2.96 | −1.28 |
| 5 | 2.23 | 2.62 | 0.39 | 0.98 | 2.10 | 1.12 | 2.42 | 2.63 | 0.21 |
| 6 | 4.12 | 4.26 | 0.14 | 6.49 | 5.56 | −0.93 | 5.56 | 5.78 | 0.22 |
| 7 | 2.97 | 3.26 | 0.29 | 1.17 | 1.32 | 0.15 | 2.87 | 3.06 | 0.19 |
| 8 | 5.79 | 5.61 | −0.18 | 4.96 | 3.66 | −1.30 | 5.32 | 5.60 | 0.28 |
| 9 | 6.06 | −6.89 | −12.95 | 4.65 | −2.84 | −7.49 | 5.11 | −2.95 | −8.06 |
| 10 | 3.02 | 3.33 | 0.31 | 5.16 | 3.78 | −1.38 | 5.35 | 4.27 | −1.08 |
| 11 | 6.72 | 2.22 | −4.50 | 2.16 | 1.63 | −0.53 | 5.85 | 0.12 | −5.73 |
| 12 | −1.32 | 4.10 | 5.42 | −0.80 | 2.45 | 3.25 | −2.19 | 4.52 | 6.71 |
| 13 | 1.67 | 1.99 | 0.32 | 1.35 | −0.14 | −1.49 | 1.75 | 1.98 | 0.23 |
| 14 | −0.26 | 5.77 | 6.03 | −0.45 | 4.69 | 5.14 | 0.96 | 5.24 | 4.28 |
| 15 | −0.27 | −3.24 | −2.97 | −1.24 | −2.73 | −1.49 | 1.44 | −4.31 | −5.75 |
| 16 | −1.18 | 4.36 | 5.54 | −3.33 | 3.08 | 6.41 | −2.59 | 4.48 | 7.07 |
| 17 | 1.91 | 1.86 | −0.05 | 0.10 | −1.36 | −1.46 | 0.03 | 1.46 | 1.43 |
| 18 | −1.12 | 0.65 | 1.77 | 1.61 | −3.04 | −4.65 | 1.18 | −0.14 | −1.32 |
| 19 | −1.05 | 1.34 | 2.39 | −0.80 | 1.45 | 2.25 | −1.78 | 2.08 | 3.86 |
| 20 | 0.53 | −1.18 | −1.71 | 0.67 | 0.93 | 0.26 | −1.27 | −0.97 | 0.30 |

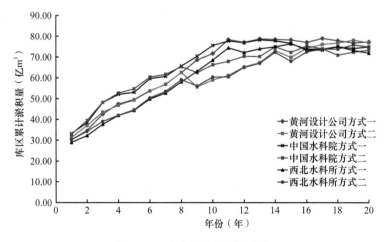

图 4.5-1　水库累计淤积量对比

### 4.5.1.3 水库拦沙后期运用年限对比分析

表 4.5-2 给出了黄河设计公司、中国水科院和西北水科所各模型计算的方式一和方式二水库拦沙后期运用年限。各模型计算的方式一拦沙后期运用年限均为 11 年，方式二为 16～18 年，若加上水库实际运用的 8 年，则方式一的整个拦沙期为 19 年，方式二的整个拦沙期为 24～26 年，可见方式二的水库拦沙期比方式一延长了 5～7 年。

**表 4.5-2 水库拦沙后期运用年限表**

| 项目 | 方式一 | 方式二 |
| --- | --- | --- |
| 黄河设计公司 | 11 | 18 |
| 中国水科院 | 11 | 16 |
| 西北水科所 | 11 | 17 |

### 4.5.1.4 水库排沙情况对比分析

黄河设计公司和中国水科院两个计算的两种运用方式水库淤积排沙情况见表 4.5-3。可以看出，两个模型计算结果性质相同，定量有所差别。水库运用 10 年和 18 年，方式一的出库泥沙略细于方式二的出库泥沙，淤积物中方式一细沙所占比例要小于方式二，表明方式一拦粗排细的效果好于方式二。水库运用 10 年方式二较方式一排沙比大。水库运用 18 年，两种运用方式水库都已经淤积平衡，方式一和方式二排沙比差别不大。

**表 4.5-3 水库淤积排沙统计表**　　　　　　　　（单位：%）

| 项目 | | 黄河设计公司 | | | | 中国水科院 | | | |
| --- | --- | --- | --- | --- | --- | --- | --- | --- | --- |
| | | 1～10 年 | | 1～18 年 | | 1～10 年 | | 1～18 年 | |
| | | 方式一 | 方式二 | 方式一 | 方式二 | 方式一 | 方式二 | 方式一 | 方式二 |
| 入库级配 | 细沙 | 56.1 | 56.1 | 55.7 | 55.7 | 56.1 | 56.1 | 55.7 | 55.7 |
| | 中沙 | 23.7 | 23.7 | 23.7 | 23.7 | 23.7 | 23.7 | 23.7 | 23.7 |
| | 粗沙 | 20.2 | 20.2 | 20.5 | 20.5 | 20.2 | 20.2 | 20.5 | 20.5 |
| 出库级配 | 细沙 | 68.5 | 60.1 | 62.5 | 59.4 | 76.0 | 65.8 | 79.2 | 72.3 |
| | 中沙 | 18.4 | 23.2 | 21.4 | 23.1 | 18.1 | 24.6 | 15.6 | 20.0 |
| | 粗沙 | 13.1 | 16.7 | 16.1 | 17.5 | 5.9 | 9.6 | 5.2 | 7.8 |
| 淤积物级配 | 细沙 | 46.5 | 50.5 | 44.9 | 49.7 | 43.4 | 46.5 | 15.0 | 23.2 |
| | 中沙 | 27.7 | 24.3 | 27.5 | 24.8 | 27.3 | 22.8 | 37.8 | 31.2 |
| | 粗沙 | 25.7 | 25.1 | 27.6 | 25.4 | 29.3 | 30.7 | 47.2 | 45.6 |
| 年排沙比 | | 43.5 | 58.5 | 61.5 | 62.3 | 38.9 | 49.8 | 63.6 | 66.4 |

### 4.5.1.5 下游河道减淤情况对比分析

各模型方式一、方式二下游主槽与全断面的冲淤情况和减淤效果见表 4.5-4。从全下

表 4.5-4 各模型方式一、方式二下游主槽与全断面冲淤情况和减淤效果统计表

（单位：亿 t）

| 模型 | 运用年 | 方案 | 主槽累计冲淤量 | | | 主槽累计减淤量 | | | 全断面累计冲淤量 | | | 全断面累计减淤量 | | |
|---|---|---|---|---|---|---|---|---|---|---|---|---|---|---|
| | | | 小—高 | 高—利 | 利以上 | 小—高 | 高—利 | 利以上 | 小—高 | 高—利 | 利以上 | 小—高 | 高—利 | 利以上 |
| 黄河设计公司 | 1~10 | 无小浪底 | 4.51 | 2.56 | 7.07 | | | | 22.71 | 13.12 | 35.83 | | | |
| | | 方式一 | -2.92 | -3.44 | -6.36 | 7.43 | 6.00 | 13.43 | -2.91 | -3.41 | -6.32 | 25.62 | 16.53 | 42.15 |
| | | 方式二 | -0.72 | -1.19 | -1.91 | 5.23 | 3.75 | 8.98 | 2.89 | -0.66 | 2.23 | 19.82 | 13.78 | 33.60 |
| | 1~18 | 无小浪底 | 8.99 | 8.77 | 17.76 | | | | 43.95 | 24.61 | 68.56 | | | |
| | | 方式一 | 1.60 | 2.34 | 3.94 | 7.39 | 6.43 | 13.82 | 10.80 | 6.49 | 17.29 | 33.15 | 18.12 | 51.27 |
| | | 方式二 | 0.63 | 0.96 | 1.59 | 8.36 | 7.81 | 16.17 | 10.05 | 3.87 | 13.92 | 33.90 | 20.74 | 54.64 |
| 中国水科院 | 1~10 | 无小浪底 | 7.44 | 4.11 | 11.55 | | | | 26.76 | 9.97 | 36.73 | | | |
| | | 方式一 | -6.54 | -2.19 | -8.73 | 13.98 | 6.30 | 20.28 | -4.62 | -1.84 | -6.46 | 31.38 | 11.81 | 43.19 |
| | | 方式二 | -1.73 | 0.07 | -1.66 | 9.17 | 4.04 | 13.21 | 3.07 | 0.85 | 3.92 | 23.69 | 9.12 | 32.81 |
| | 1~18 | 无小浪底 | 12.12 | 6.85 | 18.97 | | | | 43.94 | 16.66 | 60.60 | | | |
| | | 方式一 | 0.60 | 2.12 | 2.72 | 11.52 | 4.73 | 16.25 | 8.32 | 3.52 | 11.84 | 35.62 | 13.14 | 48.76 |
| | | 方式二 | 0.19 | 1.70 | 1.89 | 11.93 | 5.15 | 17.08 | 8.03 | 3.06 | 11.09 | 35.91 | 13.60 | 49.51 |
| 武汉大学 | 1~10 | 无小浪底 | 4.87 | 4.64 | 9.51 | | | | 23.33 | 12.56 | 35.89 | | | |
| | | 方式一 | -3.22 | -1.67 | -4.89 | 8.09 | 6.31 | 14.40 | -1.32 | -0.90 | -2.22 | 24.65 | 13.46 | 38.11 |
| | | 方式二 | -0.53 | -0.45 | -0.98 | 5.40 | 5.09 | 10.49 | 2.70 | 0.85 | 3.55 | 20.63 | 11.71 | 32.34 |
| | 1~18 | 无小浪底 | 8.87 | 8.03 | 16.90 | | | | 42.72 | 22.59 | 65.31 | | | |
| | | 方式一 | 0.93 | 0.44 | 1.37 | 7.94 | 7.59 | 15.53 | 9.69 | 3.89 | 13.58 | 33.03 | 18.70 | 51.73 |
| | | 方式二 | -1.39 | -0.69 | -2.08 | 10.26 | 8.72 | 18.98 | 7.27 | 2.79 | 10.06 | 35.45 | 19.80 | 55.25 |

游减淤的计算成果来看，前 10 年，方式一主槽的减淤量为 13.43 亿～20.28 亿 t，方式二主槽的减淤量为 8.98 亿～13.21 亿 t，均为方式二小于方式一；方式一全断面的减淤量为 38.11 亿～43.19 亿 t，方式二全断面的减淤量为 32.34 亿～33.60 亿 t，均为方式二小于方式一。最长拦沙期 18 年，方式一主槽的减淤量为 13.82 亿～16.25 亿 t，方式二主槽的减淤量为 16.17 亿～18.98 亿 t，均为方式二大于方式一；方式一全断面的减淤量为 48.76 亿～51.73 亿 t，方式二全断面的减淤量为 49.51 亿～55.25 亿 t，均为方式二大于方式一。各模型计算结果定性上保持一致，前 10 年均为方式一的减淤量大于方式二，整个拦沙后期则是方式二的减淤量大于方式一，定量上略有差别。

### 4.5.1.6　拦沙减淤比对比分析

各模型方式一、方式二水库运用各阶段拦沙减淤比见表 4.5-5，可以看出，前 10 年，各模型方式一的拦沙减淤比为 1.44～1.63，方式二的拦沙减淤比为 1.36～1.41，均为方式二小于方式一。最长拦沙期 18 年，各模型方式一的拦沙减淤比为 1.35～1.43，方式二的拦沙减淤比为 1.24～1.38，均为方式二小于方式一。各模型计算的方式一和方式二水库运用拦沙减淤比定性上保持一致。

表 4.5-5　各模型方式一、方式二水库运用各阶段拦沙减淤比统计表

| 模型 | 运用年 | 方案 | 全断面累计减淤量（亿 t） | 水库拦沙量（亿 t） | 拦沙减淤比 |
|---|---|---|---|---|---|
| 黄河设计公司 | 1～10 | 方式一 | 42.14 | 62.01 | 1.47 |
| | | 方式二 | 33.59 | 45.53 | 1.36 |
| | 1～18 | 方式一 | 51.27 | 70.01 | 1.37 |
| | | 方式二 | 54.65 | 68.55 | 1.25 |
| 中国水科院 | 1～10 | 方式一 | 43.19 | 62.01 | 1.44 |
| | | 方式二 | 32.83 | 45.53 | 1.39 |
| | 1～18 | 方式一 | 48.78 | 70.01 | 1.43 |
| | | 方式二 | 49.51 | 68.55 | 1.38 |
| 武汉大学 | 1～10 | 方式一 | 38.11 | 62.01 | 1.63 |
| | | 方式二 | 32.34 | 45.53 | 1.41 |
| | 1～18 | 方式一 | 51.72 | 70.01 | 1.35 |
| | | 方式二 | 55.25 | 68.55 | 1.24 |

### 4.5.1.7　下游河道平滩流量对比分析

从黄河设计公司和武汉大学计算的平滩流量（表 4.5-6）来看，前 10 年方式一下游平滩流量平均值分别为 4666m³/s 和 4578m³/s，方式二下游平滩流量平均值分别为 4824m³/s 和 4829m³/s，均为方式二大于方式一；最长拦沙期 18 年，方式一下游平滩流量平均值分别为 4537m³/s 和 4483m³/s，方式二下游平滩流量平均值分别为 4723m³/s 和 4711m³/s，均为方式二大于方式一。两个模型计算的平滩流量性质保持一致。

表 4.5-6　各单位模型方式一、方式二下游平滩流量计算成果表

（单位：m³/s）

| 模型 | 运用年 | 项目 | 方式一 | | | | | 方式二 | | | | |
|---|---|---|---|---|---|---|---|---|---|---|---|---|
| | | | 小一花 | 花一高 | 高一艾 | 艾一利 | 小一利 | 小一花 | 花一高 | 高一艾 | 艾一利 | 小一利 |
| 黄河设计公司 | 1~10 | 最大值 | 6471 | 5773 | 5432 | 5508 | 5432 | 6135 | 6216 | 5483 | 5382 | 5382 |
| | | 最小值 | 6106 | 4883 | 4168 | 4298 | 4168 | 5729 | 5108 | 4184 | 4326 | 4184 |
| | | 平均值 | 6304 | 5214 | 4666 | 4801 | 4666 | 5907 | 5579 | 4862 | 4870 | 4824 |
| | 1~18 | 最大值 | 6471 | 5773 | 5432 | 5508 | 5432 | 6566 | 6216 | 5483 | 5382 | 5382 |
| | | 最小值 | 5828 | 4103 | 3732 | 3879 | 3732 | 5729 | 4836 | 4184 | 4225 | 4184 |
| | | 平均值 | 6229 | 4939 | 4568 | 4680 | 4537 | 6123 | 5330 | 4898 | 4754 | 4723 |
| 武汉大学 | 1~10 | 最大值 | 6250 | 5800 | 5600 | 5100 | 5100 | 6256 | 6000 | 5300 | 5295 | 5295 |
| | | 最小值 | 6050 | 4980 | 4160 | 4235 | 4160 | 6000 | 5160 | 4200 | 4365 | 4200 |
| | | 平均值 | 6140 | 5242 | 4781 | 4606 | 4578 | 6113 | 5533 | 4843 | 4884 | 4829 |
| | 1~18 | 最大值 | 6250 | 5800 | 5600 | 5180 | 5180 | 6256 | 6000 | 5300 | 5295 | 5295 |
| | | 最小值 | 5700 | 4200 | 3650 | 3950 | 3650 | 5800 | 4900 | 4200 | 4220 | 4200 |
| | | 平均值 | 6068 | 5005 | 4617 | 4577 | 4483 | 6088 | 5334 | 4862 | 4751 | 4711 |

### 4.5.2 2018 年汛期调控效果

2018 年 7 月 3~27 日，小浪底水库调度目标是将库水位降至 210m 左右，利用入库洪水进行溯源冲刷和沿程冲刷，减少水库淤积。

1）运用过程

因预报 2018 年汛期来水偏丰，小浪底水库汛前提前加大下泄流量，将库水位降至前汛期限制水位 230m 以下，7 月 1 日小浪底库水位 229.81m，做好了迎接洪水准备。进入汛期后，黄河中上游接连发生洪水。7 月 3 日，小浪底水库在洪水来临前加大下泄流量（最大达到 3800m³/s），实施降水排沙运用。7 月 4 日 23 时，小浪底库水位降至 222m，三门峡水库敞泄运用，汛期洪水开始陆续入库。之后小浪底水库出库流量随入库洪水和出库含沙量变化而调整，在沙峰时段加大泄流，降低运用水位，并启用孔板洞泄流以增加排沙效果，下泄流量维持在 2600~3500m³/s，兼顾下游防洪安全。7 月 13 日和 25 日，小浪底水库两次在沙峰时段将库水位降低至 212m 左右。其间小浪底最大出库含沙量达到 369kg/m³（7 月 14 日 10 时）。考虑到过高含沙量可能导致洪峰增值对下游河道产生不利影响，小浪底水库 14 日短时关闭孔板洞、开启明流洞压减含沙量峰值。自 7 月 22 日起，入库洪水逐渐消减，小浪底水库逐级减小下泄流量，7 月 27 日减小至 1000m³/s，泄洪孔洞全部关闭，小浪底水库开始逐步回蓄，降水排沙阶段结束。

2）运用成效

小浪底水库实施降水排沙运用，出库沙量 3.63 亿 t，水库排沙比达到 237%，实现了预期目标，库区河道形成了明显的滩槽淤积形态，实践证明滩槽同步塑造的水沙调控是可行的。小浪底水库运用特征值见图 4.5-2 及表 4.5-7。

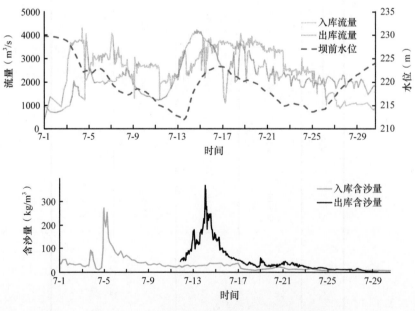

图 4.5-2　小浪底水库 2018 年汛期运用过程图

表 4.5-7 小浪底水库降水排沙阶段（7 月 3～27 日）运用特征值

| 特征信息 | 单位 | 数值 | 备注（时间） |
| --- | --- | --- | --- |
| 期初库水位 | m | 229.14 | |
| 期末库水位 | m | 215.95 | |
| 最高水位 | m | 229.14 | |
| 最低水位 | m | 211.73 | |
| 入库水量 | 亿 m³ | 49.2 | |
| 出库水量 | 亿 m³ | 61.2 | |
| 最大日均入库流量 | m³/s | 4010 | 2018-7-15 |
| 最大日均出库流量 | m³/s | 3690 | 2018-7-17 |
| 入库沙量 | 亿 t | 1.53 | |
| 出库沙量 | 亿 t | 3.63 | |
| 入海沙量 | 亿 t | 1.26 | |
| 水库排沙比 | % | 237 | |
| 最大入库含沙量 | kg/m³ | 273 | 2018-7-5 07:00 |
| 最大出库含沙量 | kg/m³ | 369 | 2018-7-14 10:00 |
| 利津站最大含沙量 | kg/m³ | 47.7 | 2018-7-21 8:57 |

### 4.5.3 综合分析

滩槽同步塑造技术已经应用于水利部《关于对小浪底水利枢纽拦沙后期（第一阶段）运用调度规程的批复》（水建管〔2009〕446 号）和小浪底水库调度实践中，实现了水库库区滩槽的同步塑造，消除了畛水河、大峪河等库区支流沟口"拦门沙坎"的影响，使 40.8 亿 m³ 的支流库容得以充分利用；使拦沙库容恢复 4.0 亿 m³；同时还提高了水电站发电效益，与设计年均发电量相比，2010 年 1 月至 2018 年 12 月累计增加发电量 119.34 亿 kW·h，根据《国家发展改革委关于降低一般工商业电价的通知》（发改价格〔2019〕842 号），小浪底水电站上网电价为 0.3062 元/kW·h，新增发电效益 36.54 亿元，具有显著的经济、社会和生态环境效益，效果示意见图 4.5-3。

图 4.5-3 滩槽同步塑造技术效果示意图

# 第5章 拦沙库容多元化利用研究

## 5.1 拦沙库容多元化利用理念

黄河下游安危事关黄淮海平原经济社会可持续发展。黄河下游自河南白鹤至山东渔洼长878km，滩区总面积3154km²，居住有约190万人口，是黄河中下游防洪减淤体系的重要组成部分，滩区防洪与沿黄群众生存发展之间矛盾突出。在全面建成小康社会、促进滩区人水和谐的背景下，为解决滩区约190万群众的防洪保安问题，创建了拦沙库容多元化利用新技术，将拦沙库容用于中小洪水防洪，突破拦沙库容功能单一的运用传统。

多沙河流水库，在拦沙期预留有拦沙库容。以往的运用中，水库拦沙库容仅用于拦沙。本研究将拦沙库容进行多元化利用，创建拦沙库容多元化利用新技术，将拦沙库容既用于拦沙又用于中小洪水防洪（图5.1-1），突破了拦沙库容功能单一的运用传统，极力解决滩区群众防洪保安问题。

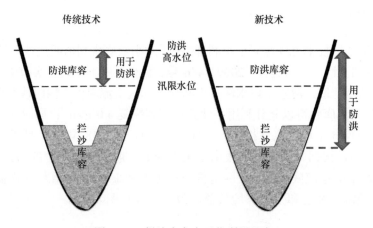

图5.1-1 拦沙库容多元化利用理念

拦沙库容多元化利用的核心——洪水分类分级管理，包括两方面内容：洪水泥沙联合分类方法和拦沙库容用于防洪的水沙分类分级管理模式。

## 5.2 洪水泥沙联合分类方法

### 5.2.1 洪水场次统计

根据潼关站、花园口站1954～2018年还现数据，黄河中下游4000～10 000m³/s流量级洪水特性表现为：①发生频次较高，潼关站年均发生1.3次，其中4000～6000m³/s

的洪水发生次数最多，占 71%；花园口站年均发生 1.6 次，其中 4000～6000m³/s 的洪水占 63%，6000～8000m³/s 的洪水占 30%，8000～10 000m³/s 的洪水仅占 7%。②洪水发生时间集中在 7、8 月，占总次数的 68%左右。其中，潼关站 6000m³/s 以上的洪水全部发生在 7、8 月；花园口站 6000m³/s 以上的洪水在 9 月以后也有发生，占 38%。③从来源区来看，中小洪水可分为潼关以上来水为主、三花间（三门峡至花园口区间）来水为主和潼关上下共同来水三种类型的洪水，1954～2018 年发生的 4000～10 000m³/s 的中小洪水中，3 日洪量、5 日洪量潼关以上来水平均占花园口的 79%。其中，4000～6000m³/s 流量级的洪水，潼关以上来水比例为 84%；6000～10 000m³/s 流量级的洪水，潼关以上来水比例为 72%。显然，随着洪水量级增加，三花间来水的比例逐渐增大。

根据潼关站 1960～2018 年的实测资料，含沙量大于 200kg/m³ 的洪水有 40 场，占 40%。龙羊峡水库运用后，中下游汛期洪水流量有所减小，高含沙洪水比例较以往增大，1987～2018 年的 24 场洪水中，13 场为高含沙洪水，占 54%，其中 6000～10 000m³/s 的洪水共 5 场，全部都是高含沙洪水。根据上述分析判断，今后潼关中小洪水中高含沙洪水的比例基本会达到 50%以上，特别是洪峰流量较大的中小洪水，高含沙洪水所占的比例更高。

### 5.2.2 洪水泥沙多种分类指标

#### 5.2.2.1 洪水分类指标

洪水分类指标一般包括流量、历时、形状、组成、频次等。按照花园口站场次洪水的不同来源，以潼关站 5 日洪量占花园口站的比重为洪水分类指标进行示例分析。

对于花园口站场次洪水，按洪水的不同来源划分为潼关以上来水为主、三花间来水为主和潼关上下共同来水三类。从不同量级洪水最大 3 日、最大 5 日洪量的来源看，组成比例差别不大，综合考虑各来源区流域面积所占比例等因素，以 5 日洪量的比例作为划分不同类型洪水的指标，具体为：潼关以上来水为主，潼关 5 日洪量占花园口的 70%以上；三花间来水为主，三花间 5 日洪量占花园口的 50%以上；潼关上下共同来水，潼关 5 日洪量占花园口的 51%～69%。按上述指标划分的花园口不同类型场次洪水情况见表 5.2-1。

表 5.2-1 花园口不同来源区、不同量级洪水次数

| 花园口流量级（m³/s） | 不同来源区的洪水 | | | | | |
| | 总次数 | 潼关以上来水为主 | | 三花间来水为主 | | 潼关上下共同来水 | |
| | | 次数 | 比例（%） | 次数 | 比例（%） | 次数 | 比例（%） |
| 4 000 以上 | 104 | 70 | 67.3 | 13 | 12.5 | 21 | 20.2 |
| 4 000～10 000 | 99 | 69 | 69.7 | 10 | 10.1 | 20 | 20.2 |
| 4 000～6 000 | 62 | 49 | 79.0 | 3 | 4.8 | 10 | 16.1 |
| 6 000～8 000 | 26 | 12 | 46.2 | 5 | 19.2 | 9 | 34.6 |
| 8 000～10 000 | 11 | 8 | 72.7 | 2 | 18.2 | 1 | 9.1 |
| 10 000 以上 | 5 | 1 | 20.0 | 3 | 60.0 | 1 | 20.0 |

### 5.2.2.2 泥沙分类指标

泥沙分类指标一般包括含沙量、粒径组成、流态、时间、水流强度等。以潼关站的瞬时最大含沙量 200kg/m³ 为泥沙分类指标进行示例分析。

洪水主要分为高含沙洪水和除此以外的一般含沙量洪水。关于高含沙洪水的定义，钱宁在《钱宁论文集》中、张瑞瑾在《河流动力学》中、钱意颖在《高含沙均质水流基本特性的试验研究》中分别给出了见解，虽不完全一致，但都认为高含沙洪水应该是含沙量高且有一定的极细颗粒泥沙的洪水，使水流的物理特性、运动特性和输沙特性等不再符合牛顿流体的规律，而更倾向于宾汉流体。张瑞瑾在《河流动力学》中做出如下阐述：当某一强度挟沙水流的含沙量及泥沙颗粒组成，特别是粒径小于 0.01mm 的细颗粒所占百分数，使该挟沙水流在物理特性、运动特性和输沙特性等方面基本不能再用牛顿流体进行描述时，这种挟沙水流可称为高含沙水流。例如，对黄河中下游干流而言，当水流含沙量为 200～300kg/m³ 时，水流即属宾汉流体，称为高含沙水流。赵文林在《黄河泥沙》一书中指出，对于黄河下游，一般认为水流含沙量达 200kg/m³ 以上即可称为高含沙洪水。齐璞在《黄河高含沙水流的高效输沙特性形成机理》一文中也认为，当洪水含沙量达到 200kg/m³ 时，下游河道输送泥沙最为困难。因此，整体来看，对高含沙水流的特性，形成了较为一致的认识，即黄河中下游含沙量达 200kg/m³ 以上的水流即可判定为高含沙水流。表 5.2-2 统计了潼关站实测不同量级、不同含沙量场次洪水情况。

**表 5.2-2　潼关站不同含沙量场次洪水情况**

| 花园口流量级（m³/s） | 总次数 | 不同含沙量的洪水 | | | | | | | |
|---|---|---|---|---|---|---|---|---|---|
| | | ≤100kg/m³ | | 100～200kg/m³ | | 200～300kg/m³ | | ≥300kg/m³ | |
| | | 次数 | 比例（%） | 次数 | 比例(%) | 次数 | 比例（%） | 次数 | 比例（%） |
| 4 000 以上 | 104 | 40 | 38.5 | 21 | 20.2 | 25 | 24.0 | 18 | 17.3 |
| 4 000～10 000 | 99 | 40 | 38.5 | 19 | 18.3 | 23 | 22.1 | 17 | 16.3 |
| 4 000～6 000 | 62 | 25 | 24.0 | 14 | 13.5 | 14 | 13.5 | 9 | 8.7 |
| 6 000～8 000 | 26 | 14 | 13.5 | 2 | 1.9 | 7 | 6.7 | 3 | 2.9 |
| 8 000～10 000 | 11 | 1 | 1.0 | 3 | 2.9 | 2 | 1.9 | 5 | 4.8 |
| 10 000 以上 | 5 | 0 | 0.0 | 2 | 1.9 | 2 | 1.9 | 1 | 1.0 |

## 5.2.3　洪水泥沙联合分类结果

### 5.2.3.1　多指标耦合分类方法

1）模糊分类理论

根据模糊分类理论，假设有考虑 $m$ 个指标值的 $n$ 个分类样本集，其特征值矩阵 $X$ 为

$$X = (x_{ij})_{m \times n} = \begin{bmatrix} x_{11} & x_{12} & \cdots & x_{1n} \\ x_{21} & x_{22} & \cdots & x_{2n} \\ \cdots & \cdots & \cdots & \cdots \\ x_{m1} & x_{m2} & \cdots & x_{mn} \end{bmatrix} \quad (5.2\text{-}1)$$

由于 $m$ 个指标值的量纲及数值范围并不一致，因此将特征值矩阵 $X$ 进行规格化处理，确定其相对隶属度矩阵 $R$。采用如下方法进行规格化处理：

$$r_{ij} = \frac{x_{ij}}{\max_j(x_{ij})} \tag{5.2-2}$$

式中，$\max_j(x_{ij})$ 代表样本范围内第 $i$ 个指标的最大值，要求 $\max_j(x_{ij}) \neq 0$。

由此，经规格化处理可以得到特征值矩阵 $X$ 的相对隶属度矩阵 $R$ 为

$$R = (r_{ij})_{m \times n} = \begin{bmatrix} r_{11} & r_{12} & \cdots & r_{1n} \\ r_{21} & r_{22} & \cdots & r_{2n} \\ \cdots & \cdots & \cdots & \cdots \\ r_{m1} & r_{m2} & \cdots & r_{mn} \end{bmatrix} \tag{5.2-3}$$

根据相对隶属度矩阵 $R$ 可得，分类数最大的相对隶属度向量为 $g = (g_1, g_2, \cdots, g_m)$，其中第 $i$ 个指标相对隶属度为 $g_i = \max_j(r_{ij})$；分类数最小的相对隶属度向量为 $b = (b_1, b_2, \cdots, b_m)$，其中第 $i$ 个指标的相对隶属度为 $b_i = \min_j(r_{ij})$。将靠近最大分类数的指标集 $g$ 作为分类的衡量标准，则根据模糊分类理论，第 $j$ 个指标集相对于最大分类的相对隶属度 $u_j$ 为

$$u_j = \left( 1 + \frac{\sum_{i=1}^{m} \left[ w_i \times (g_i - r_{ij}) \right]^2}{\sum_{i=1}^{m} \left[ w_i \times (r_{ij} - b_i) \right]^2} \right)^{-1} \tag{5.2-4}$$

式中，$w_i$ 为权重向量，满足 $\sum_{i=1}^{m} w_i = 1$。根据 $n$ 个指标集相对于最大分类的相对隶属度 $u_j$ 进行排序，即可进行指标分类。因此，权重向量的确定至关重要。本研究选用人工神经网络模型进行权重训练模拟。

2）基于误差反馈的人工神经网络（BP-ANN）

常用的人工神经网络（ANN）模型一般由输入层、输出层和隐含层组成，通过对一定容量样本的学习与训练，确定网络有关参数，其工作过程包括信息正向传播和误差反向传播两个反复交替的过程。

信息正向传播的过程可以由第 $k$ 层第 $j$ 个神经元的输入输出关系简单表示为

$$y_j^k = f_j^k \left( \sum_{i=1}^{n_{k-1}} w_{ij}^{(k-1)} \times y_i^{(k-l)} - \theta_j^k \right) \tag{5.2-5}$$

$$(j = 1, 2, \cdots, n_k; k = 1, 2, \cdots, M)$$

式中，$y_j^k$ 为第 $k$ 层第 $j$ 个神经元的输出；$M$ 为神经网络的层数；$w_{ij}^{(k-1)}$ 为第 $(k-1)$ 层第 $i$ 个神经元到第 $k$ 层第 $j$ 个神经元的连接权重；$\theta_j^k$ 为该神经元上的阈值；$n_{k-1}$ 为第 $(k-1)$

层神经元的数目；$f(\cdot)$ 称为激活函数，一般可以采用 Sigmoid 函数。

误差逆传播算法（back propagation algorithm，BP 算法）是通过计算误差，沿输出层向输入层方向修改网络参数的过程。学习的目标是使网络的误差 $E$ 最小或小于一个允许值。权重 $w$ 通常采取下式进行修正：

$$w(t+1) = w(t) - \eta \left( \frac{\partial E}{\partial w} \right)_{w=w(t)} \tag{5.2-6}$$

式中，$E$ 为神经网络误差；$\eta$ 为学习率。

3）多指标耦合分类

多指标耦合分类的基本思路为，利用 BP-ANN 强大的非线性模拟能力，通过网络训练获得相对隶属度权重，进行多指标分类。根据模糊分类理论，设待分类指标集中各指标的最大分类的相对隶属度为 1；设待分类指标集中各指标的最小分类的相对隶属度为 0；线性插值最大和最小分类值得到中间分类值，其对最优的相对隶属度为 0.5。由此，可在不同的分类与对最大分类的相对隶属度之间建立一种非线性映射关系。这种复杂的非线性关系可用 BP-ANN 进行模拟训练，则最大分类、最小分类和中间分类与其对最大分类的相对隶属度可组成训练样本进行模拟训练。

如图 5.2-1 所示，本次用到的 BP-ANN 采用三层结构，其中输入层节点数取为洪水泥沙联合分类指标个数，输出层节点数为 1，隐层节点数根据试算比较确定。在训练过程中，以模拟精度和迭代次数进行控制，达到相应误差和迭代次数要求后，即可确定相应网络结构。

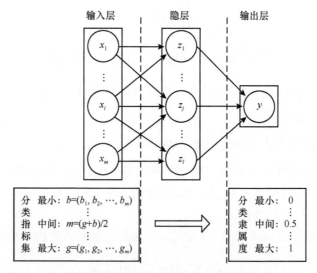

图 5.2-1　多指标耦合分类的网络训练示意图

确定 BP-ANN 网络结构以后，将各分类指标集的相对隶属度向量代入，通过 BP-ANN 网络计算的输出，即为对最大分类的相对隶属度。利用此相对隶属度值，通过预先设定分类范围，即可确定分类结果。

### 5.2.3.2 洪水泥沙联合分类结果

根据洪水泥沙联合分类指标和耦合分类方法，将花园口站场次洪水划分为 5 类，即潼关以上来水为主高含沙洪水、潼关以上来水为主一般含沙量洪水、潼关上下共同来水高含沙洪水、潼关上下共同来水一般含沙量洪水和三花间来水为主洪水[22]。按照以上划分方法，花园口站 1954～2008 年不同类型洪水分类情况见图 5.2-2。

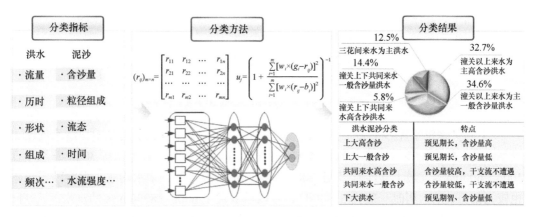

图 5.2-2 花园口站 1954～2008 年不同类型洪水分类图

## 5.3 拦沙库容用于防洪的水沙分类分级管理模式

### 5.3.1 黄河中下游洪水泥沙分类

对花园口站 1950～2008 年近 200 场 4000m³/s 以上洪水进行了分析统计，每场洪水的洪峰、洪量、历时、沙量、空间来源、降雨分布等多种特征，系统分析了黄河中下游场次洪水的时间、空间、水量、沙量等因子和形成条件。通过分析认为，花园口洪水历时大部分为 5～12d，占场次洪水总数的 43%，场次洪水的主峰历时为 5d 左右；场次洪水的泥沙主要来源于河龙间（河口至龙门区间）、泾河，且来源于此区间的洪水历时一般不超过 5d；花园口洪水中，潼关以上来水约占 70%，潼关以上洪水到花园口的预见期一般为 2～4d。因此，根据潼关、花园口洪水主峰历时、洪水泥沙来源组成、洪水传播时间等多种因素，考虑中小洪水调度的可行性，以 5 日洪量和不同地区来水占花园口 5 日洪量的比例作为花园口洪水分类的主要指标，具体为：潼关 5 日洪量占花园口的 70% 以上，为潼关以上来水为主洪水；三花间 5 日洪量占花园口的 50% 以上，为三花间来水为主洪水；潼关 5 日洪量占花园口的 51%～69%，为潼关上下共同来水洪水。

根据以往的研究成果，当含沙量在 200kg/m³ 以上时，洪水淤滩刷槽效果较明显，对下游河道行洪输沙有利，有利于扩大主槽过流能力、减小洪水淹没损失。含沙量为 200kg/m³ 以下时，洪水淤滩刷槽效果不明显。因此，以潼关站洪水含沙量是否达到 200kg/m³ 作为泥沙分类的指标，即潼关站洪水含沙量达 200kg/m³ 及以上为高含沙洪水，潼关站洪水含沙量为 200kg/m³ 以下为一般含沙量洪水。

按照以上划分方法，花园口 1954～2008 年不同类型洪水发生情况见图 5.3-1。

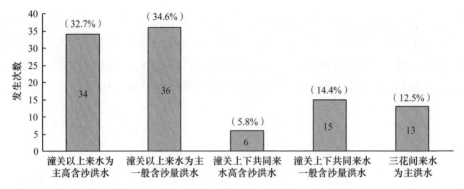

图 5.3-1　花园口 1954～2008 年不同类型洪水发生情况

不同类型洪水泥沙的特点为：潼关以上来水为主高含沙洪水是花园口洪水的常见类型，发生频率较高，且绝大多数洪水发生在 7、8 月，历时一般不超过 30d，量级多在 4000～6000m³/s，最大含沙量多在 200～500kg/m³；潼关以上来水为主一般含沙量洪水也较为常见，洪水历时一般为 5～30d，9 月以后多发生 6000～8000m³/s 的洪水；三花间来水为主洪水是花园口大流量级洪水的常见类型，10 000m³/s 以上洪水所占比例明显高于其他类型洪水，洪水发生时间集中在 7、8 月，历时多为 5～12d；潼关上下共同来水高含沙洪水的发生频次和最大含沙量明显低于潼关以上来水为主高含沙洪水，最大含沙量集中在 200～300kg/m³，洪水全部发生在 7、8 月，历时集中在 5～12d；潼关上下共同来水一般含沙量洪水多发生在 9 月以后，洪水历时较长，多为 12d 以上。

### 5.3.2　库容需求分析

花园口洪峰流量为 4000～10 000m³/s 的洪水为黄河下游中小洪水。黄河下游现状最小平滩流量为 4000m³/s，流量超过 4000m³/s 部分滩区开始进水，超过 6000m³/s 滩区淹没损失将大幅增加，从减小滩区淹没损失出发，适宜的保滩控制流量为 4000～6000m³/s。

相同洪峰流量对应的洪水过程千差万别，控制相同流量所需的防洪库容也差距较大，从绝大部分场次洪水满足防洪要求的角度出发，综合考虑洪水过程中洪峰、洪量、洪水历时等特征的不确定性，以设计洪水和实际洪水调洪计算的防洪库容取外包值，确定中小洪水控制运用所需防洪库容（表 5.3-1）。可见，前汛期潼关以上来水为主高含沙中小洪水按控制花园口 4000m³/s、5000m³/s、6000m³/s 运用所需的防洪库容分别为 13.4 亿 m³、8.0 亿 m³、5.7 亿 m³；潼关以上来水为主一般含沙量中小洪水按控制花园口 4000m³/s、5000m³/s、6000m³/s 运用所需的防洪库容分别为 18.0 亿 m³、8.0 亿 m³、5.7 亿 m³；潼关上下共同来水中小洪水按控制花园口 4000m³/s、5000m³/s、6000m³/s 运用所需的防洪库容分别为 10.2 亿 m³、6.7 亿 m³、3.4 亿 m³；三花间来水为主中小洪水按控制花园口 4000m³/s、5000m³/s、6000m³/s 运用所需的防洪库容分别为 12.8 亿 m³、8.7 亿 m³、6.0 亿 m³。

表 5.3-1　不同类型中小洪水控制运用所需防洪库容　（单位：亿 m³）

| 洪水类型 | | 中小洪水不同控制运用方式所需防洪库容 | | |
| | | 控 4000m³/s | 控 5000m³/s | 控 6000m³/s |
|---|---|---|---|---|
| 前汛期 | 潼关以上来水为主高含沙洪水 | 13.4 | 8.0 | 5.7 |
| | 潼关以上来水为主一般含沙量洪水 | 18.0 | 8.0 | 5.7 |
| | 潼关上下共同来水高含沙洪水 | 10.2 | 6.7 | 3.4 |
| | 潼关上下共同来水一般含沙量洪水 | 10.2 | 6.7 | 3.4 |
| | 三花间来水为主洪水 | 12.8 | 8.7 | 6.0 |
| 后汛期 | 潼关以上来水为主洪水 | 5.0 | 1.0 | 0.5 |
| | 潼关上下共同来水洪水 | 15.0 | 6.0 | 1.5 |
| 前汛期外包值 | | 18.0 | 8.7 | 6.0 |
| 后汛期外包值 | | 15.0 | 7.0 | 1.5 |
| 全年外包值 | | 18.0 | 8.7 | 6.0 |

### 5.3.3　分类管理模式优选

#### 5.3.3.1　分类管理模式拟定

1）小浪底水库运用方式

（1）控泄方案：充分利用小浪底水库拦沙期调洪库容，减小下游滩区淹没损失。控泄方案考虑了控制花园口 4000m³/s、5000m³/s、6000m³/s 三种。

（2）敞泄方案：尽量减少水库淤积，发挥下游河道的淤滩刷槽作用。

（3）优化方案：若中期预报黄河中游有强降雨天气或潼关将发生含沙量大于等于200kg/m³ 的洪水，则小浪底水库根据洪水预报，在洪水预见期（2d）内，按照控制不超过下游平滩流量预泄，直到库水位降到 210m。入库流量大于平滩流量后，若预报潼关含沙量大于等于 200kg/m³，水库按照维持库水位或敞泄滞洪运用，若预报潼关含沙量小于 200kg/m³，水库控制运用。退水过程中，视来水来沙、库区泥沙等情况，水库凑泄花园口流量为 2600～4000m³/s 的洪水，水位最低降至 210m。此后，按照减淤方式运用。

2）陆浑水库、故县水库运用方式

（1）方案一：采用水库原设计运用方式。

（2）方案二：当入库流量小于 500m³/s 时，原则上按进出库平衡方式运用；当入库流量大于等于 500m³/s 且有上涨趋势时，按入库流量的一半控制下泄，最大下泄流量不超过 1000m³/s。在此过程中，若预报花园口洪峰流量将超过 8000m³/s，水库原则上按进出库平衡方式运用，最大下泄流量不超过 1000m³/s。当库水位达到 20 年一遇洪水位时，敞泄排洪。在退水过程中，当入库流量回落到 1000m³/s 以下时，视来水大小，水库凑泄花园口流量为 2600～4000m³/s 的洪水，为减轻本流域下游防洪压力，最大出库流量不超过 700m³/s，直到水位降至汛限水位。

### 5.3.3.2 不同管理模式调算及效果评价

#### 1）潼关以上来水为主的高含沙洪水

水库按照控制下游平滩流量的方式（控 4000m³/s）运用，水库排沙比减小较多、水库淤积量比其他方案增加较多，下游河道淤积量比其他方案减少较多。从表 5.3-2 可以看出，控 6000m³/s 方案与敞泄方案相比，水库拦沙量、下游减淤量相差不大，但下游减灾效果控比不控更好。另外，与不预泄方案（常规方案）相比，由于洪水预见期较长，水库预泄方案（优化方案）能较明显地减少水库淤积量。因此，从单个场次洪水水库拦沙量、下游减淤量和下游洪水淹没情况综合分析，控泄方案略优于敞泄方案，预泄方案优于不预泄方案。

**表 5.3-2　不同防洪运用方式冲淤分析表（潼关以上来水为主高含沙洪水）**

| 典型洪水（花园口实测洪峰流量） | 项目 | | 运用方式 | | | |
|---|---|---|---|---|---|---|
| | | | 控泄 | | 敞泄 | |
| | | | 控 4 000m³/s | 控 6 000m³/s | 常规 | 优化 |
| "66.8" 洪水（10 200m³/s） | 小浪底水库 | 拦蓄洪量（亿 m³） | 5.71 | 0.91 | 0.02 | 0.00 |
| | | 淤积量（亿 t） | 3.65 | 2.56 | 2.25 | 0.39 |
| | | 排沙比（%） | 49.17 | 64.21 | 68.55 | 94.35 |
| | | 出库含沙量（kg/m³） | 79.43 | 103.7 | 110.72 | 129.73 |
| | 花园口 | 洪峰流量（m³/s） | 5 540 | 7 030 | 8 020 | 8 110 |
| | | >4 000m³/s 洪量（亿 m³） | 0.95 | 6.28 | 6.27 | 6.39 |
| | 下游河道冲淤量 | 主槽（亿 t） | −0.42 | −0.26 | −0.22 | 0.17 |
| | | 滩地（亿 t） | 0.10 | 0.17 | 0.20 | 0.44 |
| | | 全断面（亿 t） | −0.32 | −0.09 | −0.02 | 0.61 |
| "77.8" 洪水（10 800m³/s） | 小浪底水库 | 拦蓄洪量（亿 m³） | 5.45 | 2.39 | 0.49 | 0 |
| | | 淤积量（亿 t） | 6.33 | 4.99 | 3.99 | 3.64 |
| | | 排沙比（%） | 28.52 | 43.67 | 54.55 | 58.59 |
| | | 出库含沙量（kg/m³） | 70.63 | 108.28 | 142.56 | 140.28 |
| | 花园口 | 洪峰流量（m³/s） | 5 070 | 7 060 | 9 730 | 9 380 |
| | | >4 000m³/s 洪量（亿 m³） | 0.35 | 6.52 | 7.27 | 7.39 |
| | 下游河道冲淤量 | 主槽（亿 t） | −1.662 | −0.869 | −0.314 | −0.259 |
| | | 滩地（亿 t） | 0.397 | 1.242 | 0.808 | 1.064 |
| | | 全断面（亿 t） | −1.265 | 0.373 | 0.494 | 0.805 |

为了说明不同控制流量对水库和下游河道长期冲淤的影响，在《黄河下游长远防洪形势和对策研究》中分析了小浪底水库淤积量达到 50 亿 m³ 之前，中小洪水控制不同流量方案（3000～8000m³/s）对水库拦沙运用年限和下游河道减淤效果的影响，研究结论为：①控制流量小于等于 4000m³/s 时，水库的拦沙运用年限比控制流量为 5000～8000m³/s 减少较多，因此控制流量应不小于 5000m³/s；②中小洪水控制流量越大，水库达到设计淤积量时下游河道的减淤量越大、水库的拦沙减淤比越小、拦沙减淤效益越好；控制中小洪水流量为 5000m³/s 及以上对下游河道减淤效果影响不大，但中小洪水控制流量减小至 5000m³/s 以下时，对下游河道减淤效果影响较大。

综上分析，从对水库的拦沙运用年限和下游减淤效果的影响来看，虽然控泄运用对每一场洪水下游的减淤效果比敞泄运用好，但控泄运用增加水库淤积量、减少水库拦沙运用年限，从长期看，水库发挥减淤作用的时间缩短，因此达到设计淤积量时，下游的减淤量小，即水库的使用时间越长、有效库容保持得越好，水库整体效益发挥得就越好。因此，从减淤运用的整体效果上看，敞泄方案优于控泄方案。

2）潼关以上来水为主一般含沙量洪水

小浪底水库现状情况和累计淤积量达 60 亿 m³ 的情况下，均表现出控制流量越小、水库淤积量越大、排沙比越小、下游主槽和滩地淤积量越小的特点。与控泄方案相比，敞泄方案水库排沙比大、水库淤积量小、下游主槽和滩地淤积量大或冲刷量小。

从表 5.3-3 可见，小浪底水库现状淤积情况下，不同运用方式之间所需防洪库容差别较大。控 4000m³/s 方式花园口平滩流量以上洪量仅 0.77 亿 m³，水库和下游河道主槽淤积量较敞泄明显减小。小浪底水库累计淤积量达 60 亿 m³ 时，控 5000m³/s 方式下游减灾效果较好。

表 5.3-3　不同防洪运用方式冲淤分析表（潼关以上来水为主一般含沙量洪水）

| 小浪底水库累计淤积量 | 项目 | | 运用方式 | | | |
| | | | 控泄（控4000m³/s） | | 敞泄 | |
| | | | 常规 | 优化 | 常规 | 优化 |
|---|---|---|---|---|---|---|
| 现状 | 小浪底水库 | 拦蓄洪量（亿m³） | 23.63 | 21.33 | 0 | 0 |
| | | 淤积量（亿t） | 2.99 | 2.85 | 1.03 | 1.05 |
| | | 排沙比（%） | 33.28 | 36.7 | 77.06 | 76.91 |
| | | 出库含沙量（kg/m³） | 10.87 | 11.77 | 22.54 | 22.37 |
| | 花园口 | 洪峰流量（m³/s） | 4620 | 5000 | 8190 | 8280 |
| | | >4000m³/s洪量（亿m³） | 0.77 | 1.42 | 24.67 | 25.19 |
| | 下游河道冲淤量 | 主槽（亿t） | −1.81 | −1.80 | −1.50 | −1.50 |
| | | 滩地（亿t） | 0.00 | 0.10 | 0.53 | 0.55 |
| | | 全断面（亿t） | −1.81 | −1.70 | −0.97 | −0.96 |

续表

| 小浪底水库累计淤积量 | 项目 | | 运用方式 | | | |
|---|---|---|---|---|---|---|
| | | | 控泄（控 4000m³/s） | | 敞泄 | |
| | | | 常规 | 优化 | 常规 | 优化 |
| 60 亿 m³ | 小浪底水库 | 拦蓄洪量（亿 m³） | 13.23 | | 0 | |
| | | 淤积量（亿 t） | 1.74 | | 1.26 | |
| | | 排沙比（%） | 49 | | 72 | |
| | | 出库含沙量（kg/m³） | 14.42 | | 20.98 | |
| | 花园口 | 洪峰流量（m³/s） | 5620 | | 8190 | |
| | | >4000m³/s 洪量（亿 m³） | 21.69 | | 24.67 | |
| | 下游河道冲淤量 | 主槽（亿 t） | -1.89 | | -1.57 | |
| | | 滩地（亿 t） | 0.40 | | 0.52 | |
| | | 全断面（亿 t） | -1.49 | | -1.05 | |

3）三花间来水为主洪水

现阶段，小花间无控制区洪水较大和中小洪水滩区淹没损失严重是黄河中下游防洪面临的主要问题。选取 1954～2008 年三花间来水为主的 11 场实测洪水，分析比较小浪底水库淤积量达到 42 亿 m³ 之后，按控 4000m³/s、控 5000m³/s、控 6000m³/s 运用后水库蓄洪量和下游洪水的情况。结果表明：①小花间来水流量小于 3000m³/s 时，上游来水一般较少，水库拦蓄洪量不大。因此，控制花园口 4000m³/s 方式，可更好地减小下游洪峰流量及平滩流量以上的洪量。②小花间来水流量为 3000～5000m³/s 时，控 5000m³/s 方式水库拦蓄洪量较大，花园口平滩流量以上的洪量最小；控 6000m³/s 方式水库拦蓄洪量最小，花园口洪峰流量和平滩流量以上的洪量最大。③小花间来水流量大于 5000m³/s 时，各控制方式下水库所能发挥的控制作用很小。

4）潼关上下共同来水高含沙洪水

从表 5.3-4 可以看出，敞泄方案与控泄方案相比，花园口大于 4000m³/s 的洪量明显增大，下游淹没损失较大；但是，敞泄方案水库排沙比明显增加，出库含沙量较大；由于三花间来水较大，下游河道冲淤量与控泄方案相差不大。因此，从下游洪水淹没情况分析，控泄方案优于敞泄方案；从对水库拦沙运用年限的影响和下游减淤效果来看，敞泄方案优于控泄方案。另外，利用干支流来水时间差和空间差的组合与调整进行水沙调节，在洪峰过后进行控泄运用，可缩短花园口平滩流量以上洪水历时、减少下游河道泥沙淤积和滩区淹没损失。

表 5.3-4　不同防洪运用方式冲淤分析表（潼关上下共同来水高含沙洪水）

| 典型洪水（花园口实测洪峰流量） | 项目 | 控泄（控 4000m³/s） | 敞泄 | |
|---|---|---|---|---|
| | | | 常规 | 优化 |
| "88.8" 洪水（7430m³/s） | 小浪底水库 拦蓄洪量（亿 m³） | 13.98 | 0 | 3.61 |
| | 淤积量（亿 t） | 4.03 | 1.70 | 1.68 |
| | 排沙比（%） | 35.35 | 72.67 | 73.15 |
| | 出库含沙量（kg/m³） | 43.52 | 76.85 | 80.22 |
| | 陆浑水库 拦蓄洪量（亿 m³） | 0.00 | 0.00 | 0.26 |
| | 故县水库 拦蓄洪量（亿 m³） | 0.15 | 0.15 | 0.82 |
| | 花园口 洪峰流量（m³/s） | 4460 | 7300 | 7190 |
| | >4000m³/s 洪量（亿 m³） | 0.97 | 15.08 | 10.99 |
| | 下游河道冲淤量 主槽（亿 t） | −0.78 | −0.53 | −0.67 |
| | 滩地（亿 t） | 0.11 | 0.38 | 0.41 |
| | 全断面（亿 t） | −0.67 | −0.15 | −0.26 |

由于潼关发生高含沙洪水的概率较高，若对所有的高含沙洪水均按照敞泄运用，黄河下游滩区的淹没概率和淹没损失较大。另外，花园口 8000～10 000m³/s 的洪水是中小洪水量级的上限，是中小洪水向大洪水的过渡流量，现状河道条件下这一量级洪水滩区淹没范围较大。虽然对这一量级洪水进行控制运用所需的防洪库容较大，但减少的淹没也较多、防洪效益也较高。因此，根据洪水量级，对高含沙洪水进行适当控制，有利于减小下游滩区的淹没面积，减灾效果显著。

从实测洪水资料来看，潼关上下共同来水高含沙洪水三花间来水量较大，小花间与潼关以上来水洪峰流量之比一般为 1∶2，洪量之比一般为 2∶3。随着三花间来水比重的增加，对高含沙洪水进行适当控制（如将 6000m³/s 左右的洪水控制到 4000m³/s，将 8000～10 000m³/s 的洪水控制到 6000m³/s），水库和下游河道淤积量与敞泄运用相比都变化不大，但下游淹没面积会减少。

从典型洪水对水库和下游河道冲淤影响的分析结果可见，对花园口洪峰流量不超过 8000m³/s 的洪水，利用干支流来水存在显著时间差和空间差的特点，小浪底水库在沙峰过后与支流水库联合运用，按控制不超过下游平滩流量泄流时，小浪底水库淤积量变化不大，下游河道减淤和滩区减灾效果优于敞泄方案。

因此，对潼关上下共同来水高含沙洪水进行控制运用是可行的。综合考虑水库和下游河道减淤、黄河下游和滩区防洪等多种因素，对于潼关上下来水为主高含沙中小洪水，小浪底水库原则上按照敞泄方式运用，调度过程中可根据洪水量级适当进行控泄。

5）潼关上下共同来水一般含沙量洪水

由于潼关以上来水含沙量较小，各方案计算得到的下游主槽和滩地冲淤量相差不大。由表 5.3-5 可见，小浪底水库现状淤积情况下，各方案水库淤积量相差不大，但控4000m³/s 方式减灾效果明显优于其他方案。小浪底水库累计淤积量达 60 亿 m³ 时，控4000m³/s 方式减灾效果同样优于其他方案。小浪底水库提前预泄，并与支流水库联合运用进行错峰调节以后，能较有效地增加水库出库含沙量、增大排沙比；花园口平滩流量以上洪水历时明显缩短，洪量减小。

**表 5.3-5　不同防洪运用方式冲淤分析表（潼关上下共同来水一般含沙量洪水）**

| 小浪底水库累积淤积量 | 项目 | | 运用方式 | | |
|---|---|---|---|---|---|
| | | | 控泄（控 4000m³/s） | | 敞泄 |
| | | | 常规 | 优化 | 常规 |
| 现状 | 小浪底水库 | 拦蓄洪量（亿 m³） | 5.89 | 4.84 | 0 |
| | | 淤积量（亿 t） | 0.77 | 0.48 | 0.35 |
| | | 排沙比（%） | 42.29 | 65.35 | 73.2 |
| | | 出库含沙量（kg/m³） | 13.24 | 19.08 | 22.93 |
| | 陆浑水库 | 拦蓄洪量（亿 m³） | 0.00 | 0.60 | 0.00 |
| | 故县水库 | 拦蓄洪量（亿 m³） | 0.00 | 0.59 | 0.00 |
| | 花园口 | 洪峰流量（m³/s） | 4630 | 4430 | 7520 |
| | | >4000m³/s 洪量（亿 m³） | 0.50 | 0.31 | 5.88 |
| | 下游河道冲淤量 | 主槽（亿 t） | −0.93 | −0.89 | −0.83 |
| | | 滩地（亿 t） | 0.07 | 0.12 | 0.12 |
| | | 全断面（亿 t） | −0.86 | −0.77 | −0.71 |
| 60 亿 m³ | 小浪底水库 | 拦蓄洪量（亿 m³） | 5.89 | | 0.00 |
| | | 淤积量（亿 t） | 0.72 | | 0.41 |
| | | 排沙比（%） | 30 | | 60 |
| | | 出库含沙量（kg/m³） | 9.49 | | 18.86 |
| | 花园口 | 洪峰流量（m³/s） | 4630 | | 7520 |
| | | >4000m³/s 洪量（亿 m³） | 0.50 | | 5.88 |
| | 下游河道冲淤量 | 主槽（亿 t） | −0.99 | | −0.90 |
| | | 滩地（亿 t） | 0.07 | | 0.12 |
| | | 全断面（亿 t） | −0.92 | | −0.78 |

### 5.3.3.3　中小洪水泥沙分类管理模式

通过方案比选，确定不同类型洪水泥沙分类管理模式，见表 5.3-6 和图 5.3-2。该模式针对不同的运用阶段，在拦沙库容用于防洪的动态配置条件下，对洪水泥沙进行分类管理。

**表 5.3-6　不同类型洪水泥沙分类管理模式**

| 类型 | 花园口洪峰流量 (m³/s) | 各阶段水库运用方式 | | | | | | | |
|---|---|---|---|---|---|---|---|---|---|
| | | 小浪底水库 | | | | 三门峡水库 | 陆浑水库 | 故县水库 | 河口村水库 |
| | | 拦沙后期防洪运用第一阶段 | 拦沙后期防洪运用第二阶段 | 拦沙后期防洪运用第三阶段 | 正常运用期 | | | | |
| 潼关以上来水为主高含沙洪水 | 4 000~8 000 | 预泄+敞泄 | 预泄+敞泄 | 预泄+敞泄 | 原设计运用方式 | 先敞泄后控泄 | — | — | — |
| | 8 000~10 000 | 预泄+敞泄 | 预泄+敞泄 | 预泄+敞泄 | | | | | |
| | >10 000 | 防御"上大洪水"方式 | | | | | | | |
| 潼关以上来水为主一般含沙量洪水 | 4 000~8 000 | 预泄+控泄 4 000m³/s | 预泄+控泄 5 000m³/s | 预泄+控泄 6 000m³/s | 原设计运用方式 | 先敞泄后控泄 | — | — | — |
| | 8 000~10 000 | 预泄+敞泄 | 预泄+敞泄 | 预泄+敞泄 | | | | | |
| | >10 000 | 防御"上大洪水"方式 | | | | | | | |
| 三花间来水为主洪水 | 4 000~8 000 | 预泄+控泄 4 000m³/s | 预泄+控泄 8 000m³/s | 预泄+控泄 6 000m³/s | 原设计运用方式 | 先敞泄后控泄 | 原设计运用方式 | 原设计运用方式 | 原设计运用方式 |
| | 8 000~10 000 | 预泄+敞泄 | 预泄+敞泄 | 预泄+敞泄 | | | | | |
| | >10 000 | 防御"下大洪水"方式 | | | | | | | |
| 潼关上下共同来水高含沙洪水 | 4 000~8 000 | 预泄+敞泄 | 预泄+敞泄 | 预泄+敞泄 | 原设计运用方式 | 先敞泄后控泄 | 原设计运用方式+错峰调节 | 原设计运用方式+错峰调节 | 原设计运用方式+错峰调节 |
| | 8 000~10 000 | 预泄+控泄 8 000m³/s | 预泄+控泄 8 000m³/s | 预泄+控泄 8 000m³/s | | | | | |
| | >10 000 | 防御"下大洪水"方式 | | | | | | | |
| 潼关上下共同来水一般含沙量洪水 | 4 000~8 000 | 预泄+控泄 4 000m³/s | 预泄+控泄 5 000m³/s | 预泄+控泄 5 000m³/s | 原设计运用方式 | 先敞泄后控泄 | 原设计运用方式+错峰调节 | 原设计运用方式+错峰调节 | 原设计运用方式+错峰调节 |

—表示无数据

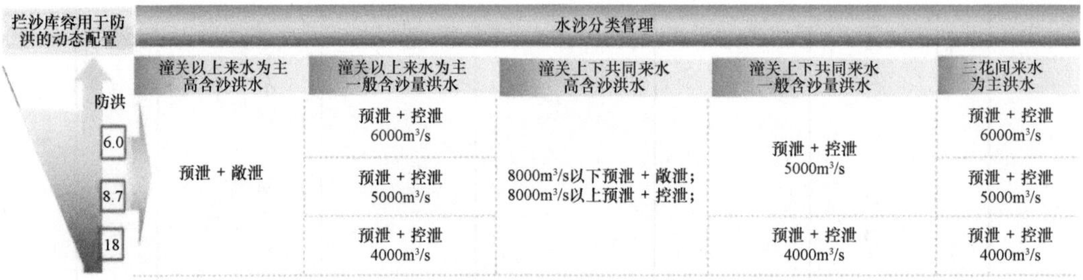

| 拦沙库容用于防洪的动态配置 | 水沙分类管理 | | | | |
|---|---|---|---|---|---|
| 防洪 | 潼关以上来水为主高含沙洪水 | 潼关以上来水为主一般含沙量洪水 | 潼关上下共同来水高含沙洪水 | 潼关上下共同来水一般含沙量洪水 | 三花间来水为主洪水 |
| 6.0 | 预泄+敞泄 | 预泄+控泄 6000m³/s | | | 预泄+控泄 6000m³/s |
| 8.7 | | 预泄+控泄 5000m³/s | 8000m³/s以下预泄+敞泄; 8000m³/s以上预泄+控泄; | 预泄+控泄 5000m³/s | 预泄+控泄 5000m³/s |
| 18 | | 预泄+控泄 4000m³/s | | 预泄+控泄 4000m³/s | 预泄+控泄 4000m³/s |

图 5.3-2    不同类型洪水泥沙分类管理模式示意图

# 5.4 拦沙库容用于防洪的效益分析

花园口洪峰流量为 4000m³/s 以下时，滩区基本没有淹没；花园口洪峰流量为 4000～6000m³/s 时，滩区淹没损失较小；花园口洪峰流量为 6000～8000m³/s 时，下游滩区淹没损失增加很快；花园口洪峰流量为 8000m³/s 左右时，绝大部分滩区已受淹；花园口洪峰流量为 10 000m³/s 左右时，滩区淹没人口达 129 万。从减少滩区淹没损失来看，滩区防洪需控制花园口流量不超过 4000m³/s。为此，选用花园口 1954～2016 年实际发生的 99 场 4000～10 000m³/s 的洪水作为防洪效益计算样本，其中潼关以上来水为主高含沙洪水有 33 场，潼关以上来水为主一般含沙量洪水有 36 场，三花间来水为主高含沙洪水有 10 场，潼关上下共同来水高含沙洪水有 5 场，潼关上下共同来水一般含沙量洪水有 15 场。

分别按照小浪底水库初步设计拟定的防洪方式和本研究提出的中小洪水分类管理模式对上述 99 场洪水进行调算，得到水库群作用后的花园口洪峰流量。参考 2014 年《黄河下游滩区洪水风险图成果报告》中的不同量级洪水滩区淹没损失分析结果，内插得到上述两种运用方式下，各场洪水下游滩区淹没损失的情况，结果见图 5.4-1 和图 5.4-2。

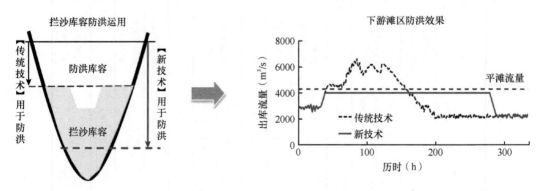

图 5.4-1    拦沙库容用于防洪的技术对比图

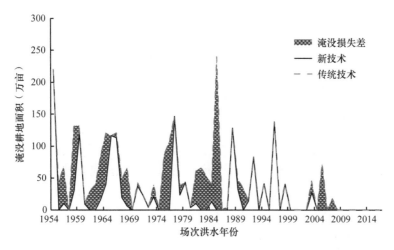

图 5.4-2　拦沙库容用于防洪的减少淹没损失对比图

根据计算结果，现状地形条件下，与小浪底水库初步设计拟定的防洪运用方式相比，本研究提出的防洪运用方式可减少黄河下游滩区淹没直接经济损失共 559 亿元，年均 8.87 亿元。

为进一步分析 2000 年以来小浪底水库的实际运用效益，根据水利部黄河水利委员会 2016 年 10 月发布的《人民治黄 70 年黄河治理开发与保护成就及效益》报告，2000～2015 年黄河下游共发生漫滩洪水 10 场，采用本项目提出的拦沙库容再生与多元化利用技术，将小浪底拦沙库容用于中小洪水防洪，使黄河下游滩区约 190 万群众、976 万亩耕地免遭洪灾损失。依据《水利建设项目经济评价规范》（SL 72—2013）和《已成防洪工程经济效益分析计算及评价规范》（SL 206—2014），采用实际发生年法计算，2000～2015 年新技术应用产生实际防洪效益 972.61 亿元。2010 年以来，小浪底水库实际运行采用本项目提出的拦沙库容再生与多元化利用技术，增加黄河下游河道减淤量 6.9 亿 m³，以挖河作为替代措施，单方减淤量效益按 35 元计算，增加减淤效益 241.5 亿元。

## 5.5　对水库和下游的影响

在《黄河中下游洪水泥沙分类管理研究》一书研究成果的基础上，根据不同管理模式对小浪底水库下游的长期影响分析并结合场次洪水分析结果，考虑水库及下游冲淤、滩区淹没损失等多种因素，通过对近期中小洪水特性、控制运用所需库容、水库调节能力等进行多方面研究，得到如下认识。

（1）中小洪水发生在 5～10 月，4000～8000m³/s 的洪水各月份都有发生，8000～10 000m³/s 的洪水主要发生在 7～9 月。7、8 月洪水大部分为高含沙洪水，9、10 月洪水大部分为低含沙、长历时洪水。前、后汛期洪水含沙量特点明显不同，对后汛期洪水可进行洪水资源化利用，按不超过下游平滩流量控制运用。

（2）不同量级洪水的滩区淹没损失计算结果表明，花园口洪峰流量控制在 6000m³/s 以下，可以较有效减小淹没损失。

（3）将花园口洪峰流量为 10 000m$^3$/s 左右的洪水按照控制花园口 4000m$^3$/s、5000m$^3$/s、6000m$^3$/s 运用，小浪底水库分别需要 18 亿 m$^3$、9 亿 m$^3$、6 亿 m$^3$ 左右的库容；将花园口洪峰流量为 8000m$^3$/s 左右的洪水按照控制花园口 4000m$^3$/s、5000m$^3$/s、6000m$^3$/s 运用，小浪底水库分别需要 10 亿 m$^3$、5.5 亿 m$^3$、3.2 亿 m$^3$ 左右的库容；由于小花间洪水的存在，小浪底水库能够控制的花园口洪峰流量最低为6000m$^3$/s。

（4）高含沙洪水敞泄方案对减少水库淤积有利，对减少滩区淹没损失效果略差，高含沙洪水敞泄方案拦沙减淤比最小，控泄方案水库拦沙期长度小于高含沙敞泄方案。

（5）淤积量小于 60 亿 m$^3$ 时，由于库内蓄水量较大，高含沙洪水敞泄方案与控泄方案水库淤积量差别不大；淤积量大于 60 亿 m$^3$ 时，对中小洪水进行防洪控制运用，将增加水库淤积、缩短水库拦沙运用年限。

（6）预报花园口洪峰流量为 8000～10 000m$^3$/s 的洪水，视洪水来源、含沙量、水库淤积等情况，小浪底水库按敞泄或控泄方式运用（若洪水主要来源于潼关以上，按照敞泄运用；若洪水主要来源于三花间，视洪水含沙量、洪水过程、小浪底水库淤积量等情况，酌情进行控制运用）。

（7）小浪底水库拦沙后期，随着水库淤积量的增加，254m 以下的防洪库容逐渐减小，对中小洪水的防洪作用也逐步减小。在淤积量超过 60 亿 m$^3$ 后，对 10 000m$^3$/s 量级洪水进行控制，需要 6 亿 m$^3$ 左右的防洪库容；对8000m$^3$/s 洪水控制，需要约 3.2 亿 m$^3$ 的防洪库容，而这一阶段 254m 以下防洪库容从 6.8 亿 m$^3$ 左右逐渐减小为 0，中小洪水控制运用可能占用 254m 以上防洪库容，影响水库长期有效库容的保持。

若对中小洪水不控制或对 254m 以下防洪库容进行不完全控制，会使得下游滩区淹没损失较大。因此，在拦沙后期淤积量大于 60 亿 m$^3$ 后，小浪底水库对中小洪水的防洪作用较小，下游滩区洪水淹没的风险较高。下游滩区中小洪水防洪问题不能仅靠小浪底水库，还必须依靠滩区安全建设、滩区淹没补偿政策、防洪非工程措施等多种手段共同解决。

# 第6章 水库群水沙联合调控方式

## 6.1 多沙河流单库水沙调控的不足

调水调沙是依靠水库的合理调节,对水沙过程重新塑造,使之尽量适合下游河道的输沙能力,尽量多排沙入海,减少下游河道淤积的一项主动性的治河措施。小浪底水库投入运用后,通过拦沙和调水调沙,显著地改善了黄河下游的水沙关系,抑制了黄河下游河道淤积抬高的态势,在减少河道淤积、恢复主槽过流能力方面具有重要作用,但单独依靠小浪底水库长期协调黄河中下游的水沙关系存在很多问题,要协调黄河水沙关系,实现黄河长治久安,必须依靠完善的水沙调控体系[23, 24]。

1)现状工程条件下仅依靠小浪底水库来完成调水与调沙任务存在较大困难

从调水调沙塑造合理水沙来看,若要满足调水调沙所需水量,在小浪底水库蓄水较多时,不仅不能冲刷水库进行泥沙调节,而且在中游发生高含沙洪水时,水库仅能依靠异重流排沙,也不能充分发挥水流的输沙能力,还会造成部分泥沙在库区淤积,影响水库拦沙库容的使用寿命。从水库泥沙调节来看,若要使小浪底水库尽可能拦粗排细运用、提高拦沙减淤效果,同时遇合适的水沙条件时能够冲刷库区淤积的泥沙、延长拦沙库容的使用年限,则水库需要维持低水位运行,但水库低水位运行时蓄水很少,不能调节足够的水量满足较大流量冲刷黄河下游主槽和输送泥沙的要求,因此,小浪底水库单库运用时在调水与调沙之间存在一定的矛盾[25]。

2)现状工程条件下人工塑造洪水进行泥沙调节比较困难

近期,黄河上游进入中下游的中等以上流量低含沙洪水的发生概率很小,依靠天然洪水冲刷恢复水库调水调沙库容的机会不多,而河口镇—三门峡区间洪水具有含沙量大、洪水历时短的特点,若利用高含沙洪水冲刷库区淤积物,则会造成出库水流含沙量大幅度增加,进入下游的水沙关系更加恶化。2004 年在干支流没有发生洪水时,通过调度万家寨、三门峡、小浪底等水库,人工塑造洪水,并辅以库区淤积三角洲前坡段和下游卡口处的人工扰沙措施,冲刷小浪底库区和黄河下游淤积的泥沙,为调控黄河水沙关系、延长水库使用寿命找到了一种较好的模式。但万家寨水库、三门峡水库调节库容不大,所能提供的水流动力条件不足,调水调沙期间小浪底水库下泄水流的平均含沙量不足 20kg/m$^3$,没有充分发挥下游河道的输沙能力。

3)上游骨干水库配合小浪底水库协调黄河水沙关系比较困难

黄河上游已建的龙羊峡水库、刘家峡水库对黄河水资源进行多年调节,合理配置了水资源,对于黄河水资源安全、防止黄河断流具有重要作用,同时也基本实现了以发电为主的开发目标。但由于上游水库与小浪底水库之间河段太长,加之区间支流来水来沙无法控制又难以较准确预报,依靠上游水库配合小浪底水库调水调沙给黄河水资源安全和发电带来巨大损失,难以实现开发目标[26]。

建设黑山峡水库对龙羊峡水库、刘家峡水库下泄水量进行反调节,可以实现增加汛期输沙水量和提供含沙量较低的一般洪水流量过程,但由于上游水库不能有效减少进入黄河中下游的泥沙,黄河水少、沙多的局面仍不能有效改善,且由于大北干流洪水洪峰流量大、含沙量高,预报准确度不高,按目前的技术水平,与黄河北干流洪水进行水沙对接十分困难,与小浪底水库联合运用的准确度较差。

4)小浪底水库拦沙完成后更难以承担协调下游水沙关系的任务

小浪底水库拦沙完成后,仅依靠水库 10 亿 $m^3$ 的槽库容调水调沙难以有效协调黄河下游水沙关系,实际上水库正常运用期扣除调沙库容后调水库容多数情况下在 5 亿 $m^3$ 左右,难以满足一次有效冲刷黄河下游中水河槽的调水调沙水量要求,下游河道特别是中水河槽仍会严重淤积。

由此可见,目前以小浪底水库为主的调水调沙运用,由于缺乏上级水库的水流动力支持,调水调沙期间没有充分发挥水流的挟沙力,也难以将水库拦截的泥沙冲刷出库,不能对泥沙进行有效调节。今后,随着小浪底水库拦沙库容不断淤损,对进入黄河下游的水沙进行合理调控也越来越困难。为实现泥沙调节和小浪底水库"拦粗排细"的目标,需要在小浪底水库拦沙库容淤满之前建成古贤水库,小浪底、古贤两大水库联合运用,从根本上克服单库运用的局限,使有限的库容发挥更大的减淤作用。

## 6.2 水库联合运用方式

根据黄河水沙调控体系总体运用要求,拟定了不同的水库汛期运用方式,进行古贤库区、小浪底库区、黄河下游和小北干流河段泥沙冲淤计算,分析各水库运用方案在减少河道淤积、长期维持中水河槽过流能力方面的作用,结合水工建筑物的布置等提出古贤水库、小浪底水库联合运用方式。

目前小北干流河段主槽行洪排沙能力最小仅 $2000m^3/s$ 左右,潼关高程长期居高不下,今后遇不利的水沙条件,小北干流河段还会继续淤积,潼关高程还会继续抬高;在小浪底水库正常运用期,水库排沙将使黄河下游河道主槽行洪排沙能力比拦沙期有所降低。因此,古贤水库、小浪底水库联合运用的指导思想为:古贤水库建成投入运用后的拦沙初期,应首先利用起始运行水位以下部分库容拦沙和调水调沙,冲刷小北干流河道,降低潼关高程,冲刷恢复小浪底水库部分槽库容,并维持黄河下游中水河槽行洪输沙能力,为古贤水库与小浪底水库在较长的时期内联合调水调沙运用创造条件,同时尽量满足发电最低运用水位要求,发挥综合利用效益。古贤水库起始运行水位以下库容淤满后,古贤水库与小浪底水库联合调水调沙运用,协调黄河下游水沙关系,根据黄河下游平滩流量和小浪底水库库容变化情况,适时蓄水或利用天然来水冲刷黄河下游和小浪底库区,较长期维持黄河下游中水河槽行洪输沙功能,并尽量保持小浪底水库调水调沙库容；遇合适的水沙条件，适时冲刷古贤水库淤积的泥沙，尽量延长水库拦沙运用年限。古贤水库正常运用期，在保持两水库防洪库容的前提下，利用两水库的槽库容对水沙进行联合调控，增加黄河下游和两水库库区大水排沙和冲刷机遇，长期发挥水库的调水调沙作用。

古贤水库在联合调水调沙运用中的作用为：①与小浪底水库联合运用，调控黄河水沙，塑造恢复、维持黄河下游和小北干流河段中水河槽行洪排沙功能的水沙过程，减少河道淤积；②在小浪底水库需要冲刷恢复调水调沙库容时，提供水流动力条件，延长小浪底水库拦沙运用年限，使之长期保持一定的调节库容；③初期拦沙和调水调沙，冲刷小北干流河道，恢复主槽过流能力，降低潼关高程，并部分冲刷恢复小浪底水库的调水调沙库容，为水库联合进行水沙调控创造条件。

小浪底水库在联合调水调沙中的作用为：①与古贤水库联合运用，塑造进入黄河下游的水沙过程，协调水沙关系，维持中水河槽行洪排沙功能；②对古贤水库下泄的水沙和泾河、洛河、渭河的来水来沙进行调控，减少下游河道淤积；③在古贤水库排沙期间，对入库水沙进行调控，尽量改善进入下游的水沙条件。

根据来水情况，古贤水库、小浪底水库联合调水调沙运用时，古贤水库 6 月底尽量预留水量 6 亿 $m^3$，于 7 月上半月均匀泄放，供抗旱灌溉；7 月下半月至 9 月底古贤水库与小浪底水库联合调水调沙运用，9 月底水库蓄水量如果不能满足一次调水调沙水量要求，不再联合运用泄放大流量过程，进入非汛期继续蓄水运用。7 月下半月至 9 月底古贤水库、小浪底水库联合调水调沙运用方式如下。

## 6.2.1 古贤水库拦沙初期

### 6.2.1.1 蓄水运用原则

古贤水库、小浪底水库联合调水调沙运用，原则上以古贤水库蓄水为主，小浪底水库对古贤—小浪底区间的水沙进行调节，水库相应蓄水。

1）古贤水库

（1）若入库流量小于 $400m^3/s$，补水使出库流量等于 $400m^3/s$；若入库流量为 $400\sim600m^3/s$，控制出库流量等于入库流量，以满足壶口瀑布景观、工农业引水和水电站发电要求。

（2）当入库为低含沙洪水（干流来水为主，河口镇来水比例大于 50%）或为流量小于 $2000m^3/s$ 的高含沙洪水时，控制出库流量为 $600m^3/s$ 左右，水库蓄水运用。

（3）当入库为流量大于 $2000m^3/s$ 的高含沙洪水时（支流来水为主，河口镇来水比例小于 50%），若小浪底水库累计淤积量小于 74 亿 $m^3$，控制古贤水库出库流量等于入库流量，异重流排沙，并控制出库流量不大于 $6000m^3/s$，洪水过后，古贤水库仍按（1）控制运用；若小浪底水库淤积严重，累计淤积量大于等于 74 亿 $m^3$ 时，古贤水库按控制出库流量为 $600m^3/s$ 运用，水库蓄水拦沙。

2）小浪底水库

（1）当下游河道平滩流量小于 4000m³/s 且小浪底水库累计淤积量大于等于 74 亿 m³ 时，需同时冲刷下游河道和小浪底水库（需古贤水库蓄水量约 15 亿 m³），小浪底水库原则上按凑泄花园口流量 800m³/s 且出库流量不小于 600m³/s 控制运用，水库相应蓄水。在小浪底水库蓄水期间，若入库流量大于 2000m³/s 且含沙量大于 150kg/m³（以华县站和状头站并考虑古贤水库下泄水沙进行入库流量预报），小浪底水库维持出库流量等于入库流量，异重流排沙；当小浪底水库蓄水位达到 253m 时，维持水库蓄水不变，即出库流量等于入库流量。

（2）当下游河道平滩流量小于 4000m³/s 且小浪底水库累计淤积量小于 74 亿 m³ 时，主要冲刷下游主槽，小浪底水库和古贤水库共同蓄水。小浪底水库蓄水原则同（1）。

（3）当下游河道平滩流量大于 4000m³/s 且小浪底水库累计淤积量大于等于 74 亿 m³ 时，古贤水库主要泄放大流量过程冲刷恢复小浪底库容，小浪底水库首先按凑泄花园口流量 800m³/s 且出库流量不小于 600m³/s 控制运用，水库蓄水至 1 亿 m³ 后，维持出库流量等于入库流量，水库相应排沙。

### 6.2.1.2　泄放大流量过程原则

当黄河下游河道严重淤积、平滩流量为较低水平时（小于 4000m³/s），两水库以冲刷恢复下游主槽过流能力为主。当古贤水库、小浪底水库的蓄水量（均为最低运用水位以上的蓄水量，下文同）＋预报 2 天古贤入库水量（以古贤水库计算时段为基准，吴堡当天水量＋河口镇当天水量，下文同）＋古贤（当天＋前 2 天）下泄水量＋预报 2 天龙—三（龙门—三门峡）水量＋伊洛沁（伊河、洛河、沁河）当天水量，大于等于下泄 4 天 4000m³/s 流量过程所需水量（14 亿 m³）＋2 亿 m³ 时，开始调水调沙下泄大流量过程。

（1）在泄放大流量过程时，先泄放小浪底水库的蓄水（根据伊洛沁流量凑泄花园口流量为 4000m³/s 的过程）至蓄水量为 2 亿 m³，在古贤水库泄放的大流量过程入库时低壅水排沙，避免小浪底库区发生冲刷而降低对下游主槽的冲刷效果，大流量过程结束后，满足调控下限流量要求。

（2）以古贤水库计算时段为基准（当天为 $t$ 时段，后一天为 $t+1$ 时段，前一天为 $t-1$ 时段，下文同），若小浪底水库能够按调水调沙指令正好 3 天（古贤—小浪底的水流传播时间考虑为 3 天）泄放水库蓄水至 2 亿 m³（考虑小浪底水库蓄水量＋龙—三 2 天水量＋古贤水库前 3 天下泄水量，并考虑伊洛沁流量按凑泄花园口流量 4000m³/s，下文同），则古贤水库、小浪底水库当天同时泄放大流量过程，小浪底水库按凑泄花园口 4000m³/s 运用，古贤水库按凑泄三门峡入库 4000m³/s 运用（图 6.2-1）。

（3）若小浪底水库蓄水较多，不能在 3 天内泄放至 2 亿 m³，则当天小浪底水库按凑泄花园口 4000m³/s 运用，古贤水库当天不泄放大流量过程（按 400m³/s 下泄）；待小浪底水库的蓄水能够 3 天内泄放至 2 亿 m³ 时，古贤水库开始按凑泄三门峡入库 4000m³/s 运用。

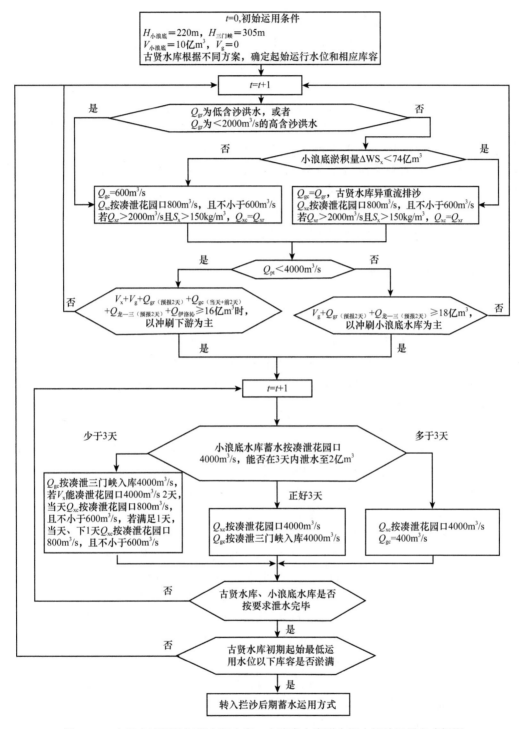

图 6.2-1　古贤水库拦沙初期古贤水库、小浪底水库联合调水调沙运用方式框图

（4）若小浪底水库蓄水量较少，不能满足泄放大流量 3 天的水量要求，则古贤水库当天按凑泄三门峡入库 4000m³/s 运用，小浪底水库蓄水能满足凑泄花园口 2 天 4000m³/s 的水量时，小浪底水库按推迟 1 天泄放大流量（当天按蓄水要求的小流量下泄，

下文同),小浪底蓄水能满足凑泄 1 天 4000m³/s 的水量时,小浪底水库推迟 2 天泄放大流量。

(5)当古贤水库泄水至最低运用水位时,古贤水库、小浪底水库联合运用泄放较大流量过程结束,古贤水库根据库区泥沙淤积情况,判断是恢复蓄水还是转入拦沙后期运用。

当下游河道平滩流量恢复以后,两水库联合运用以冲刷小浪底库区淤积泥沙、恢复拦沙库容为主要目的。若古贤水库蓄水+预报 2 天入库水量+龙—三预报 2 天水量大于等于 5 天 4000m³/s 的水量+1 亿 m³(约 18 亿 m³),古贤水库造峰运用冲刷小浪底水库,泄水原则和次序同冲刷下游河道方案,满足下游大流量过程水流连续要求,即首先小浪底按凑泄花园口流量 4000m³/s 泄放水库蓄水至 1 亿 m³(为了避免敞泄冲刷时高含沙洪水在黄河下游集中淤积,小浪底水库预留 1 亿 m³ 水量,适当控制出库含沙量),古贤水库再按凑泄三门峡入库流量 4000m³/s 冲刷小浪底水库。

## 6.2.2 古贤水库拦沙后期

### 6.2.2.1 蓄水运用原则

当黄河下游平滩流量大于 4000m³/s 且小浪底水库累计淤积量小于 74 亿 m³ 时,为了尽量减少古贤水库、小浪底水库的泥沙淤积,原则上汛期两水库不再大量蓄水,主要采用低水位壅水排沙、拦粗排细的运用方式,遇大流量含沙量较高的洪水时,古贤水库、小浪底水库尽量不调节水沙过程,使黄河下游能够淤滩刷槽;遇较大流量低含沙洪水时,敞泄冲刷古贤水库和小浪底水库。

古贤水库:若预报 1 日古贤水库入库为流量小于 2000m³/s 的低含沙或高含沙水流,或古贤水库入库为流量大于等于 2000m³/s 小于 3500m³/s 且含沙量大于等于 100kg/m³ 的高含沙水流,古贤水库首先控制出库流量不小于 400m³/s、不大于 600m³/s 至水库蓄水量为 2 亿 m³,然后保持出库流量等于入库流量,水库按拦粗排细运用。若预报 1 日古贤水库入库为流量大于 2000m³/s 小于 3500m³/s 且含沙量小于 100kg/m³ 的低含沙水流,当天泄空古贤水库,然后保持出库流量等于入库流量,敞泄冲刷水库淤积的泥沙。若预报古贤水库入库流量大于 3500m³/s,当天泄空古贤水库,然后当古贤水库出库流量等于入库流量(控制出库流量不大于 6000m³/s)时,敞泄冲刷水库淤积的泥沙。

小浪底水库:若小浪底水库入库为流量小于 3000m³/s 的低含沙或高含沙水流,或为流量大于等于 3000m³/s 小于 4000m³/s 且含沙量大于等于 150kg/m³ 的高含沙水流,小浪底水库首先按凑泄花园口 800m³/s 且出库流量不小于 600m³/s 控制运用,蓄水至 1 亿 m³,然后保持出库流量等于入库流量,水库按拦粗排细运用。若预报 1 日小浪底水库入库流量大于等于 3000m³/s 小于 4000m³/s 且含沙量小于 150kg/m³,或流量大于 4000m³/s,当天泄空小浪底水库,然后保持出库流量等于入库流量,敞泄排沙。

当黄河下游平滩流量小于 4000m³/s 且小浪底水库累计淤积量小于 74 亿 m³ 时,古贤水库、小浪底水库共同蓄水,联合泄放大流量过程以冲刷恢复下游河道过流能力。

古贤水库:古贤水库泄空蓄水后,若入库流量大于等于 2000m³/s,保持出库流量等于入库流量,水库按冲刷排沙运用。当古贤水库入库为低含沙水流或流量小于 1500m³/s

的高含沙洪水时，控制古贤水库出库流量为 600m³/s，水库蓄水运用。在水库蓄水期间，若古贤水库入库为流量大于 1500m³/s 的高含沙洪水，控制古贤水库出库流量等于入库流量，异重流排沙，并控制出库流量不大于 6000m³/s。洪水过后，古贤水库继续蓄水运用。

小浪底水库：小浪底水库蓄水运用时，原则上按凑泄花园口流量 800m³/s 且出库流量不小于 600m³/s 控制运用。在小浪底水库蓄水期间，若入库流量大于 2000m³/s 且含沙量大于 150kg/m³，维持出库流量等于入库流量，异重流排沙。当小浪底水库蓄水位达到253m 时，控制水库蓄水位不变，保持出库流量等于入库流量。

当黄河下游平滩流量小于 4000m³/s 且小浪底水库累计淤积量大于 74 亿 m³ 时，古贤、小浪底水库联合调水调沙运用，不仅需要冲刷恢复黄河下游主槽过流能力，还需要冲刷恢复小浪底水库的有效库容，需要两水库共同蓄水。

古贤水库：控制古贤水库出库流量不小于 400m³/s、不大于 600m³/s，水库蓄水运用。

小浪底水库：小浪底水库对古贤—小浪底区间水沙进行调节，相应蓄水。在小浪底水库蓄水期间，若入库流量大于 2000m³/s 且含沙量大于 150kg/m³，保持出库流量等于入库流量，异重流排沙。当小浪底水库蓄水位达到 253m 时，控制蓄水位不变，保持出库流量等于入库流量。

当黄河下游平滩流量大于 4000m³/s 且小浪底水库累计淤积量大于 74 亿 m³ 时，主要依靠古贤水库蓄水，泄放大流量过程冲刷恢复小浪底水库调水调沙库容，因此需控制小浪底水库的蓄水量。

古贤水库：当古贤水库入库为低含沙水流或流量小于 1500m³/s 的高含沙洪水时，控制古贤水库出库流量为 400～600m³/s，水库蓄水运用。在蓄水期间，当古贤水库入库为流量大于 1500m³/s 的高含沙洪水时，控制古贤水库出库流量等于入库流量，异重流排沙，并控制出库流量不大于 6000m³/s。洪水过后，古贤水库继续蓄水运用。

小浪底水库：小浪底水库首先按凑泄花园口流量 800m³/s 且出库流量不小于 600m³/s控制运用，蓄水至 1 亿 m³，然后保持蓄水量 1 亿 m³，即出库流量等于入库流量，水库按拦粗排细运用。

#### 6.2.2.2　泄放大流量过程的原则

当水库蓄水满足上述调水调沙泄放大流量过程要求的水量时，古贤水库、小浪底水库联合泄放 4000m³/s 的流量过程，原则同拦沙初期。

### 6.2.3　古贤水库正常运用期

在古贤水库正常运用期，古贤水库、小浪底水库拦沙库容均已淤满，主要依靠槽库容对入库水沙进行一定的调节，并为调水调沙积蓄水流动力。

（1）当古贤水库汛限水位以下槽库容大于 15 亿 m³ 时，表明古贤水库还具有一定的泥沙调节能力，可以通过水库拦沙和调水调沙为恢复黄河下游主槽过流能力和小浪底水库库容创造一定的条件。该情况下古贤水库、小浪底水库联合调水调沙运用原则同拦沙后期。

（2）当古贤水库汛限水位以下槽库容小于 15 亿 $m^3$ 时，表明古贤水库调水调沙库容已淤积较为严重，古贤水库敞泄排沙，使古贤水库汛限水位以下槽库容最少恢复至 18 亿 $m^3$；在古贤水库强迫排沙期间，若小浪底水库累计淤积量小于 74 亿 $m^3$，则小浪底水库维持水库蓄水量为 0.5 亿 $m^3$，相应排沙；若小浪底水库累计淤积量大于等于 74 亿 $m^3$，则小浪底水库敞泄排沙。

小浪底水库运用方式同拦沙期。

当水库蓄水满足上述调水调沙泄放大流量过程要求的水量时，古贤水库、小浪底水库联合泄放 4000$m^3$/s 的流量过程。原则同拦沙初期。

# 6.3 水库联合运用减淤效果评价及敏感性分析

## 6.3.1 水库联合运用减淤效果评价

为了分析比较古贤水库、小浪底水库不同调水调沙运用方式对减轻黄河下游和小北干流河段的淤积、降低潼关高程及塑造和维持下游河道中水河槽的作用，采用 1950 年水沙系列对 6.2 节提出的水库"联合运用方式"方案和"单库运用方式"方案下库区及河道的泥沙冲淤进行计算，为了使方案比较的基础一致，各运用方式方案计算古贤水库起始运行水位均按 560m 考虑。"单库运用方式"水库调度规则为：古贤水库在汛期调水调沙运用，尽可能下泄 2000～5000$m^3$/s 的中水流量，利用较大流量排沙，发挥下游河道的输沙能力，提高输沙效果，降低潼关高程，减少下游河道淤积；避免 600～2000$m^3$/s 平水流量下泄；保持水库蓄水量不大于 5 亿 $m^3$，增加大水流量连续出现的机遇。当入库洪水流量大于 10 000$m^3$/s 时，按防洪要求调度运用。小浪底水库运用方式采用"小浪底水库拦沙期防洪减淤运用方式研究"项目的研究成果。

"单库运用方式"和"联合运用方式"方案古贤库区、小北干流河段、小浪底库区、黄河下游河道泥沙冲淤计算成果见表 6.3-1。

表 6.3-1 古贤水库、小浪底水库不同运用方式方案冲淤计算成果表

| 运用方案 | 计算时段（年） | 水库淤积量 | | 龙潼河段冲淤计算成果（计算期60年） | | | 龙潼河段最大冲刷量（亿t） | 潼关高程下降值（最大/60年末）(m) | 黄河下游冲淤计算成果（计算期80年） | | | | | |
|---|---|---|---|---|---|---|---|---|---|---|---|---|---|
| | | | | | | | | | 减淤成果 | | | 其中古贤减淤 | |
| | | 古贤（亿$m^3$） | 小浪底（亿$m^3$） | 冲淤量（亿t） | 减淤量（亿t） | 不淤年数 | | | 冲淤量（亿t） | 减淤量（亿t） | 不淤年数 | 减淤量（亿t） | 不淤年数 |
| 无古无小方案 | 1～11 | | | | | | | | 35.74 | | | | |
| | 12～71 | | | 36.18 | | | — | −0.76 | 178.57 | | | | |
| | 1～71 | | | | | | | | 214.31 | | | | |
| 无古有小方案 | 1～11 | | 29.51 | | | | | | 11.78 | 23.96 | | | |
| | 12～71 | | 20.02 | 36.18 | | | — | −0.76 | 145.66 | 32.91 | | | |
| | 1～71 | | 49.53 | | | | | | 157.44 | 56.87 | | | |
| 单库运用方式 | 1～11 | | 29.51 | | | | | | 11.78 | 23.96 | | | |
| | 12～71 | 101.11 | 20.53 | 8.25 | 27.93 | 46.3 | 9.64 | 1.65/−0.16 | 78.50 | 100.07 | 41.2 | 67.16 | 27.7 |
| | 1～71 | | 50.04 | | | | | | 90.28 | 124.03 | | | |

续表

| 运用方案 | 计算时段（年） | 水库淤积量 | | 龙潼河段冲淤计算成果（计算期 60 年） | | | 龙潼河段最大冲刷量（亿 t） | 潼关高程下降值（最大/60 年末）(m) | 黄河下游冲淤计算成果（计算期 80 年） | | | | |
|---|---|---|---|---|---|---|---|---|---|---|---|---|---|
| | | | | | | | | | 减淤成果 | | | 其中古贤减淤 | |
| | | 古贤（亿 m³） | 小浪底（亿 m³） | 冲淤量（亿 t） | 减淤量（亿 t） | 不淤年数 | | | 冲淤量（亿 t） | 减淤量（亿 t） | 不淤年数 | 减淤量（亿 t） | 不淤年数 |
| 联合运用方式 | 1~11 | | 29.51 | | | | | | 11.78 | 23.96 | | | |
| | 12~71 | 99.70 | 19.00 | 5.69 | 30.49 | 50.6 | 11.91 | 1.98/0.10 | 66.33 | 112.24 | 46.2 | 79.33 | 32.7 |
| | 1~71 | | 48.51 | | | | | | 78.11 | 136.20 | | | |

—表示无数据

### 1）水库淤积过程比较

"单库运用方式"和"联合运用方式"方案古贤水库、小浪底水库历年累计冲淤过程分别见图 6.3-1 和图 6.3-2。可以看出，"单库运用方式""联合运用方式"方案虽然

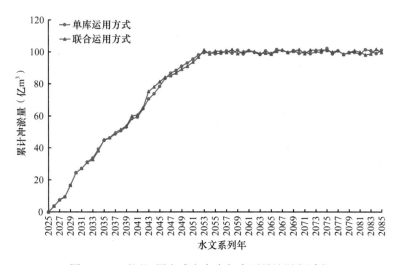

图 6.3-1　不同运用方式方案古贤库区累计淤积过程

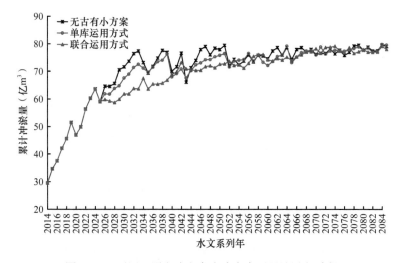

图 6.3-2　不同运用方式方案小浪底库区累计淤积过程

古贤水库、小浪底水库水沙调节方式不同，但古贤库区累计淤积过程差别不大，"联合运用方式"较"单库运用方式"拦沙库容淤满延长约 1 年。古贤水库拦沙结束后，汛期水库利用 20 亿 m³ 调水调沙库容进行调水调沙运用，库区多年基本保持冲淤平衡状态。至水库计算期末（60 年末），"单库运用方式"和"联合运用方式"方案水库淤积量分别为 101.11 亿 m³ 和 99.70 亿 m³。

根据设计水沙系列，古贤水库 2025 年投入运用时，小浪底水库累计淤积量仅为 60 亿 m³，正处于拦沙后期第二阶段，古贤水库投入运用可改善进入小浪底水库的水沙条件，减缓小浪底水库淤积，延长水库拦沙运用年限。与现状工程相比，"单库运用方式""联合运用方式"延长小浪底水库拦沙库容运用年限分别为 2 年、11 年。由此可见，小浪底水库进入正常运用期后，古贤水库与小浪底联合运用对小浪底水库保持长期有效库容更为有利。

2）对小北干流河段减淤及潼关高程降低的作用比较

现状工程条件下（无古有小方案），小北干流河段持续淤积，计算期 60 年内累计淤积量为 36.18 亿 t，年平均淤积约 0.6 亿 t。潼关断面也呈缓慢抬升趋势，至 60 年末，潼关高程升高 0.76m，年平均抬升约 0.013m，见图 6.3-3 和图 6.3-4。

古贤水库投入运用后，可迅速改变小北干流淤积的态势，使其由淤积转为冲刷，随着水库拦沙期的结束，小北干流河段又逐步回淤。"单库运用方式""联合运用方式"方案古贤水库运用 60 年内小北干流河段减淤量分别为 27.93 亿 t、30.49 亿 t，分别相当于现状 46.3 年、50.6 年的淤积量，水库拦沙减淤比分别为 4.71：1、4.25：1，两运用方案对小北干流河段整体减淤作用差别不明显。但在古贤水库拦沙期，"联合运用方式"方案充分考虑了水沙的联合调控，古贤水库集中下泄较大流量过程的概率要大，因而，对小北干流河段及潼关断面的持续冲刷作用强，"联合运用方式"方案小北干流河段累计最大冲刷量为 11.91 亿 t，较"单库运用方式"多 2.27 亿 t，潼关高程最大下降值

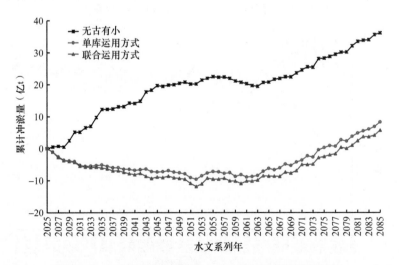

图 6.3-3　不同运用方式方案小北干流河道累计冲淤过程

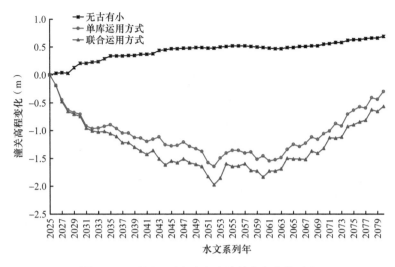

图 6.3-4　不同运用方式方案潼关高程变化过程

为 1.98m，较"单库运用方式"大 0.33m。因此，从对小北干流河段减淤及潼关高程降低的持续作用来看，"联合运用方式"方案要优于"单库运用方式"方案。

3）对黄河下游河道减淤作用比较

现状工程条件下，由于小浪底水库的继续拦沙作用，黄河下游河道在 2030 年以前淤积较为缓慢，2014～2025 年下游累计淤积量为 5.66 亿 t，2025～2030 年下游累计淤积量为 5.16 亿 t，2030 年以后，由于小浪底水库拦沙库容淤满，不再有拦沙作用，下游河道快速淤积，至 2085 年下游河道累计淤积泥沙 162.34 亿 t。

古贤水库 2025 年投入运用后，水库控制进入黄河下游 60%的泥沙，水库拦沙期内，进入下游的泥沙量明显减少，下游河道保持缓慢淤积的态势，拦沙期结束后，下游淤积量稍有增加（图 6.3-5）。古贤水库运用 60 年，"单库运用方式""联合运用方式"方

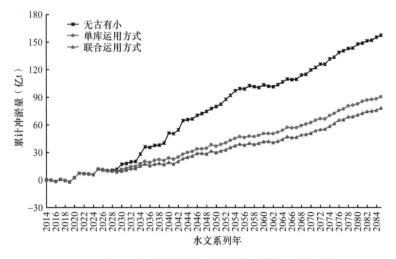

图 6.3-5　不同运用方式方案黄河下游河道累计冲淤过程

案下游河道累计淤积量分别为 78.50 亿 t、66.33 亿 t，年均淤积量分别约为 1.31 亿 t、1.11 亿 t，同期无古有小方案下游河道累计淤积量为 145.66 亿 t，古贤水库对下游河道减淤量分别为 67.16 亿 t、79.33 亿 t，分别相当于现状工程条件下下游河道 27.7 年、32.7 年不淤积，水库拦沙减淤比分别为 1.96：1、1.63：1。与"单库运用方式"方案相比，"联合运用方式"方案在古贤水库投入运用 60 年内，黄河下游河道减淤量增加了 12.17 亿 t，占"单库运用方式"方案减淤量的 18.12%，"联合运用方式"方案黄河下游不淤年数较"单库运用方式"增加了 5 年。由此可见，"联合运用方式"对黄河下游水沙的调控效果明显优于"单库运用方式"。

4）恢复和维持黄河下游中水河槽的作用比较

黄河调水调沙运用的实践表明，水库拦沙和调水调沙运用是恢复和维持河道中水河槽行洪输沙功能行之有效的措施，小浪底水库拦沙和调水调沙运用已使黄河下游河道最小平滩流量由 2002 年汛前的 1800m³/s 增加至 2014 年的 4200m³/s 以上。现状工程条件下，通过水库的继续拦沙和调水调沙，下游河道的中水河槽基本维持，并稍有增加，至 2030 年小浪底水库拦沙库容基本淤满时，下游河道主槽过流能力将增加至 4800m³/s，较水库投入运用时增加约 600m³/s。水库拦沙库容淤满后，水库已不具备拦沙能力，出库沙量明显增加，下游主槽的过流能力整体上明显下降，至 2036 年下游河道平滩流量降低至 4000m³/s 以下。此后，随着下游河道主槽的淤积，小浪底水库拦沙期塑造的中水河槽难以维持，按照设计水沙条件，至计算期末黄河下游河道的平滩流量又下降至 1800m³/s 左右，恢复至 2002 年黄河调水调沙试验前的过流能力。

古贤水库建成后，通过水库拦沙和调水调沙运用，可有效地协调黄河水沙关系，减少下游河道淤积，对较长时期维持中水河槽行洪输沙功能具有重要作用。"单库运用方式""联合运用方式"方案黄河下游平滩流量变化分析计算成果见表 6.3-2 和图 6.3-6～图 6.3-10。

表 6.3-2 不同运用方式方案黄河下游平滩流量特征值统计表

| 计算方案 | 项目 | 古贤水库运用 1~40 年 | | | | | 古贤水库运用 41~60 年 | | | | |
|---|---|---|---|---|---|---|---|---|---|---|---|
| | | 铁—花 | 花—高 | 高—艾 | 艾—利 | 黄河下游 | 铁—花 | 花—高 | 高—艾 | 艾—利 | 黄河下游 |
| 无古有小方案 | 最大流量（m³/s） | 7973 | 7095 | 4794 | 4833 | 4794 | 5014 | 4167 | 3396 | 3821 | 3396 |
| | 最小流量（m³/s） | 4277 | 3799 | 3078 | 3721 | 3078 | 3229 | 2187 | 1929 | 2059 | 1929 |
| | 平均流量（m³/s） | 5388 | 4660 | 3697 | 4110 | 3695 | 4100 | 3215 | 2788 | 3110 | 2788 |
| | 小于 4000m³/s 年数 | 0 | 12 | 30 | 16 | 30 | 8 | 16 | 20 | 20 | 20 |
| 单库运用方式 | 最大流量（m³/s） | 8581 | 7333 | 5098 | 5099 | 4958 | 6434 | 4648 | 3757 | 4387 | 3757 |
| | 最小流量（m³/s） | 5522 | 4688 | 3814 | 4389 | 3814 | 3397 | 2623 | 2436 | 2864 | 2436 |
| | 平均流量（m³/s） | 6778 | 5638 | 4645 | 4658 | 4532 | 4835 | 3660 | 3244 | 3691 | 3244 |
| | 小于 4000m³/s 年数 | 0 | 0 | 2 | 0 | 2 | 1 | 14 | 20 | 14 | 20 |
| 联合运用方式 | 最大流量（m³/s） | 8796 | 7347 | 5121 | 5028 | 4934 | 7600 | 5221 | 4141 | 4729 | 4141 |
| | 最小流量（m³/s） | 6965 | 5092 | 4219 | 4454 | 4219 | 4119 | 3040 | 2719 | 3155 | 2719 |
| | 平均流量（m³/s） | 7759 | 5889 | 4711 | 4792 | 4647 | 6199 | 4251 | 3553 | 4053 | 3553 |
| | 小于 4000m³/s 年数 | 0 | 0 | 0 | 0 | 0 | 0 | 7 | 16 | 9 | 16 |

图 6.3-6　不同运用方式方案铁谢—花园口河段平滩流量过程

图 6.3-7　不同运用方式方案花园口—高村河段平滩流量过程

图 6.3-8　不同运用方式方案高村—艾山河段平滩流量过程

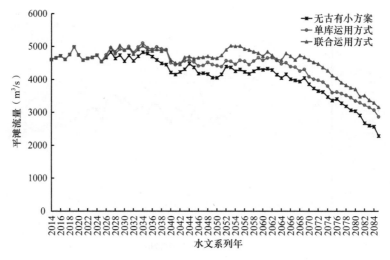

图 6.3-9    不同运用方式方案艾山—利津河段平滩流量过程

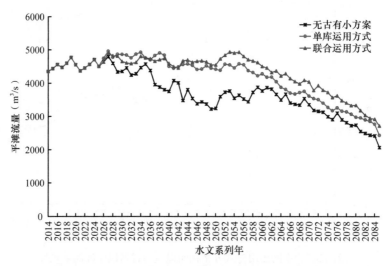

图 6.3-10    不同运用方式方案黄河下游整体平滩流量过程

古贤水库运用的前 40 年,"单库运用方式"和"联合运用方式"方案黄河下游整体平滩流量均值分别为 4532m³/s、4647m³/s,大于无古贤水库时下游的平滩流量(同期平滩流量多年均值为 4110m³/s),两方案均可使下游主槽过流能力维持在 4000m³/s 左右,由此可见,"联合运用方式"方案略优于"单库运用方式"方案。从各河段平滩流量变化情况来看,古贤水库"联合运用方式"方案,对恢复并维持中水河槽过流能力的作用大,"单库运用方式"方案四个河段平滩流量最大分别为 8581m³/s、7333m³/s、5098m³/s、5099m³/s,平均分别为 6778m³/s、5638m³/s、4645m³/s、4658m³/s,"联合运用方式"方案四个河段平滩流量最大分别为 8796m³/s、7347m³/s、5121m³/s、5028m³/s,平均分别为 7759m³/s、5889m³/s、4711m³/s、4792m³/s。40 年之后,随着出库沙量增加,主槽逐渐淤积,平滩流量将逐渐下降。

在水库运用的第 41～60 年，"单库运用方式""联合运用方式"方案黄河下游整体平滩流量均值分别为 3244m³/s、3553m³/s，小于 4000m³/s 的年数分别为 20 年、16 年，最小平滩流量分别为 2436m³/s、2719m³/s，两方案在提高下游中水河槽过流能力方面的作用较为明显（同期无古贤水库条件下平滩流量多年均值为 2788m³/s，各年为 1929～3396m³/s）。在古贤水库投入运用的第 60 年（计算期末），两方案黄河下游最小平滩流量分别为 2436m³/s 和 2719m³/s，同样是"联合运用方式"优于"单库运用方式"。

5）水库减淤运用方式的比选

本阶段提出的古贤水库运用方式可分为两类，一类是各水库独立运用的方式，另一类是与小浪底水库联合进行水沙调控的运用方式。古贤水库的主要开发目标是防洪减淤和维持黄河下游中水河槽，就控制大洪水和特大洪水而言，本阶段提出的不同运用方式的作用是相同的。对于不同的运用方式，由于调节的指导思想不同，分别考虑了水沙运行规律的不同方面，因此水库对小北干流河段和黄河下游的减淤作用、维持黄河下游中水河槽的作用也不同，即满足水库减淤和维持黄河下游中水河槽的开发目标的程度有所差别。

就对小北干流河段的减淤作用而言，"单库运用方式""联合运用方式"方案均对小北干流河段具有明显的减淤效果，古贤水库运用 60 年使该河段减淤量分别达到 27.93 亿 t、30.49 亿 t，分别相当于现状情况下 46.3 年、50.6 年的淤积量，两方案对小北干流河段减淤作用差别不大。但在古贤水库拦沙期，"联合运用方式"方案对小北干流冲刷及降低潼关高程的作用明显大于"单库运用方式"，这对改善小北干流河段防凌防洪形势、减轻渭河下游的防洪负担，具有显著的作用。

就对黄河下游河道的减淤作用而言，两种运用方案均能显著减少黄河下游河道的淤积量，使下游河道较长时期内维持较低的淤积水平。古贤水库运用 60 年内"单库运用方式"方案古贤水库减淤量为 67.16 亿 t，"联合运用方式"方案古贤水库减淤量为 79.33 亿 t，两种运用方案减淤量相差 12.17 亿 t，可见"联合运用方式"方案减淤效果明显大于"单库运用方式"。

就维持黄河下游中水河槽的作用而言，古贤水库投入运用后，"单库运用方式""联合运用方式"方案在 60 年内下游整体平滩流量分别有 38 年、44 年达到或超过 4000m³/s，分别较无古贤水库增加 28 年、34 年。古贤水库运用前 40 年，"单库运用方式"方案有 38 年平滩流量达到或超过 4000m³/s，平滩流量的平均值为 4532m³/s，较无古贤水库提高 837m³/s，最大最小流量分别为 4958m³/s、3814m³/s；"联合运用方式"方案下游平滩流量均在 4000m³/s 以上，平滩流量的平均值为 4647m³/s，较无古贤水库提高 952m³/s，最大最小流量分别为 4934m³/s、4219m³/s。古贤水库运用的后 20 年，"单库运用方式"方案平滩流量的平均值为 3244m³/s，较无古贤水库提高 465m³/s，最大最小流量分别为 3757m³/s、2436m³/s；"联合运用方式"方案平滩流量的平均值为 3553m³/s，较无古贤水库提高 765m³/s，最大最小流量分别为 4141m³/s、2719m³/s。因此，古贤水库投入运用后无论采用何种运用方式，均能有效地改变黄河下游河道主槽行洪输沙能力逐步降低的局面，使下游主槽过流能力得到显著提高，"联合运用方式"与"单库运用方式"方案相比，前者对维持黄河下游中水河槽的作用更为显著。

以上的对比分析表明，古贤水库投入运用后，无论是水库的减淤作用还是保持中水河槽的作用，"联合运用方式"均大于"单库运用方式"，因此本阶段选用古贤水库、小浪底水库联合运用的调水调沙方式。至于联合运用中两水库具体的调节指令，下阶段仍需进一步研究、优化，以取得更大的防洪减淤效益。

### 6.3.2 水库减淤效益敏感性分析

对于选定的水库运用方案，选用 1919 年系列和枯水枯沙的 1987 年系列分别进行水库和下游河道泥沙冲淤计算，对古贤水库减淤效益进行敏感性分析。各水沙系列方案计算采用的起始边界条件与 1950 年系列相同。不同水沙系列古贤水库、小浪底水库联合运用时水库及河道泥沙冲淤计算成果见表 6.3-3，下游河道各河段平滩流量特征值统计见表 6.3-4。

表 6.3-3 不同水沙系列古贤水库、小浪底水库联合运用冲淤计算成果表

| 计算方案 | 计算时段（年） | 水库淤积量 古贤（亿m³） | 水库淤积量 小浪底（亿m³） | 龙潼河段冲淤计算成果（计算期60年）冲淤量（亿t） | 龙潼河段冲淤计算成果 减淤量（亿t） | 龙潼河段冲淤计算成果 不淤年数 | 龙潼河段最大冲刷量（亿t） | 潼关高程下降值（最大/60年末）（m） | 黄河下游冲淤计算成果（计算期80年）减淤成果 冲淤量（亿t） | 减淤成果 减淤量（亿t） | 减淤成果 不淤年数 | 其中古贤减淤 减淤量（亿t） | 其中古贤减淤 不淤年数 |
|---|---|---|---|---|---|---|---|---|---|---|---|---|---|
| 1950年系列 无古无小方案 | 1~11 | | | | | | | | 35.74 | | | | |
| | 12~71 | | | 36.18 | | | | −0.76 | 178.57 | | | | |
| | 1~71 | | | | | | | | 214.31 | | | | |
| 1950年系列 无古有小方案 | 1~11 | | 29.51 | | | | | | 11.78 | 23.96 | | | |
| | 12~71 | | 20.02 | 36.18 | | | | −0.76 | 145.66 | 32.91 | | | |
| | 1~71 | | 49.53 | | | | | | 157.44 | 56.87 | | | |
| 1950年系列 联合运用方式 | 1~11 | | 29.51 | | | | | | 11.78 | 23.96 | | | |
| | 12~71 | 99.70 | 19.00 | 5.69 | 30.49 | 50.6 | 11.91 | 1.98/0.10 | 66.33 | 112.24 | 46.2 | 79.33 | 32.7 |
| | 1~71 | | 48.51 | | | | | | 78.11 | 136.20 | | | |
| 1919年系列 无古无小方案 | 1~11 | | | | | | | | 35.74 | | | | |
| | 12~71 | | | 54.09 | | | | −1.07 | 193.85 | | | | |
| | 1~71 | | | | | | | | 229.58 | | | | |
| 1919年系列 无古有小方案 | 1~11 | | 29.51 | | | | | | 11.78 | 23.96 | | | |
| | 12~71 | | 20.35 | 54.09 | | | | −1.07 | 157.73 | 36.12 | | | |
| | 1~71 | | 49.86 | | | | | | 169.51 | 60.07 | | | |
| 1919年系列 联合运用方式 | 1~11 | | 29.51 | | | | | | 11.78 | 23.96 | | | |
| | 12~71 | 101.50 | 18.70 | 11.71 | 42.38 | 47.0 | 10.06 | 1.71/−0.51 | 79.37 | 114.48 | 43.5 | 78.36 | 29.8 |
| | 1~71 | | 48.21 | | | | | | 91.15 | 138.43 | | | |
| 1987年系列 无古无小方案 | 1~11 | | | | | | | | 35.74 | | | | |
| | 12~71 | | | 24.66 | | | | −0.56 | 133.01 | | | | |
| | 1~71 | | | | | | | | 168.75 | | | | |

续表

| 计算方案 | | 计算时段(年) | 水库淤积量 | | 龙潼河段冲淤计算成果(计算期60年) | | | 龙潼河段最大冲刷量(亿t) | 潼关高程下降值(最大/60年末)(m) | 黄河下游冲淤计算成果(计算期80年) | | | | | |
|---|---|---|---|---|---|---|---|---|---|---|---|---|---|---|
| | | | | | | | | | | 减淤成果 | | | 其中古贤减淤 | |
| | | | 古贤(亿m³) | 小浪底(亿m³) | 冲淤量(亿t) | 减淤量(亿t) | 不淤年数 | | | 冲淤量(亿t) | 减淤量(亿t) | 不淤年数 | 减淤量(亿t) | 不淤年数 |
| 1987年系列 | 无古有小方案 | 1~11 | | 29.51 | | | | | | 11.78 | 23.96 | | | |
| | | 12~71 | | 19.26 | 24.66 | | | / | -0.56 | 98.47 | 34.54 | | | |
| | | 1~71 | | 48.77 | | | | | | 110.25 | 58.50 | | | |
| | 联合运用方式 | 1~11 | | 29.51 | | | | | | 11.78 | 23.96 | | | |
| | | 12~71 | 99.32 | 18.63 | -9.56 | 34.22 | 83.3 | 17.83 | 2.83/1.64 | 21.82 | 111.19 | 67.8 | 76.65 | 46.7 |
| | | 1~71 | | 48.14 | | | | | | 33.60 | 135.15 | | | |

—表示无数据

**表 6.3-4　不同水沙系列黄河下游平滩流量特征值统计表**

| 计算方案 | 项目 | 古贤水库运用1~40年 | | | | | 古贤水库运用41~60年 | | | | |
|---|---|---|---|---|---|---|---|---|---|---|---|
| | | 铁—花 | 花—高 | 高—艾 | 艾—利 | 黄河下游 | 铁—花 | 花—高 | 高—艾 | 艾—利 | 黄河下游 |
| 1950年系列 | 无古有小方案 | 最大流量(m³/s) | | | | | | | | | |
| | | 7973 | 7095 | 4794 | 4833 | 4794 | 5014 | 4167 | 3396 | 3821 | 3396 |
| | | 最小流量(m³/s) | | | | | | | | | |
| | | 4277 | 3799 | 3078 | 3721 | 3078 | 3229 | 2187 | 1929 | 2059 | 1929 |
| | | 平均流量(m³/s) | | | | | | | | | |
| | | 5388 | 4660 | 3697 | 4110 | 3697 | 4100 | 3215 | 2788 | 3110 | 2788 |
| | | 小于4000m³/s年数 | | | | | | | | | |
| | | 0 | 12 | 30 | 16 | 30 | 8 | 16 | 20 | 20 | 20 |
| | 联合运用方式 | 最大流量(m³/s) | | | | | | | | | |
| | | 8796 | 7347 | 5121 | 5028 | 5028 | 7600 | 5221 | 4141 | 4729 | 4141 |
| | | 最小流量(m³/s) | | | | | | | | | |
| | | 6965 | 5092 | 4219 | 4454 | 4219 | 4119 | 3040 | 2719 | 3155 | 2719 |
| | | 平均流量(m³/s) | | | | | | | | | |
| | | 7759 | 5889 | 4711 | 4792 | 4711 | 6199 | 4251 | 3553 | 4053 | 3553 |
| | | 小于4000m³/s年数 | | | | | | | | | |
| | | 0 | 0 | 0 | 0 | 0 | 0 | 7 | 16 | 9 | 16 |
| 1919年系列 | 无古有小方案 | 最大流量(m³/s) | | | | | | | | | |
| | | 7421 | 6998 | 4766 | 4705 | 4705 | 5172 | 3400 | 3870 | 4191 | 3400 |
| | | 最小流量(m³/s) | | | | | | | | | |
| | | 3162 | 2640 | 2328 | 2526 | 2328 | 3758 | 2938 | 3056 | 3381 | 2938 |
| | | 平均流量(m³/s) | | | | | | | | | |
| | | 4568 | 3891 | 3186 | 3482 | 3186 | 4317 | 3147 | 3454 | 3944 | 3147 |
| | | 小于4000m³/s年数 | | | | | | | | | |
| | | 14 | 27 | 34 | 32 | 34 | 6 | 20 | 20 | 20 | 20 |
| | 联合运用方式 | 最大流量(m³/s) | | | | | | | | | |
| | | 8640 | 7215 | 4911 | 4849 | 4849 | 6615 | 4809 | 4488 | 4844 | 4488 |
| | | 最小流量(m³/s) | | | | | | | | | |
| | | 6619 | 4698 | 3516 | 3511 | 3511 | 5030 | 4242 | 3710 | 4253 | 3710 |
| | | 平均流量(m³/s) | | | | | | | | | |
| | | 7777 | 5792 | 4320 | 4360 | 4320 | 6085 | 4562 | 4067 | 4651 | 4067 |
| | | 小于4000m³/s年数 | | | | | | | | | |
| | | 0 | 0 | 8 | 4 | 8 | 0 | 0 | 12 | 9 | 12 |
| 1987年系列 | 无古有小方案 | 最大流量(m³/s) | | | | | | | | | |
| | | 7739 | 7045 | 4986 | 4877 | 4877 | 5828 | 5828 | 3477 | 2876 | 2876 |
| | | 最小流量(m³/s) | | | | | | | | | |
| | | 4567 | 3147 | 2298 | 2691 | 2298 | 4542 | 4542 | 3154 | 2298 | 2298 |
| | | 平均流量(m³/s) | | | | | | | | | |
| | | 5740 | 4219 | 3376 | 3534 | 3376 | 5289 | 5289 | 3307 | 2572 | 2572 |
| | | 小于4000m³/s年数 | | | | | | | | | |
| | | 0 | 27 | 28 | 27 | 28 | 0 | 0 | 20 | 20 | 20 |
| | 联合运用方式 | 最大流量(m³/s) | | | | | | | | | |
| | | 7917 | 7286 | 5603 | 5062 | 5062 | 6389 | 4881 | 3801 | 4054 | 3801 |
| | | 最小流量(m³/s) | | | | | | | | | |
| | | 5877 | 4753 | 3725 | 3896 | 3725 | 5262 | 3632 | 3116 | 3332 | 3116 |
| | | 平均流量(m³/s) | | | | | | | | | |
| | | 6563 | 5657 | 4559 | 4383 | 4383 | 5767 | 4344 | 3402 | 3693 | 3402 |
| | | 小于4000m³/s年数 | | | | | | | | | |
| | | 0 | 0 | 9 | 4 | 9 | 0 | 5 | 20 | 17 | 20 |

　　1919 年系列与 1950 年系列古贤水库年均来沙量相差不大，分别为 6.51 亿 t、5.77 亿 t，水库淤积过程也基本一致，水库拦沙运用年限均为 28 年，而 1987 年系列来水来沙较枯，水库年均来沙量仅 4.20 亿 t，水库拦沙运用年限明显延长，水库投入运用 43 年拦沙库容才基本淤满。不同水沙系列古贤库区累计淤积过程见图 6.3-11。

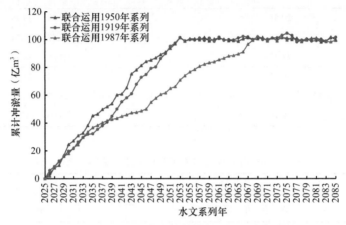

图 6.3-11　不同水沙系列古贤库区累计淤积过程

　　对于不同系列，古贤水库运用 60 年对小北干流河段减淤作用相差不大，1950 年系列减淤量为 30.49 亿 t，1919 年系列减淤量为 42.38 亿 t，1987 年系列减淤量为 34.22 亿 t。由于来水来沙条件不同，不同系列计算的小北干流河段冲淤过程和潼关高程的变化过程差别较大，对于 1950 年系列，小北干流河段在水库运用第 27 年达到最大冲刷量 11.91 亿 t，潼关高程最大下降值为 1.98m，至水库运用 60 年末该河段冲淤量为 5.69 亿 t；对于 1919 年系列，古贤水库运用第 28 年，小北干流河段达到最大冲刷量 10.06 亿 t，之后快速回淤，至水库运用 60 年末淤积量达到 11.71 亿 t，该系列潼关高程最大下降值为 1.71m；对于 1987 年系列，古贤水库拦沙期较长，小北干流河段冲刷历时较长，至 2069 年达到最大冲刷量 17.83 亿 t，相应潼关高程最大下降值为 2.83m，由于该系列来水来沙量较少，计算系列末该河段仍处于冲刷状态，冲刷量为 9.56 亿 t。不同水沙系列小北干流河段累计淤积过程见图 6.3-12，潼关高程变化过程见图 6.3-13。

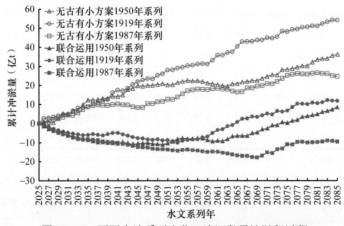

图 6.3-12　不同水沙系列小北干流河段累计淤积过程

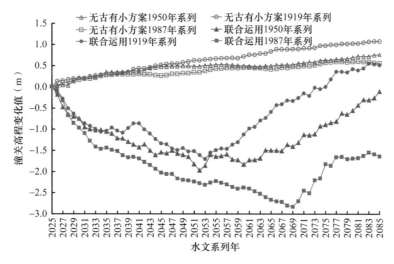

图 6.3-13　不同水沙系列潼关高程变化过程

1950 年系列、1919 年系列、1987 年系列古贤水库运用 60 年下游河道淤积量分别为 66.33 亿 t、79.37 亿 t 和 21.82 亿 t，年均分别淤积约 1.11 亿 t、1.32 亿 t 和 0.36 亿 t，与同期无古贤水库时下游累计淤积量相比，三个系列下游淤积量分别减少 112.24 亿 t、114.48 亿 t 和 111.19 亿 t，分别相当于现状工程条件下下游河道 46.2 年、43.5 年和 67.8 年不淤积，不同系列古贤水库对黄河下游的拦沙减淤比分别为 1.63：1、1.68：1 和 1.68：1。不同水沙系列黄河下游河道累计冲淤过程见图 6.3-14。

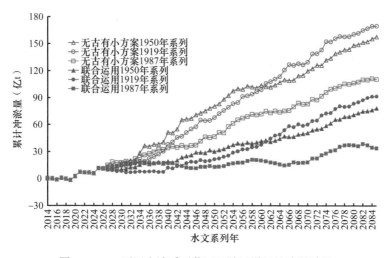

图 6.3-14　不同水沙系列黄河下游河道累计冲淤过程

从维持黄河下游河道主槽过流能力方面看，古贤水库投入运用后，可改变小浪底水库拦沙库容淤满后下游各河段平滩流量迅速下降的局面，较长时期维持下游中水河槽行洪输沙功能。在古贤水库运用的前 40 年，1950 年系列、1919 年系列、1987 年系列下游平滩流量多年均值分别为 4711m³/s、4320m³/s、4383m³/s，与无古贤水库时相比，平均平滩流量分别提高 1016m³/s、1134m³/s、1007m³/s，小于 4000m³/s 的年数也由无古贤水库的 30 年、34 年、28 年分别减少至 0 年、9 年、9 年。在古贤水库运用的第 41~60 年，以上三个系列下游整体平滩流量多年均值分别为 3553m³/s、4067m³/s、3402m³/s，最小平滩流量分别为 2719m³/s、3710m³/s、3116m³/s，最大平滩流量分别为 4141m³/s、4488m³/s、3801m³/s，各系列对提高中水河槽过流能力的作用也较为明显（同期各系列无古贤水库条件下平滩流量多年均值为 2788m³/s、3147m³/s、2572m³/s，最小流量为 1929~2938m³/s），见图 6.3-15。

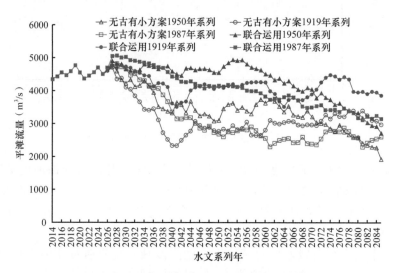

图 6.3-15　不同水沙系列下游河道整体平滩流量过程

　　通过不同设计水沙系列的对比可以看出，古贤水库建成后，按本阶段推荐的运用方式与小浪底水库联合调控水沙，即使遇到变化相当大的来水来沙，水库对小北干流河段和黄河下游河道的减淤作用也是相当显著的，且作用比较稳定，对黄河下游中水河槽行洪输沙能力的维持也起到了重要作用，水库运用前 40 年均可保持在 3500m³/s 以上，不因遇枯水枯沙系列而明显减弱。另外，对于枯水枯沙系列，水库对降低潼关高程的作用由于拦沙期长，计算时段末更加显著。

# 第7章 多沙河流水库汛期发电防沙运用研究

## 7.1 多沙河流水库发电运用及问题

### 7.1.1 多沙河流水库发电运用

黄河是典型的多沙河流,三门峡水利枢纽作为根治黄河水害、开发黄河水利的第一期工程之一,是在黄河干流上修建的第一座大型水利枢纽。它的建设和运用探索,是人民治黄的一次伟大实践,不仅为黄河岁岁安澜做出了不可替代的贡献,而且为多沙河流的治理开发提供了宝贵的经验。发电是三门峡水库开发的目标之一,原设计总装机容量116万kW,年发电量60亿kW·h。1962年2月第一台机组启动试运转,由于水库泥沙淤积问题,1962年3月水库由蓄水运用方式改变为滞洪排沙运用方式,机组停止发电。

为了解决水库的泥沙淤积问题,发挥水库的综合效益,加大枢纽的泄流排沙能力,对泄流设施进行了两次改建,确立了"合理防洪、排沙放淤、径流发电"的运用原则,1973年底以后,水库采用"蓄清排浑、调水调沙"运用方式。在来沙量大的汛期,如果没有防洪、蓄水要求,则降低库水位泄洪,以恢复库容;在来沙量较小的非汛期控制最高蓄水位,适当蓄清水以兴利。同时,对水电站部分进行改造:降低1~5号发电引水钢管进水口高程,1973年12月第一台机组投产发电,至1978年先后共安装5台单机容量为5万kW的水轮发电机组,实现了低水头径流发电。发电运用原则按照1969年"四省会议"及之后的国务院有关文件确定为:非汛期除满足防凌、灌溉需要外,控制水位为310m;在不影响潼关淤积的前提下,汛期控制水位为305m,必要时降到300m。

由于泥沙对水轮机组的严重磨蚀,三门峡水电站的发电运用方式经历了全年发电运用和仅非汛期发电运用两个阶段。

1)全年发电运用阶段

1973~1980年是水电站全年发电运用阶段,其发电运用遵照"四省会议"规定的运用原则,即非汛期除满足防凌、灌溉需要外,控制发电水位为310m;汛期控制305m水位发电。由于含沙量高,加上机组在汛期发电运行中水头低,运行工况恶劣,高含沙水流对水轮机过流部件的气蚀、磨损破坏十分严重。例如,早期投入运行的4号机组,运行30 465h后,在1979年大修时,转轮叶片和转轮室中、下环受气蚀、磨损的严重破坏,已近于报废;叶片背面气蚀损坏面积达40%~50%,深度为10~20mm,最深处达18~20mm;叶片头被气蚀掉200mm×250mm,个别部位的深坑达30~40mm,叶片外缘与中环的间隙已由原来的6~8mm扩大到50~120mm,检修补焊所用焊条竟达9.3t,耗资74.78万元,大修工期长达222d。

汛期发电运行时,泥沙对水轮机主轴密封磨损很快,从而使漏水量增大;对顶盖泵密封的磨损及造成龙头坑淤积，常使顶盖泵不能正常排水，威胁水导轴承，时刻有被淹的危险。汛期来水中水草杂物多，造成拦污栅堵塞，栅前、栅后的落差可高达 3～4m，不但增加水头损失，有时还会压垮拦污栅片。大量树根、杂物进入蜗壳，卡堵导叶进口，使机组调节负荷困难，甚至带不上负荷。为了改善机组运行情况，减少高含沙水流对水轮机的气蚀、磨损破坏，经批准从 1980 年起汛期停止发电。

2）仅非汛期发电运用阶段

在总结枢纽工程防汛和运行经验后，决定将水电站运用方式改变为非汛期发电运用、汛期机组无水调相运行和安排机组大修。按照电力系统的需要，汛期通常安排 1～2 台机组进行调相运行。

自水电站改变运用方式以来，由于汛期不发电，机组不在汛期低水头下运行，运行工况得到改善。从检修补焊所耗用的焊条量来看，1981 年以前，平均每台机一次大修耗用焊条 6465kg，1984～1990 年则降为 2718kg。同时，利用汛期不发电的机会，大量安排机组检修和主辅设备更新改造，设备完好率有了明显提高，从而提高了安全、经济发电运行水平，促进了非汛期的电力生产。截至 1990 年底，共发电 150.4 亿 kW·h，创产值 9.4 亿元。其中，非汛期发电的 1981～1990 年，每年每台机平均发电量达到 2.12 亿 kW·h 左右。10 年平均非汛期发电量为 10.005 亿 kW·h，接近原设计非汛期发电 10.74 亿 kW·h 的指标（表 7.1-1），其中有 5 年还超过了这个指标。1989 年水情较好，达到了年发电量 12.49 亿 kW·h 的水平，创发电的历史。

表 7.1-1　1981 年～1990 年月、年平均发电量与设计值对照　　　　　（单位：亿 kW·h）

| 月份 | 1 | 2 | 3 | 4 | 5 | 6 | 7 | 8 |
|---|---|---|---|---|---|---|---|---|
| 1981～1990 年实际平均值 | 0.974 | 1.028 | 1.579 | 1.679 | 1.619 | 0.978 | 0.099 | 0.047 |
| 设计值 | 1.44 | 0.46 | 1.86 | 1.80 | 1.35 | 1.04 | 1.15 | 1.15 |

| 月份 | 9 | 10 | 11 | 12 | 汛期 | 非汛期 | 全年 | |
|---|---|---|---|---|---|---|---|---|
| 1981～1990 年实际平均值 | 0.050 | 0.384 | 1.063 | 1.085 | 0.580 | 10.005 | 10.585 | |
| 设计值 | 1.13 | 1.07 | 1.35 | 1.44 | 4.50 | 10.74 | 15.24 | |

### 7.1.2　多沙河流水库发电运用问题

三门峡水利枢纽发电运用的主要问题是黄河高含沙水流对水轮机过流部件气蚀和磨损联合作用所造成的破坏，以及转轮叶片根部产生裂纹。按照蓄清排浑运用原则，汛期三门峡水库降低水位排沙，除汛期的自然来沙外，还要把非汛期淤积在库区的泥沙都集中在汛期排泄，以保持有效库容。水流含沙量高且泥沙颗粒粗是三门峡水电站汛期发电的最大特点。原水电站改建设计规定，汛期 5 台机组进行浑水发电，设计发电量 4.5 亿 kW·h，但由于黄河汛期含沙量大，水轮机过流部件气蚀、磨损十分严重。自 1980 年开始，汛期不发电，虽减轻了对水轮机过流部件的磨蚀，减少了检修工作量，提高了设备完好率，使非汛期发电量有了较大的提高，但这毕竟是无奈之举，并没有解决根本问题，汛期 4 个月的水能资源未能充分利用。汛期来水量大，如能利用其发电，可以增加 4 亿 kW·h 左右的发电量，大大提高三门峡水电站的发电效益，并为黄河干流多泥沙河段和其他多泥沙河流水电资源开发利用提供经验。随着新型抗磨防护材料研制的长足发展，三门峡水利枢纽二期改建工程也已基本完成，扩大了底孔泄流排沙规模，为汛期发电提供了有利条件。为了减轻过流部件的气蚀、磨损破坏，水利部黄河水利委员会三门峡水利枢纽管理局自 1989 年起，每年汛期用 1～2 台机组进行浑水发电试验，对各种抗磨材料进行筛选对比，取得了显著进展，为机组改造和水电站的运行提供了依据。在这样的背景下，急需开展汛期发电原型试验，构建浑水发电运用技术，协调汛期发电与排沙的矛盾。

## 7.2　汛期发电原型试验

### 7.2.1　原型试验的批复

1989～1993 年的浑水发电材料试验，基本解决了水轮发电机组材料的抗磨蚀问题。在此基础上，有必要解决汛期水库发电运用调度问题。经请示，水利部下发了《关于三门峡水利枢纽汛期发电试验研究的批复》（水管〔1994〕519 号）。批复的主要内容为：①同意三门峡水利枢纽在汛期进行发电试验研究，同意成立试验研究工作领导小组；②基本同意《黄河三门峡水利枢纽汛期发电试验研究工作大纲》，必须十分注意使试验研究在服从汛期防洪要求和"四省会议"确定的原则下进行；③分年度制订具体的试验研究工作计划及成果要求；④试验研究工作结束后进行总结，并对总成果做出评价报部审查。

根据水利部水管〔1994〕519 号文批复，在 1994～1999 年开展了黄河三门峡水库汛期发电运用的现场试验研究。由水利部黄河水利委员会牵头，水利部黄河水利委员会三门峡水利枢纽管理局主要实施，黄河水利科学研究院、黄河水利委员会三门峡库区水文水资源局现场指导；在试验期间，水利部黄河水利委员会三门峡水利枢纽管理局与黄河水利委员会三门峡库区水文水资源局还进行了有关资料的观测和调查整理。

汛期发电原型试验，按照"四省会议"的精神，在遵循防洪、减淤和排沙的原则，充分发挥水库调节水、沙的能力，改善库区泥沙的冲淤变化，提高水电站的发电效益。

### 7.2.2　原型试验过程

三门峡水库汛期发电原型试验主要研究汛期水库运用调度问题，在不增加水库库区淤积的前提下，选择时机发电。汛期发电原型试验期间的汛期调度主要有三项任务：一是大洪水的防洪调度；二是排沙调度；三是水库的汛期发电原型试验调度。

由于三门峡水库建成以来，下游没有发生超标准洪水，因此水库还未进行过关门拦洪运用，汛期进行泄洪排沙运用。此次汛期发电原型试验期间，汛期也进行泄洪排沙运用，即按"洪水排沙、平水兴利"的原则和方式进行运用，以合理处理水库排沙与发电的关系。

试验期间三门峡水库非汛期运用水位和汛期调度运用及排沙情况分别见表 7.2-1 和表 7.2-2。可以看出，这几年汛期的调度运用基本上是按照上述原则进行，除 1994 年因 2 号隧洞出口防护工程抢护施工和 1999 年 10 月为小浪底水库下闸蓄水做准备，三门峡水库发电控制水位较高（分别达到 318.29m 和 318.22m）外，其他时候都控制在 305m 左右。就整个汛期来说，除 1994 年平均运用水位超过 306m 外，其余年份都不到 304m，加上采用洪水期降低库水位排沙的方式，基本上满足了排沙要求。

表 7.2-1 三门峡水库非汛期运用水位统计

| 运用时段 | 水库运用情况 | 运用时段最高水位（m） | 各级水位出现天数 | | | | | 非汛期平均水位（m） |
|---|---|---|---|---|---|---|---|---|
| | | | >315m | >317m | >320m | >322m | >324m | |
| 1993-11～1994-06 | 凌前蓄水 | 315.08 | 2 | | | | | 315.13 |
| | 凌期蓄水 | 319.54 | 78 | 36 | 0 | 0 | 0 | |
| | 春灌蓄水 | 322.64 | 54 | 50 | 43 | 9 | 0 | |
| | 非汛期合计 | | 134 | 86 | 43 | 9 | 0 | |
| 1994-11～1995-06 | 凌前蓄水 | 318.51 | 37 | 22 | 0 | 0 | 0 | 315.12 |
| | 凌期蓄水 | 316.28 | 26 | 11 | 6 | 0 | 0 | |
| | 春灌蓄水 | 321.80 | 39 | 37 | 17 | 0 | 0 | |
| | 非汛期合计 | | 102 | 70 | 23 | 0 | 0 | |
| 1995-11～1996-06 | 凌前蓄水 | 315.08 | 0 | 0 | 0 | 0 | 0 | 316.54 |
| | 凌期蓄水 | 321.44 | 68 | 43 | 24 | 0 | 0 | |
| | 春灌蓄水 | 321.71 | 83 | 47 | 39 | 0 | 0 | |
| | 非汛期合计 | | 151 | 90 | 63 | 0 | 0 | |
| 1996-11～1997-06 | 凌前蓄水 | 312.89 | 0 | 0 | 0 | 0 | 0 | 314.70 |
| | 凌期蓄水 | 321.39 | 60 | 54 | 23 | 0 | 0 | |
| | 春灌蓄水 | 321.81 | 58 | 54 | 38 | 0 | 0 | |
| | 非汛期合计 | | 118 | 108 | 61 | 0 | 0 | |
| 1997-11～1998-06 | 凌前蓄水 | 315.22 | 5 | 0 | 0 | | 0 | 316.70 |
| | 凌期蓄水 | 320.88 | 57 | 48 | 14 | | 0 | |
| | 春灌蓄水 | 323.80* | 69 | 69 | 33 | 7 | 0 | |
| | 非汛期合计 | | 131 | 117 | 47 | 7 | 0 | |
| 1998-11～1999-06 | 凌前蓄水 | 318.43 | 15 | 8 | 0 | 0 | 0 | 315.79 |
| | 凌期蓄水 | 319.87 | 57 | 32 | 0 | 0 | 0 | |
| | 春灌蓄水 | 320.78 | 81 | 63 | 20 | 0 | 0 | |
| | 非汛期合计 | | 153 | 103 | 20 | 0 | 0 | |
| 1973-11～1985-06 平均值（期内最高） | 凌前蓄水 | 317.11 | 149 | 132 | 95 | 65 | 16 | 316.76 |
| | 凌期蓄水 | 322.39（325.99） | | | | | | |
| | 春灌蓄水 | 323.73（325.39） | | | | | | |
| 1985-11～1993-06 平均值（期内最高） | 凌前蓄水 | 315.66 | 143 | 103 | 66 | 38 | 0 | 315.78 |
| | 凌期蓄水 | 319.55（324.94） | | | | | | |
| | 春灌蓄水 | 323.16（324.11） | | | | | | |

| 运用时段 | 水库运用情况 | 运用时段最高水位（m） | 各级水位出现天数 | | | | | 非汛期平均水位（m） |
|---|---|---|---|---|---|---|---|---|
| | | | >315m | >317m | >320m | >322m | >324m | |
| 1993-11～1999-06平均值（期内最高） | 凌前蓄水 | 315.87 | 137 | 101 | 47 | 5.5 | 0 | 315.66 |
| | 凌期蓄水 | 319.90（321.44） | | | | | | |
| | 春灌蓄水 | 321.92（322.80） | | | | | | |

\* 春灌蓄水后期为配合下游挖沙限制泄流而引起的最高水位，非汛期各级水位出现天数也受其影响

表 7.2-2　三门峡水库汛期调度运用及排沙情况

| 年份 | 运用目标 | 时段 | 运用水位（m） | | | 沙量（亿 t） | | | 水量（亿 m³） | 说明 |
|---|---|---|---|---|---|---|---|---|---|---|
| | | | 平均 | 最低 | 最高 | 潼关 | 三门峡 | 潼关-三门峡 | | |
| 1994 | 发电 | 07-01～07-27 | 311.11 | | 318.29 | | | | | 2 号隧洞出口抢护施工，运用水位偏高 |
| | 泄洪排沙 | 07-28～08-22 | 302.48 | 295.66 | | | | | | — |
| | 发电 | 08-23～10-14 | 304.94 | | 306.01 | | | | | 9 月 1～6 日出现 3660m³/s 洪水，开闸排沙，冲刷 0.64 亿 t |
| | 发电 | 10-15～10-31 | 311.39 | | 314.29 | | | | | 2 号隧洞继续施工，水位偏高 |
| | 汛期 | | 306.63 | 295.66 | 318.29 | 10.3 | 11.9 | -1.6 | 134 | |
| 1995 | 发电 | 07-01～07-16 | 305.38 | | | 0.076 | 0.023 | 0.053 | 2.66 | — |
| | 泄洪排沙 | 07-17～08-20 | 299.16 | 295.53 | | 3.59 | 4.78 | -1.19 | 41.7 | — |
| | 发电 | 08-21～10-31 | 305.61 | | 311.56 | 3.37 | 3.10 | 0.27 | 72.1 | 9 月 3～6 日利用洪水排沙 4d，平均库水位 299.25m，冲刷 0.41 亿 t |
| | 汛期 | | 303.75 | 295.53 | 311.56 | 7.04 | 7.90 | -0.86 | 116 | — |
| 1996 | 发电 | 07-01～07-16 | 305.30 | | 306.70 | 0.33 | 0.22 | 0.11 | 5.66 | |
| | 泄洪排沙 | 07-17～08-19 | 298.57 | 295.10 | | 8.26 | 9.95 | -1.69 | 56.6 | |
| | 发电 | 08-20～10-31 | 305.04 | | 306.88 | 1.29 | 0.65 | 0.64 | 64.3 | |
| | 汛期 | | 303.37 | 295.10 | 306.88 | 9.88 | 10.82 | -0.94 | 127 | |
| 1997 | 发电 | 07-01～07-31 | 303.93 | | 305.43 | 0.552 | 0.157 | 0.395 | 6.67 | |
| | 泄洪排沙 | 08-01～08-23 | 300.63 | 299.27 | | 3.48 | 3.84 | -0.36 | 20.6 | |
| | 发电 | 08-24～10-31 | 304.36 | | 306.86 | 0.369 | 0.122 | 0.247 | 28.3 | |
| | 汛期 | | 303.56 | 299.27 | 306.86 | 4.40 | 4.12 | 0.28 | 55.6 | |
| 1998 | 发电 | 07-01～07-08 | 304.47 | | 305.18 | 0.199 | 0.060 | 0.139 | 2.88 | |
| | 泄洪排沙 | 07-09～08-27 | 301.53 | 299.20 | | 3.67 | 4.88 | -1.21 | 57.1 | |
| | 发电 | 08-28～10-31 | 305.02 | | 308.67 | 0.507 | 0.347 | 0.16 | 25.9 | |
| | 汛期 | | 303.57 | 299.20 | 308.67 | 4.38 | 5.29 | -0.91 | 85.9 | |

| 年份 | 运用目标 | 时段 | 运用水位（m） | | | 沙量（亿 t） | | | 水量（亿 m³） | 说明 |
|---|---|---|---|---|---|---|---|---|---|---|
| | | | 平均 | 最低 | 最高 | 潼关 | 三门峡 | 潼关-三门峡 | | |
| 1999 | 发电 | 07-01~07-20 | 304.87 | | 307.98 | 1.66 | 2.17 | -0.51 | 14.7 | 其间发生一次2200m³/s的高含沙小洪水，潼关以下库区发生冲刷 |
| | 泄洪排沙 | 07-21~08-15 | 304.57 | | | 1.69 | 2.14 | -0.45 | 37.6 | — |
| | 发电 | 08-16~10-03 | 304.57 | | 305.66 | 0.49 | 0.34 | 0.15 | 37.6 | — |
| | 发电 | 10-04~10-31 | 314.86 | | 318.22 | 0.25 | 0.04 | 0.21 | 17.8 | 为小浪底水库下闸蓄水 |

—表示无数据

在泄洪排沙以后的发电运用阶段，由于 305m 水位发电回水影响达不到北村，在发电试验的 6 年中尚未发生过北村高程超过 310m 的情况，同时由于 9、10 月很少有洪水发生，在这 6 年中只有 1994 年、1995 年 9 月初分别发生一次洪峰流量 $Q_m \geqslant 2500\text{m}^3/\text{s}$ 的洪水，分别进行了 6d 和 4d 的降低水位排沙，分别冲刷 0.64 亿 t 和 0.41 亿 t 泥沙，为当年库区冲淤平衡（甚至冲大于淤）发挥了明显的作用，并恢复了部分坝前调沙库容，为其后发电时减少过机含沙量、改善机组运行工况提供了条件。

原型试验结果表明，洪水排沙效果显著，试验期间库区泥沙冲淤基本平衡，大禹渡以下的淤积得到了一定的改善，合理地处理了排沙与发电的关系，改善了机组的运行工况，延长了发电时间，提高了水量的利用率，取得了良好的效果。原型试验项目组编写了《三门峡水利枢纽汛期发电试验研究报告》，该报告还对小浪底水库初期运用条件下三门峡水库的运用进行了分析研究，并提出了建议。该成果由水利部委托黄河水利委员会组织验收，验收专家认为，汛期发电试验研究总结出了水库运用与库区冲淤分布的基本规律，首次提出了汛期运用的基本原则、洪水时的排沙流量及平水时的强制排沙条件等具体控制指标和水库运用方式，并在试验过程中得到了验证。这些研究成果，丰富了多沙河流水电站汛期发电与合理排沙的技术、理论，具有很高的科学价值。

# 7.3　汛期发电运用方式和控制指标体系

## 7.3.1　汛期发电运用基本原则

三门峡水库来水来沙的特点是：洪水沙多，平水沙少，近期洪水次数、天数、水量骤减，沙量更集中于洪水期。三门峡水库的排沙特点是：大水冲刷强度大，即使含沙量高时，结合降低坝前水位，也可以在短时间内取得很好的排沙效果；而在小水期，水流冲刷能力弱，即使降低库水位排沙，库区冲刷也只能局限于坝前小范围内，向上发展很缓慢。洪水排沙形成的坝前漏斗又可作为平水发电时的调沙库容。这些特点为汛期发电原型试验时水库的运用提供了很好的经验，也为"洪水排沙、平水兴利"提供了理论基础。

### 7.3.2　汛期发电运用控制指标

为了便于汛期发电原型试验时的水库调度运用，需要制订一些水库运用指标，确保不增加水库淤积，力争减少水库淤积，也有利于下游河道减淤，以便经过现场试验确定今后汛期发电的水库运用指标。根据三门峡水库蓄清排浑运用以来的经验，以及当前入库的水沙情况和水库上下游河道冲淤特点，水库运用的指标主要有：①水库的排沙流量；②相应排沙流量的坝前控制水位；③水库淤积改善的指标。严格来说，汛期发电原型试验对黄河下游河道冲淤的影响也应进行有目标的检测，但下游河道冲淤影响的因素很多，涉及面广，加之试验经费有限，没有进行过专门的检测。不过，本小节根据现有黄河下游的实测资料，进行了初步分析。

#### 7.3.2.1　水库的排沙流量

排沙流量是影响水库排沙和下游河道减淤的一个重要指标，根据三门峡水库运用的实践经验，三门峡水库排沙流量大于 $3000m^3/s$ 时，有利于下游河道减淤。但是近年来，汛期入库水量减少，流量大于 $3000m^3/s$ 出现的时间减少，平均每年只有 4d 左右，如果水库排沙流量仍按过去大于 $3000m^3/s$ 运用，水库排沙时间会很短，必然影响水库排沙。此外，按前述分析成果，入库流量大于 $1500m^3/s$ 时，水库排沙能力比较强，这样对水库排沙来说是有利的，但是在流量为 $1500m^3/s$ 左右时水库排沙，黄河下游河道淤积会加重，特别是河槽淤积加重，滩槽高差减少，河势摆动频繁，对下游河道是非常不利的。为此，参照 1993 年三门峡水库运用经验总结项目组的意见，初步确定汛期发电原型试验的水库排沙流量为 $2500m^3/s$，即入汛后，当入库洪峰流量大于 $2500m^3/s$ 时，停止发电，降低库水位排沙。

#### 7.3.2.2　水库淤积改善指标

水库淤积改善指标包括减淤量和减淤量的分布，为了在汛期发电原型试验过程中便于操作和试验后的资料分析，增设了控制站（或检测站）和增加了淤积断面测验。增设控制站的目的：一方面，为将汛期发电原型试验引起的库区冲淤变化限制在坝前段，确保淤积不向上游延伸而影响潼关高程；另一方面，力争在汛期发电原型试验中坝前段的淤积有一定的减轻，特别是控制站断面的同流量水位比过去汛期不发电时还要低，这样可以避免汛期发电引起的淤积向上游发展。增加淤积断面测验的目的：检验平水发电时回水淤积上延和控制站以上河道冲淤变化情况，以及分析汛期发电原型试验对库区冲淤的影响。汛期发电原型试验过程中，水库的减淤作用主要通过控制站的同流量水位的变化来确定，因此选择控制站的位置非常重要，如果控制站距坝过远，则洪水排沙时，水库溯源冲刷发展到控制站的时间也长，从而影响发电时间；反之，控制站距坝过近，位于平水发电的回水范围之内，就失去了检测淤积及其上延的作用。根据三门峡水库现有测站布设情况，暂时选用北村水位站为控制站。近年来，非汛期运用水位一般不超过 322m，淤积三角洲顶点在北村附近，北村水位经洪水冲刷到相对平衡后，表明非汛期淤积在近坝段的泥沙基本被冲走，再延长低水位运用的时间，对北村以下的冲刷作用不大。

汛期库水位为 305m 发电时，回水不到北村，引起库区淤积的范围在北村以下，如果淤积延伸达到北村，又可规定停止发电，降低水位排沙，使汛期发电原型试验引起的冲淤变化限制在北村以下，北村以上河道的冲淤不受发电影响。对控制站要求有比较稳定的水位-流量关系，因为在汛期发电原型试验过程中，入库流量不是恒定流，流量是变化的，必须从水位-流量关系中及时了解水库淤积改善的情况。为此，对北村水位站的水位-流量关系及其控制水位进行分析。

1）北村水位站水位-流量关系

北村水位站（二）距坝 43.4km，位于黄淤 22 断面。北村水位在每年非汛期水库蓄水运用时，直接受水库回水影响，水位-流量关系线抬升；汛期库水位下降，北村水位受壅水消落和溯源冲刷的影响不断下降。在北村水位冲刷下降过程中，水位-流量关系的线形是否一致，对检测成果的质量影响很大，以致影响检测站是否可以使用。图 7.3-1 是 1995 年汛期（7~10 月）连续 4 次洪峰冲刷过程中的水位-流量关系线，线形基本上是一致的，表明利用北村水位站的同流量水位变化来检测坝前段的冲淤变化具有很好的条件。

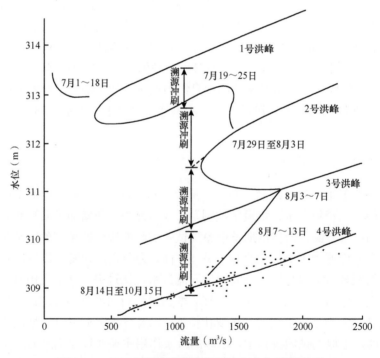

图 7.3-1　1995 年汛期北村水位站洪水水位-流量关系

分析 1973~1995 年北村水位站各年的水位-流量关系，为了便于今后使用，流量统一借用三门峡的日平均流量，水位用北村水位站实测的相应日平均水位，点绘了各年的水位-流量关系，各年的变化情况基本一致，当溯源冲刷达到相对平衡后，北村的水位-流量关系均比较稳定，相关系数在 0.9 以上。历年汛期北村水位站河床稳定后的水位-流量关系可以用下式表示：

$$H = \alpha Q + \beta \qquad (7.3\text{-}1)$$

式中，$H$ 为北村水位（m）；$Q$ 为三门峡流量（m³/s）；$\alpha$、$\beta$ 为系数。

北村汛期河床稳定时水位-流量关系式中的系数 $\alpha$、$\beta$，分别反映北村水位站的断面形态和河床高程的变化。从表 7.3-1 中流量为 1000m³/s 时的水位可以看出，$\beta$ 对北村水位的影响较 $\alpha$ 大，$\alpha$ 很小，对北村的水位影响不大，即北村水位站流量为 1000m³/s 时的水位变化主要取决于河床高程，断面形态影响相对较小。

表 7.3-1 北村汛期河床稳定时水位-流量关系特征值

| 年份 | $\alpha$ | $\beta$ | $R^2$ | 1000m³/s 水位（m） |
|---|---|---|---|---|
| 1973 | 0.0006 | 306.36 | 0.9278 | 307.96 |
| 1974 | 0.0007 | 307.43 | 0.8498 | 308.13 |
| 1975 | 0.0006 | 307.74 | 0.9369 | 308.34 |
| 1976 | 0.0010 | 308.59 | 0.9181 | 309.79 |
| 1977 | 0.0005 | 309.94 | 0.8493 | 310.44 |
| 1978 | 0.0005 | 311.04 | 0.9473 | 311.54 |
| 1979 | 0.0007 | 309.98 | 0.9292 | 310.68 |
| 1980 | 0.0004 | 309.86 | 0.8280 | 310.26 |
| 1981 | 0.0005 | 310.21 | 0.9321 | 310.71 |
| 1982 | 0.0008 | 309.85 | 0.8372 | 310.65 |
| 1983 | 0.0003 | 310.67 | 0.6891 | 310.97 |
| 1984 | 0.0007 | 309.77 | 0.9101 | 310.47 |
| 1985 | 0.0007 | 309.69 | 0.9275 | 310.39 |
| 1986 | 0.0011 | 308.89 | 0.9495 | 309.99 |
| 1987 | 0.0015 | 308.65 | 0.9508 | 310.15 |
| 1988 | 0.0008 | 307.95 | 0.9210 | 308.75 |
| 1989 | 0.0007 | 309.03 | 0.9639 | 309.73 |
| 1990 | 0.0006 | 308.56 | 0.8291 | 309.16 |
| 1991 | 0.0007 | 309.18 | 0.8500 | 309.88 |
| 1992 | 0.0010 | 307.55 | 0.8500 | 308.55 |
| 1993 | 0.0009 | 307.72 | 0.8500 | 308.62 |
| 1994 | 0.0009 | 307.77 | 0.8700 | 308.67 |
| 1995 | 0.0007 | 308.2 | 0.9200 | 308.90 |

注：$R^2$ 为相关系数

2）北村高程

三门峡水库敞泄情况下三门峡水文站日平均流量为 1000m³/s 时，北村水位站（二）实测的相应的日平均水位，称为北村高程。表 7.3-1 给出了 1973～1995 年经过汛期冲刷后流量为 1000m³/s 时的北村水位，可以看出，1973 年汛期三门峡水库敞泄滞洪运用，北村水位较低，只有 307.96m，1974 年开始蓄清排浑运用，汛期控制运用，坝前水位升高至 305m 发电水位，当时由于闸门启闭设备不健全，又缺乏管理运用的经验，往往闸门启闭不能适应来水来沙过程的迅速变化，以致汛期运用水位偏高，北村高程相应升高，1978 年达到最大值 311.54m，北村高程基本维持在 310～311m，即使在 1980～1987 年汛期基本不发电，坝前平均水位低于 305m，北村高程也没有发生明显的降低，平均为 310.45m。但是在 1988 年以后，北村高程突然下降，并且 1989 年还开始进行浑水发电试验（试验的目的主要是研究水轮机抗磨蚀的防护材料和管理运用问题），水库运用方式为一般避开 7 月下半月至 8 月上半月（简称"七下八上"）黄河来洪水多、含沙量高的主汛期。之后抬高库水位到 305m，进行浑水发电试验，北村高程有明显的降低。研究其原因对汛期发电原型试验具有指导意义。下面仅列出 1981 年和 1994 年汛期运用情况的对比分析成果。

1981 年和 1994 年汛期洪峰进、出库水文特征值分别见表 7.3-2 和表 7.3-3。1981 年汛期来水量 338.67 亿 m³，其中有 5 次洪水，洪量 286.76 亿 m³，历时 95d，洪水量大，历时长；1994 年汛期来水量 134 亿 m³，也发生 5 次洪水，历时 37d，洪量 64.4 亿 m³，洪量小、历时短。1994 年是汛期发电原型试验的第一年，又遇到 2 号隧洞下游塌岸，在汛期平水时抢修施工，在洪水来时停止施工，能敞开的泄水建筑物全部打开，因此库水位较低。其中除第 2 号洪水因洪峰流量小仍控制运用，库水位较高外，有 3 次洪水期的平均库水位接近 301m。而 1981 年中 5 次洪水的平均库水位为 305m 左右，较 1994 年的平均库水位高。将这 2 年的出库流量及北村和史家滩的水位过程分别绘于图 7.3-2 和图 7.3-3。可以看出，1981 年洪水流量较大，闸门开启不够，没有充分利用枢纽的泄流能力，致使泄流壅水比较严重，其中 9、10 月两场大洪水期间，达到洪峰流量时坝前最高壅水位接近 310m，壅水引起的回水超过北村；而 1994 年除第 2 号洪水坝前水位较高外，其余各场次洪水坝前水位较低，因此 1994 年北村河床稳定时的同流量水位较 1981 年明显偏低，这就表明充分利用洪水降低坝前水位排沙，对降低北村水位的效果是明显的。

表 7.3-2　1981 年汛期洪峰进、出库水文特征值

| 序号 | 站名 | 时段 | 水量（亿 m³） | 沙量（亿 t） | 平均库水位（m） |
|---|---|---|---|---|---|
| 1 | 潼关 | 7-3～7-4 | 25.68 | 1.24 | 304.66 |
| | 三门峡 | 7-4～7-5 | 29.50 | 2.12 | |
| 2 | 潼关 | 7-15～8-3 | 39.23 | 1.86 | 304.85 |
| | 三门峡 | 7-16～8-4 | 41.28 | 2.04 | |
| 3 | 潼关 | 8-18～8-29 | 34.28 | 2.16 | 304.43 |
| | 三门峡 | 8-19～8-30 | 35.04 | 2.35 | |
| 4 | 潼关 | 9-1～9-14 | 53.27 | 1.76 | 305.68 |
| | 三门峡 | 9-2～9-15 | 54.62 | 2.24 | |
| 5 | 潼关 | 9-15～10-20 | 135.80 | 2.24 | 305.49 |
| | 三门峡 | 9-6～10-21 | 135.70 | 3.63 | |

表 7.3-3　1994 年汛期洪峰进、出库水文特征值

| 序号 | 站名 | 时段 | 水量（亿 m³） | 沙量（亿 t） | 平均库水位（m） |
|---|---|---|---|---|---|
| 1 | 潼关 | 7-9～7-13 | 9.20 | 1.75 | 305.11 |
|  | 三门峡 | 7-9～7-13 | 11.7 | 2.53 |  |
| 2 | 潼关 | 7-23～7-31 | 9.50 | 0.76 | 311.70 |
|  | 三门峡 | 7-24～8-1 | 11.0 | 0.57 |  |
| 3 | 潼关 | 8-4～8-9 | 12.7 | 2.15 | 301.52 |
|  | 三门峡 | 8-5～8-10 | 12.9 | 2.32 |  |
| 4 | 潼关 | 8-10～8-19 | 20.8 | 2.74 | 300.98 |
|  | 三门峡 | 8-11～8-20 | 19.5 | 3.03 |  |
| 5 | 潼关 | 8-31～9-6 | 12.2 | 1.43 | 302.51 |
|  | 三门峡 | 9-1～9-7 | 12.6 | 2.03 |  |

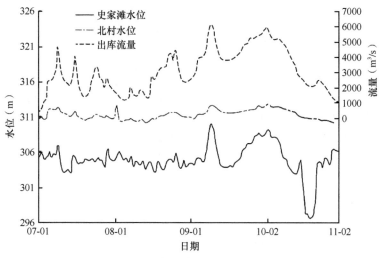

图 7.3-2　1981 年水库运用水位及流量过程

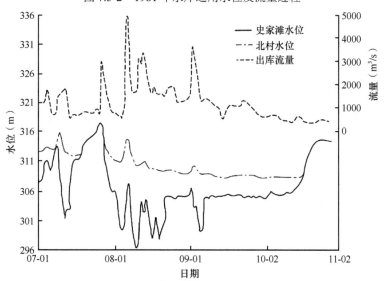

图 7.3-3　1994 年水库运用水位及流量过程

汛期发电原型试验中对北村水位站的水位控制要求是，使汛期发电原型试验引起的库区淤积变化限制在北村以下，同时又不影响溯源冲刷向上游发展。因为北村水位经过冲刷达到相对稳定后的水位-流量关系，对北村以上来说犹如形成了一个新的临时侵蚀基准面。从表 7.3-1 可以看出，在 1980～1988 年三门峡水库汛期不发电时，北村河床稳定时流量 1000m³/s 的平均水位为 310.45m，1989～1993 年浑水发电原型试验时北村的平均水位为 309.19m，为此初步确定汛期发电试验中北村水位站 1000m³/s 流量的控制水位为 309～310m，即在洪水期降低水位排沙时，必须在北村水位降到 309m 时才能抬高水位到 305m 发电，在发电过程中，如果北村水位由于溯源淤积的上延而升高达到 310m，必须停止发电，降低库水位排沙，待北村水位降到 309m 后才能继续发电。为保证汛期发电原型试验期间充分利用洪水排沙，使库区泥沙淤积变化控制在北村以下，在汛期发电期间，如果潼关站出现了大于排沙流量的洪水，不管北村水位多高，都要停止发电，降低水位，按"洪水排沙"方式运用。同时根据 1989～1995 年的实测资料，建立了北村河床稳定的平均水位-流量关系式，作为汛期发电试验运用的控制条件，其关系式为

$$H = 0.0008Q + 308.20 \tag{7.3-2}$$

由于实测的水位-流量关系线有一定的变幅，约为 0.5m，试验中可以根据库区来水来沙情况和冲淤情况采用流量 1000m³/s 时北村稳定水位为 309m，考虑 0.5m 的变幅，将其作为汛期开始发电和发电过程中水位的控制指标。由此，三门峡水库进行汛期发电原型试验，北村水文站的控制水位比 1980～1988 年汛期不发电的水位低 1.45m，比 1989～1993 年浑水发电试验的水位低 0.19m，不仅不会增加库区的淤积，还可能改善库区的淤积状况。

### 7.3.2.3 坝前控制水位

坝前控制水位是指水库排沙时的控制最低运用水位，它与水库排沙流量是保证北村控制水位实现的重要条件。为此，坝前控制水位的确定，第一应满足排沙流量 2500m³/s 敞泄的要求，根据 10 个底孔的泄流曲线，在敞泄情况下查出相应流量 2500m³/s 的水位为 297.6m，控制水位采用 298.0m；第二应满足坝前排沙要求，如上所述，为改善汛期发电原型试验期间库区的淤积情况，确定三门峡流量 1000m³/s 时北村水位为 309m，由此计算史家滩至北村河段的比降达到 2.5‰，远大于北村以上的比降，可以满足库区排沙的要求；第三应尽量扩大库水位 305m 发电时的坝前调沙库容，减少过机含沙量，改善水轮机发电工况。根据过去实测资料分析和初步估算，库区排沙时坝前控制水位为 298m，在北村水位冲刷达到 309m 时，库水位 305m 的库容可以达到 0.5 亿 m³ 左右，基本满足发电时调沙库容的要求。

## 7.3.3 汛期发电运用方式

综合上述分析结果，三门峡水库汛期发电原型试验的运用原则为"洪水排沙，平水兴利"。具体操作方法和指标为：当汛期入库洪峰流量大于 2500m³/s 时，停止发电，库水位降到 298m 进行排沙运用。在北村水位站的水位降到 309m（相应三门峡流量为

1000m³/s）时，洪水过后，含沙量小于 30kg/m³（考虑调沙库容的调沙作用，指出库含沙量），可以抬高库水位到 305m 进行发电运用。在发电过程中，由于坝前回水淤积上延，北村水位超过 310m，为避免淤积继续延伸增加水库淤积，则不论入库流量多大，均要停止发电，降低库水位到 298m 进行排沙运用，等北村水位降到 309m 后再进行发电，以确保汛期发电原型试验引起的库区淤积限于北村以下。运用方式见图 7.3-4。

图 7.3-4　三门峡水库汛期发电运用方式图

据三门峡水库 1960～1994 年实测资料统计结果（表 7.3-4），入汛后第一次流量大于 3000m³/s 的洪水出现在 7 月 15 日以前的概率只有 45.7%，即有一半以上的年份在 7 月 15 日以前不来洪水。为避免水库小水排沙，对下游河道淤积不利，继续维持 305m 发电运用；如果到 7 月 20 日还不来洪水，为减轻水库淤积，应该停止发电，降低库水位到 298～300m，强迫排沙运用，等北村水位降到 309m 后再开始发电。在汛期发电过程中，当入库洪峰流量大于 2500m³/s 时，应停止发电，降低库水位到 298m 进行排沙运用。

表 7.3-4　三门峡水库 1960～1994 年入汛后流量大于 3000m³/s 的第一洪峰出现时间

| 出现时段 | 6-26～<br>6-30 | 7-1～<br>7-5 | 7-6～<br>7-10 | 7-11～<br>7-15 | 7-16～<br>7-20 | 7-21～<br>7-25 | 7-26～<br>7-30 | 7-31～<br>8-4 | 8-5<br>以后 |
|---|---|---|---|---|---|---|---|---|---|
| 出现次数 | 1 | 3 | 8 | 4 | 4 | 5 | 4 | 5 | 1 |
| 占总数百分数（%） | 2.9 | 8.6 | 22.8 | 11.4 | 11.4 | 14.3 | 11.4 | 14.3 | 2.9 |
| 累加百分数（%） | 2.9 | 11.5 | 34.3 | 45.7 | 57.1 | 71.4 | 82.8 | 97.1 | 100 |

# 7.4　分时段调沙分沙技术

## 7.4.1　库容调沙技术

汛期入库沙量大，又要排走非汛期淤积在库内的泥沙，基本保持潼关以下库区年内泥沙冲淤平衡，这就需要根据来沙情况采取合理的水沙调节方式，既要满足排沙要求，又要尽量减少发电时的过机泥沙。

水库运用对减少过机泥沙的作用，主要通过调沙库容来实现。要减少过机泥沙，在汛期泄洪排沙后就要通过水库的排沙运用保持有一定的调沙库容，其后适当抬高水位进行发电时，通过泥沙的暂时淤积减少出库泥沙，特别是减少粗颗粒泥沙，从而达到减少过机泥沙的目的。当调沙库容损失到相当部分或发生淤积上延后，再利用洪水或在适当时机降低水位进行排沙，及时恢复调沙库容，过程见图 7.4-1。

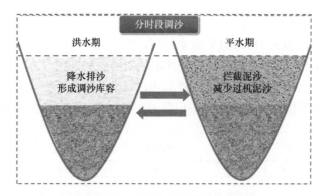

图 7.4-1　汛期分时段调沙示意图

1989 年汛期发电（7 月 18 日开始）前，由于水库没有形成供发电时泥沙淤积的调沙库容，加上没有充分利用 7、8、9 月先后 6 次洪峰流量大于 3000m³/s 洪水的排沙作用，水库一直处于冲淤不平衡状态，既未减少多少过机泥沙（过机含沙量相对入库含沙量仅减小 5.4%），又未把非汛期淤积的泥沙冲走。吸取 1989 年的经验教训，1990 年入汛后，利用 7 月 8 日和 7 月 27 日两场流量大于 3000m³/s 的洪水冲刷排沙，发电前，河床处于微冲状态，高程 305m 以下库容有 0.5 亿～0.6 亿 m³，9 月 1 日起库水位由 302m 升到 305m 进行发电，河床转冲为淤，至 10 月 3 日共淤积 0.276 亿 t，有效地减少了过机泥沙，较入库含沙量减小了 45.8%。9 月 14 日前为淤积发展阶段，累计淤积 0.208 亿 t，其平均出库含沙量为 30.3kg/m³，比同期入库含沙量减少 9.4kg/m³；泥沙分选现象亦十分明显，中值粒径 $d_{50}$ 减小 30%～50%，粒径 $d$ 大于 0.05mm 的含沙量由入库的 4.0kg/m³ 减小为 1.6kg/m³。14 日以后，来水来沙条件与淤积后的河床输沙能力逐渐相适应，出现微淤的相对平衡状态，进出库含沙量仅相差 0.7kg/m³，$d_{50}$ 变化亦很小，标志着该级水位下的调沙库容已淤去相当部分，相对于此时水沙条件的调沙能力已大大下降。9 月 23 日至 10 月 3 日有两次小洪水入库，最大流量仅 2630m³/s，含沙量为 210kg/m³，又重新恢复淤积过程。10 月 4～8 日是调沙库容的恢复过程，5d 冲刷量达 0.401 亿 t，其中粒径大于 0.05mm 的粗沙有 0.184 亿 t，发电期间的淤积物不仅全部排出，还多冲刷了 0.126 亿 t 泥沙，为以后的发电创造了有利条件。1991～1993 年的冲淤资料表明，汛期发电期间也有类似的变化规律，即在前期排沙获得一个调沙库容的基础上，发电开始后 20d 左右为淤积发展阶段，之后处于微淤的相对平衡阶段。

1994 年由于 2 号隧洞出口塌方，进行抢险处理，7 月先后两次将水位蓄到 310m 以上，最高超过 318m。但该年由于及时利用流量大于 3000m³/s 的洪水冲刷库区，8 月 24 日后的发电期间，水库也一直处于淤积状态，出库含沙量相对入库含沙量减少 33.7%，过机含沙量相对入库含沙量减小 51.7%，对发电十分有利。

从上述分析，可以得到两点认识：第一，调沙库容对减少过机泥沙具有十分重要的作用，应当充分利用洪水冲刷非汛期淤积的泥沙，基本保持潼关以下库区年内冲淤平衡和获得供汛期发电的调沙库容；第二，泄洪排沙期冲刷得到调沙库容，一般在发电开始 20d 左右，水库处于淤积发展阶段，减少过机泥沙作用显著，之后水库处于微淤阶段，减少过机泥沙的作用相对降低，为有利于以后的发电，可采取利用洪水或降低水位排沙以恢复一部分调沙库容，或到来沙少的 10 月适当抬高水位，逐步过渡到非汛期运用水位，扩大调沙库容，以减少过机含沙量，特别是减少过机的粗颗粒泥沙。

1994 年采用"洪水排沙、平水兴利"的汛期运用方式以来，根据前几年的经验，通过水库的调度运用，在发电时均保持有一定的调沙库容，以减少过机泥沙，为发电创造良好的条件。

### 7.4.2　分孔洞分沙技术

三门峡水库汛期发电属低水头径流发电，按照机组与泄流建筑物的布置特点，开启不同的泄流建筑物进行分水分沙，对减小过机泥沙的作用有明显的差别。三门峡的泄流坝段布置在靠弯道的凹岸侧和主流区，并且进口高程相对较低，底孔位于河道主流区，进口底部高程为 280m；隧洞位于凹岸，进口底部高程为 290m；深孔位于底孔上方，进口底板高程为 300m，见图 7.4-2。1~5 号机组引水进口底板高程为 287m，位于凸岸；6 号机组、7 号机组、8 号钢管进水口高程为 300m。这种泄流建筑物的平面布置形式不尽合理，但泄流建筑的高程较低是有利于排沙的，从而减少过机泥沙。

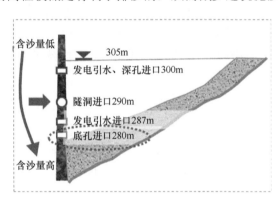

图 7.4-2　三门峡水库孔洞分布示意图

底孔进口高程最低，分沙效果显著，凡是有底孔泄流时，过机泥沙含沙量就明显减少，根据 1994 年和 1995 年观测资料，在有底孔参加泄流的情况下，过机含沙量比出库分别减少 24% 和 23%，而无底孔参加泄流时，两者相近（表 7.4-1）。

表 7.4-1　有无底孔泄流时过机与出库含沙量比较

| 年份 | 泄流孔运用 | 平均过机含沙量（kg/m³） | 平均出库含沙量（kg/m³） | 过机与出库含沙量比值 |
| --- | --- | --- | --- | --- |
| 1994 | 有底孔泄流（36d） | 16.94 | 22.08 | 0.76 |
| | 无底孔泄流（19d） | 15.44 | 15.69 | 0.98 |
| 1995 | 有底孔泄流（28d） | 28.2 | 36.4 | 0.77 |
| | 无底孔泄流（13d） | 6.22 | 6.10 | 1.02 |

另外，1989~1994 年实测资料也表明，汛期发电期间启用底孔时间长短，与过机含沙量减少程度有一定关系，如表 7.4-2 所示。可以看出，汛期发电期间多开底孔，对减

少过机泥沙明显有利，特别是粒径大于 0.05mm 的粗沙，最高可减少 60%以上。

表 7.4-2　泄流建筑物的运用时间对减少过机泥沙的作用　　　　　　（单位：%）

| 年份 | 底孔启用率 | 隧洞启用率 | 全沙过机含沙量减少率 | 粒径大于 0.05mm 过机含沙量减少率 |
|------|------------|------------|----------------------|----------------------------------|
| 1980 | 89 | 85.5 | 27.8 | 61.0 |
| 1990 | 91.4 | 85.7 | 42.8 | 47.5 |
| 1991 | 34.6 | 98.1 | 27.4 | 18.9 |
| 1992 | 65.0 | 73.6 | 35.0 | 43.6 |
| 1993 | 33.3 | 89.5 | 12.1 | 29.8 |
| 1994 | 56.5 | 59.4 | 27.0 | 31.3 |

注：①底孔启用率$=\dfrac{底孔运用天数}{发电总天数}$，隧洞启用率类似；②过机含沙量减少率$=\dfrac{S_{出}-S_{机}}{S_{出}}$

　　运用底孔泄流，对坝前冲刷漏斗的形成十分有利。由于底孔位置低，当水库水流行进到坝区时，由明渠渐变流转为有压底孔入流，发生流动形式的转变，采取较陡的纵坡和横坡过渡，形成坝区漏斗状的河床边界形态。由于水库淤积前坡段和冲刷漏斗段形成一个急变流水域，流速和垂向分布朝底速增大、表速减小的方向调整，同时也改变了泄水建筑物前的含沙量垂向分布形态，这与坝前河床形态和纵向、横向围堰共同起到分流、分沙作用，使高浓度、粗颗粒泥沙通过底孔排出，有利于减少过机泥沙。这种分流、分沙作用已被模型试验和实测资料所证实。

### 7.4.3　减磨效果

　　对水轮机的磨损程度，随着过机水流的含沙量和泥沙粒径的增大而加重，中国水利水电第十一工程局勘测设计研究院曾对 30$^{\#}$铸钢的磨损与含沙量等因素之间的关系进行试验，其结果如下：

$$P_{A}=\varepsilon W^{3}S^{0.65}T \tag{7.4-1}$$

式中，$P_{A}$ 为磨损强度（cm/h）；$W$ 为相对速度（m/s）；$S$ 为含沙量（kg/m³）；$T$ 为磨损时间（h）；$\varepsilon$ 为包含硬矿物含量和泥沙粒径等综合因素的系数，在当时试验情况下为 $0.558×10^{-9}$。

　　由式（7.4-1）可见，在水轮机运行条件相同的情况下，磨损强度与含沙量的 0.65 次方成正比。对于泥沙粒径与磨损强度的关系，该院又在整理三门峡和国内外资料的基础上，以 $d$=0.35mm 泥沙的磨损强度作为 100%，建立相对磨损率与泥沙粒径的关系，如图 7.4-3 所示。由图 7.4-3 可以看出，粒径小于 0.05mm 泥沙的磨损程度只及粒径为 0.35mm 泥沙的 5%～10%，当粒径大于 0.05mm 时，相对磨损率迅速提高。以上结果说明，汛期发电时调水调沙减少过机含沙量，尤其是减少粒径大于 0.05mm 的粗泥沙的含量，对减轻水轮机磨损的作用是显著的。

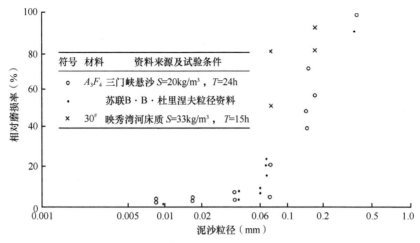

图 7.4-3　水轮机相对磨损率与泥沙粒径的关系

式（7.4-1）表明，在其他条件相同的前提下，磨损强度与含沙量的 0.65 次方成正比。因此，减少过机含沙量对降低水轮机的磨损程度（以下简称"减磨"）可以写成下式：

$$\frac{P - P_i}{P} = \frac{S^{0.65} - S_i^{0.65}}{S^{0.65}} \tag{7.4-2}$$

式中，$S$ 为原来的含沙量；$S_i$ 为经过调沙减少后的含沙量；$P$ 为原来的磨损强度；$P_i$ 为含沙量减少为 $S_i$ 后的磨损强度。

式（7.4-2）表示磨损强度因含沙量减少而降低的百分比，可分为如下三种情况。

（1）水库调沙的减磨作用

$$\frac{P - P_1}{P} = \frac{S^{0.65} - S_1^{0.65}}{S^{0.65}} \tag{7.4-3}$$

（2）泄流建筑物分沙的减磨作用

$$\frac{P_1 - P_2}{P_1} = \frac{S_1^{0.65} - S_2^{0.65}}{S_1^{0.65}} \tag{7.4-4}$$

（3）水库调沙和泄流建筑物分沙的综合减磨作用

$$\frac{P - P_2}{P} = \frac{S^{0.65} - S_2^{0.65}}{S^{0.65}} \tag{7.4-5}$$

式中，$S$、$S_1$、$S_2$ 分别为入库、出库、过机含沙量；$P$、$P_1$、$P_2$ 分别为相应的磨损强度。

利用式（7.4-3）～式（7.4-5）可以对 1989～1998 年汛期发电时水库调沙和泄流建筑物分沙及综合减磨作用进行估算，其减磨效果如表 7.4-3 所示。水库调沙和泄流建筑物分沙作用的综合减磨效果一般为 20%～60%。水库调沙的减磨作用，一般来说比泄水建筑物分沙的减磨作用更大，但视水沙条件不同会有所差别。值得注意的是，1994 年以后，水库逐步采用根据"洪水排沙、平水兴利"原则制定的运用方式，水库调沙和泄流建筑物分沙均发挥了很大作用，综合减磨作用明显提高，由原来的 20%左右提高到 40%～60%。

表 7.4-3  1989~1998 年减轻水轮机泥沙磨损效果估算

| 项目 | 年份 | | | | | | | | | |
|---|---|---|---|---|---|---|---|---|---|---|
| | 1989 | 1990 | 1991 | 1992 | 1993 | 1994 | 1995 | 1996 | 1997 | 1998 |
| 平均进库含沙量（kg/m³） | 20.3 | 41.9 | 24.8 | 20.2 | 14.1 | 32.3 | 41.0 | 21.9 | 14.8 | 29.5 |
| 平均出库含沙量（kg/m³） | 27.9 | 36.4 | 19.7 | 11.1 | 11.2 | 19.0 | 31.4 | 12.6 | 5.39 | 18.4 |
| 平均过机含沙量（kg/m³） | 23.9 | 28.8 | 17.1 | 9.29 | 9.97 | 15.6 | 21.3 | 9.92 | 3.66 | 12.9 |
| 水库调沙减磨作用（%） | −23.0 | 8.80 | 13.9 | 32.2 | 13.7 | 29.2 | 16.0 | 30.2 | 48.1 | 26.4 |
| 泄流建筑物分沙减磨作用（%） | 9.7 | 14.1 | 8.80 | 11.0 | 7.50 | 12.0 | 22.3 | 14.4 | 22.2 | 20.6 |
| 综合减磨作用（%） | −11.1 | 21.6 | 21.5 | 39.6 | 20.2 | 37.7 | 34.7 | 40.2 | 59.6 | 41.6 |

对机组磨损严重的粗颗粒（$d \geq 0.05$mm）泥沙，水库调沙的削减作用更为明显，从表 7.4-4 可以看出，经过水库调沙后，平均粒径和中值粒径及粗沙占全沙的百分比均有大幅度下降。这种减磨作用对延长水轮机叶片的寿命无疑是很重要的，它可以减少汛期发电的成本投入，也是提高汛期发电效益的重要措施。

表 7.4-4  1994~1998 年过机及进、出库粗、细沙情况

| 取样地点 | 年份 | 平均含沙量（kg/m³） | $d \geq 0.05$mm 含沙量（kg/m³） | 粗沙占全沙的比例（%） | 平均粒径（mm） | 中值粒径（mm） |
|---|---|---|---|---|---|---|
| 进库（潼关站） | 1994 | 32.3 | 5 | 15.5 | 0.026 | 0.023 |
| | 1995 | 41 | 6.52 | 15.9 | 0.026 | 0.02 |
| | 1996 | 21.9 | 5.64 | 25.8 | 0.029 | 0.025 |
| | 1997 | 14.8 | 4.06 | 27.4 | 0.034 | 0.03 |
| | 1998 | 29.5 | 6.9 | 23.4 | 0.03 | 0.03 |
| 出库（三门峡） | 1994 | 19 | 0.93 | 4.9 | 0.014 | 0.007 |
| | 1995 | 31.4 | 2.73 | 8.7 | 0.019 | 0.012 |
| | 1996 | 12.6 | 1.93 | 15.3 | 0.019 | 0.01 |
| | 1997 | 5.39 | 0.81 | 15.0 | 0.016 | 0.014 |
| | 1998 | 18.4 | 2.4 | 13.0 | 0.019 | 0.014 |
| 试验机组 | 1994 | 15.6 | 0.8 | 5.1 | 0.012 | 0.007 |
| | 1995 | 21.3 | 0.77 | 3.6 | 0.016 | 0.01 |
| | 1996 | 9.92 | 1.43 | 14.4 | 0.018 | 0.009 |
| | 1997 | 3.66 | 0.6 | 16.4 | 0.019 | 0.005 |
| | 1998 | 12.9 | 1.3 | 10.1 | 0.022 | 0.015 |

# 7.5  汛期发电运用影响及效益

## 7.5.1  对库区和下游河道冲淤的影响

### 7.5.1.1  汛期潼关至大坝段库区冲淤特性

1）汛期潼关至大坝段库区冲淤概况

根据大断面测验资料，1993 年 10 月 4 日至 1999 年 11 月 16 日共淤积泥沙 0.353 亿 m³。

1999 年 10 月为配合小浪底水库初期蓄水运用，三门峡水库进行预蓄水，最高库水位达 318.22m，致使水库增淤约 0.25 亿 m³，若扣除此影响，6 年潼关至大坝段库区基本上维持冲淤平衡。

从各运用时段的冲淤部位来看，1994～1999 年汛期发电原型试验期间，如前所述，若扣除 1999 年 10 月预蓄水的淤积，黄淤 31 断面以下库段 1998 年前略有冲刷；黄淤 31～36 断面，6 年冲刷 0.03 亿 m³；黄淤 36～41 断面，6 年累计淤积 0.15 亿 m³，这部分淤积物主要发生在 1995 年和汛期水量特别枯的 1997 年。

2）汛期溯源冲刷及其影响因素

Ⅰ．溯源冲刷过程和范围

对于蓄清排浑运用的三门峡水库，汛期降低水位进行排沙。汛初降低水位后，坝前水位与非汛期的淤积三角洲产生较大的水位落差，于是形成自大坝向上游发展的溯源冲刷，把泥沙排至库外，溯源冲刷的范围和冲刷量对于冲刷库区非汛期淤积的泥沙，恢复有效库容十分重要。

根据大断面测验，汛前（或汛初）和汛后（或汛末）两次大断面冲淤面积的沿程变化或河底平均高程的沿程变化大致能够确定溯源冲刷的范围。根据近年的资料分析，溯源冲刷的末端大部分在大禹渡（黄淤 31 断面）与沽夺（黄淤 36 断面）之间，少部分在沽夺上下，溯源冲刷范围除与非汛期的淤积分布有一定的关系外，主要与汛期水量和坝前控制水位有关。图 7.5-1 和图 7.5-2 分别为 1996 年、1997 年汛初和汛末（或泄洪排沙期后）的平均冲淤面积和河底高程的沿程分布图。

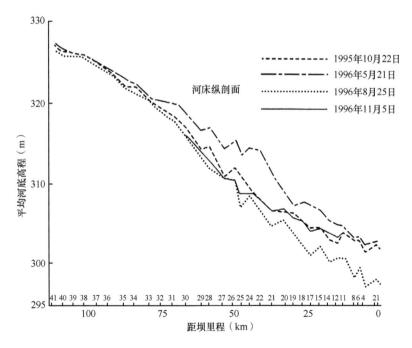

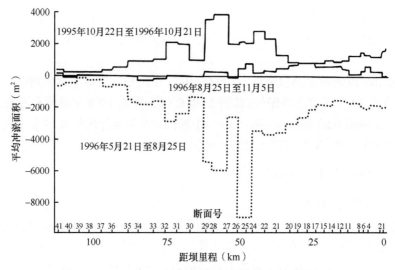

图 7.5-1　1996 年平均冲淤面积和河底高程的沿程分布

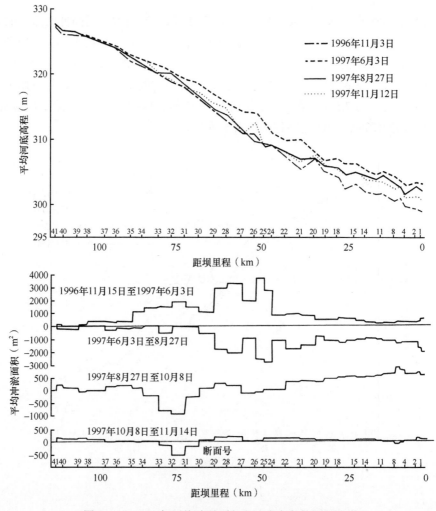

图 7.5-2　1997 年平均冲淤面积和河底高程的沿程分布

水库在溯源冲刷过程中，一般是从大坝向上游发展的，靠近坝前冲刷深度大，冲刷速度快，随着向上游的发展，溯源冲刷深度逐渐减小，冲刷速度减缓，以致溯源冲刷逐渐消失。三门峡水库各年的溯源冲刷特点基本一致。汛初，在库水位低于三角洲之后，三角洲顶点附近水位落差集中，局部形成很陡的水面比降，水深减小，流速增大，此处河床首先发生冲刷，冲刷范围逐渐向上游发展，水面比降趋于减缓。冲刷河段越长，水位落差的集中程度越分散，冲刷强度也就越弱，直到冲刷河段的河道形态与当时的水沙条件相适应，溯源冲刷即告终止。最近几年洪水排沙控制水位由洪水前的 305m 降至 298～300m，起自三角洲顶点和库水位下降后自大坝前向上游发展的溯源冲刷同步发展，加大了溯源冲刷的强度与范围。

Ⅱ．溯源冲刷和沿程冲刷

汛初库区洪水冲刷表现为溯源冲刷和溯源冲刷与沿程冲刷相互衔接。沽夺至坝前库段以溯源冲刷为主，兼有沿程冲刷；潼关至沽夺河段则主要受来水来沙条件的影响，属沿程冲淤性质。这一特点以潼关河床发生强烈冲刷的历次洪水尤为突出，此类洪水冲刷可自潼关至坝前贯通全程。但潼关至沽夺河段受河床边界各条件变化的影响，特别是陡涨陡落、洪峰流量和洪量不大的高含沙洪水，冲刷强度沿程减弱；沽夺以下河床由于沿程冲刷与溯源冲刷相互衔接，冲刷强度沿程增大。例如，1996 年 7 月底发生的一次来自渭河的高含沙洪水，渭河华县站洪峰流量 3450m³/s，最大含沙量 565kg/m³，到潼关后，洪峰流量仅 2290m³/s，最大含沙量 490kg/m³，潼关河床发生强烈冲刷，冲刷强度至沽夺沿程减弱，此时正值泄洪排沙期，坝前水位降至 298m 左右，自坝前向上发生强烈的溯源冲刷，与沿程冲刷相结合，沽夺以下冲刷强度沿程增加，此次洪水后，与汛初相比，潼关、沽夺、大禹渡、北村 1000m³/s 流量的水位分别下降了 2.07m、1.32m、2.68m 和 5.69m，沽夺的同流量水位下降值明显小于潼关和大禹渡。随着洪水溯源冲刷的不断发展，原淤积三角洲顶坡与前坡比降趋于一致。在此情况下，洪水冲刷逐渐由溯源冲刷转为沿程冲刷，库区各站同流量水位大致等量下降。例如，1989 年 7、8 月洪水期，主要受溯源冲刷作用，河槽冲刷深度沿程增大，潼关、沽夺、大禹渡和北村 1000m³/s 流量的水位分别下降了 0.07m、0.54m、0.64m 和 1.12m。此后，经 8 月底和 9 月洪水冲刷后，河床又普遍下降，至 10 月中旬各站同流量水位又分别下降了 0.45m、0.26m、0.45m、0.26m，大致相近。

Ⅲ. 溯源冲刷影响因素

尽管影响溯源冲刷的因素很多很复杂，但汛期水量和洪水水量无疑是重要因素。除上述 1996 年和 1997 年外，1991 年汛期平均库水位低至 302.06m，最高水位 305.86m，是 1974 年蓄清排浑运用以来最低的年份之一，但因汛期水量只有 61 亿 m³，溯源冲刷也只达黄淤 32 断面，说明汛期库水位降低必须与洪水流量和水量结合起来才能产生强烈的冲刷作用，小流量时降低库水位的冲刷作用不大，这是"洪水排沙、平水兴利"的理论基础。

3）水库汛期排沙特性

Ⅰ．排沙主要依靠洪水

表 7.5-1 统计了 1994～1999 年汛期、泄洪排沙期和洪水期排沙的情况。由于汛期发

电原型试验期间采用"洪水排沙、平水兴利"的运用方式，汛期排沙主要发生在泄洪排沙期，平水发电期间还有少部分泥沙淤积在坝前段（洪水排沙期间冲刷出的坝前漏斗），因而泄洪排沙期冲刷的泥沙还超出整个汛期排沙的 20%以上（除 1999 年泄洪排沙期前有一次流量小于 2500m³/s 的洪水未计入泄洪排沙期，致使该年泄洪排沙期的排沙量小于汛期的排沙量外）。

表 7.5-1　1994～1999 年汛期、泄洪排沙期和洪水期排沙统计

| 年份 | 汛期冲淤量（亿 t） | 泄洪排沙期 | | 洪水期 | | | | | | |
|---|---|---|---|---|---|---|---|---|---|---|
| | | 天数 | 冲淤量（亿 t） | 次数 | 天数 | 平均水位（m） | 洪水水量（亿 m³） | 平均洪峰流量（m³/s） | 冲淤量（亿 t） | 占泄洪排沙期的比例（%） |
| 1994 | −1.57 | 26 | | 5 | 36 | 304.80 | 64.0 | 4510 | −2.11 | |
| 1995 | −0.86 | 35 | −1.19 | 4 | 23 | 300.17 | 36.7 | 3730 | −1.01 | 84.9 |
| 1996 | −0.94 | 34 | −1.69 | 5 | 28 | 298.75 | 47.1 | 3710 | −1.58 | 93.5 |
| 1997 | 0.28 | 23 | −0.36 | 1 | 9 | | 10.2 | 4700 | −0.30 | 83.3 |
| 1998 | −0.91 | 50 | −1.21 | 3 | 25 | | 38.8 | 3900 | −1.02 | 84.3 |
| 1999 | −0.60 | 26 | −0.45 | 23 | 19 | 302.00 | 25.6 | 2590 | −0.92 | 204.4 |

由表 7.5-1 可以看出，泄洪排沙期排沙量的 80%以上集中在每年的几场洪水中，而每次洪水时的冲刷又集中在洪峰前后的三四天，即使之后继续延长冲刷历时，或者下降库水位，冲刷量也是很小的，冲刷强度随着洪峰流量的减小和比降的调整而急剧下降。因此，只要充分利用洪水排沙，就能在比较短的时间内收到好的效果。

根据历年汛期各次洪峰排沙的综合情况，影响库区冲刷的主要因素有前期淤积量及其分布部位，以及排沙时平均库水位和来水来沙条件等。在非汛期淤积部位和洪水排沙期水库运用条件大致相同的情况下，洪水冲刷量主要与水量有关。自 1993 年非汛期降低运用水位以来，淤积物主要分布在黄淤 31 断面以下，淤积重心位于北村附近，洪水期平均库水位为 300m 左右。在此条件下，库区冲刷量与洪量之间大略呈线性关系（图 7.5-3）。可见，当洪量为 70 亿～100 亿 m³ 时，库区冲刷量为 2 亿～3 亿 t；当洪量为 35 亿～70 亿 m³ 时，库区冲刷量为 1 亿～2 亿 t。

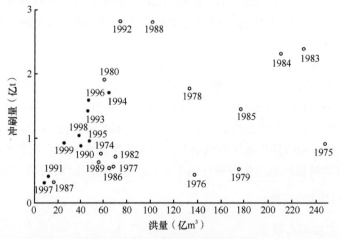

图 7.5-3　库区冲刷量与洪量的关系

图中数据表示点据观测年份

Ⅱ. 汛期不同流量级输沙强度

表 7.5-2 为三门峡水库 1974 年以来不同运用阶段汛期各流量级的年均水沙及冲淤强度。可以看出,当流量小于 1500m³/s 时,库区冲刷量和冲刷强度均很小,对库区的排沙作用很小,特别是汛期发电原型试验期间,因该流量一般进行 305m 水位发电,还发生淤积,2500m³/s 以上的流量的冲刷强度大(4000m³/s 以上的流量,水库有不同程度的壅水,冲刷强度和冲刷量反而减小,甚至发生壅水淤积,但峰后产生强烈冲刷)。1986 年以来流量大于 2500m³/s 的天数减少很多,由 1974~1985 年平均每年 42d 减到 1986~1993 年的 13.1d,而试验期间平均每年只有 3d,因而从冲刷量来说,2000~2500m³/s 和 1500~2000m³/s 流量级的冲刷量较多。因此,除充分利用大流量排沙外,应适当降低水库的排沙流量,否则,很可能会使水库在汛期失去排沙机会。

表 7.5-2　三门峡水库汛期各个时段不同流量级的年均水沙及冲淤强度统计

| 时段 | 流量级（m³/s） | 天数 | 水量（亿 m³） | 出库沙量（亿 t） | 进库沙量（亿 t） | 冲淤量（亿 t） | 冲淤强度（亿 t/d） |
|---|---|---|---|---|---|---|---|
| 1974~1985 年 | <500 | 2.3 | 0.7 | 0.010 | 0.009 | −0.001 | −0.0004 |
| | 500~1000 | 16.7 | 10.9 | 0.303 | 0.248 | −0.055 | −0.0033 |
| | 1000~1500 | 22.8 | 24.5 | 0.896 | 0.650 | −0.246 | −0.0108 |
| | 1500~2000 | 20.9 | 31.4 | 1.446 | 0.980 | −0.466 | −0.0223 |
| | 2000~2500 | 18.4 | 35.5 | 1.708 | 1.352 | −0.356 | −0.0193 |
| | 2500~3000 | 11.4 | 26.8 | 1.747 | 1.164 | −0.583 | −0.0510 |
| | 3000~3500 | 9.5 | 26.5 | 1.174 | 0.848 | −0.326 | −0.0343 |
| | 3500~4000 | 8.8 | 28.3 | 1.098 | 0.896 | −0.202 | −0.0230 |
| | 4000~4500 | 6.4 | 23.4 | 0.945 | 0.739 | −0.206 | −0.0321 |
| | >4500 | 5.9 | 28.1 | 1.500 | 2.000 | 0.500 | 0.0847 |
| 1986~1993 年 | <500 | 17.5 | 5.1 | 0.119 | 0.051 | −0.068 | −0.0039 |
| | 500~1000 | 41.0 | 25.9 | 0.458 | 0.453 | −0.005 | −0.0001 |
| | 1000~1500 | 27.9 | 29.2 | 0.987 | 0.784 | −0.203 | −0.0073 |
| | 1500~2000 | 15.9 | 23.5 | 1.125 | 0.918 | −0.207 | −0.0130 |
| | 2000~2500 | 7.8 | 14.8 | 0.957 | 0.720 | −0.237 | −0.0304 |
| | 2500~3000 | 7.0 | 16.7 | 1.362 | 0.976 | −0.386 | −0.0551 |
| | 3000~3500 | 3.5 | 9.7 | 0.533 | 0.435 | −0.098 | −0.0281 |
| | 3500~4000 | 1.0 | 3.2 | 0.546 | 0.269 | −0.277 | −0.2776 |
| | 4000~4500 | 0.8 | 2.7 | 0.416 | 0.341 | −0.075 | −0.0937 |
| | >4500 | 0.8 | 3.4 | 0.300 | 0.400 | 0.100 | 0.1250 |
| 1994~1999 年 | <500 | 31.8 | 8.5 | 0.101 | 0.110 | 0.009 | 0.0003 |
| | 500~1000 | 41.8 | 25.0 | 0.613 | 0.586 | −0.027 | −0.0006 |
| | 1000~1500 | 27.3 | 28.6 | 1.297 | 1.304 | 0.007 | 0.0003 |
| | 1500~2000 | 13.3 | 20.0 | 1.919 | 1.506 | −0.413 | −0.0310 |
| | 2000~2500 | 5.7 | 10.8 | 1.697 | 1.114 | −0.583 | −0.1023 |
| | 2500~3000 | 0.8 | 2.0 | 0.477 | 0.376 | −0.101 | −0.1263 |
| | 3000~3500 | 1.3 | 3.7 | 0.939 | 0.751 | −0.188 | −0.1446 |
| | 3500~4000 | 0.2 | 0.5 | 0.206 | 0.199 | −0.007 | −0.0350 |
| | 4000~4500 | 0.2 | 0.6 | 0.067 | 0.126 | 0.059 | 0.2950 |
| | >4500 | 0.5 | 2.3 | 0.300 | 0.400 | 0.100 | 0.2000 |

Ⅲ. 坝前冲刷漏斗与库水位关系

对于"洪水排沙、平水兴利"运用方式来说,洪水时的坝前冲刷漏斗作为平水发电时的调沙库容,对改善发电工况有较大的作用。

坝前冲刷漏斗由洪水期降低库水位冲刷形成,漏斗库容随着降低库水位幅度的增大而增大。漏斗库容的大小不但与排沙水位有关,而且在一定程度上取决于冲刷历时的长短。自三门峡水利枢纽泄流建筑物改建工程全部投入运用后,1970～1973年汛期平均库水位低于300m,溯源冲刷不断向上延伸。1971年汛期在7～9月平均水位297.76m的运用条件下,10月3日实测305m高程以下库容为0.45亿m³。又经1972年、1973年汛期泄洪排沙运用,至1973年9月底在平均排沙水位296.37m的条件下,实测305m高程的库容为1.03亿m³。控制运用以来,汛初近坝库段堆积大量非汛期淤积物,305m高程以下库容仅0.1亿m³左右,分布在黄淤8或黄淤12断面以下,经洪水期排沙运用之后,305m高程以下库容与平均排沙水位之间存在如图7.5-4所示的关系。控制水位303～304m排沙时,305m高程库容为0.3亿m³左右;排沙水位降至298～300m时,库容可增至0.5亿m³左右。

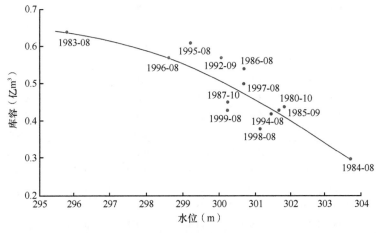

图 7.5-4　305m 高程以下库容与排沙水位关系
图中数据表示点据观测年份

4)"洪水排沙、平水兴利"运用对库区冲淤调整的作用

Ⅰ. 北村高程的冲淤变化

北村高程是三门峡站流量为1000m³/s时北村站的相应水位。它是汛期发电原型试验期间拟定的减轻水库淤积的控制指标。实践表明,洪水排沙时,北村水位迅速下降。图7.5-5为1997年一次洪水中北村水位下降的过程,可以看出,洪水过程中,北村水位下降幅度大,很快就能达到309m以下,满足洪水后发电的要求,洪水之后发电运用,至10月中下旬,虽然北村高程均有一定的回升,但回升量不大,均未达到310m的限制高程。汛期水库运用情况和库区冲淤情况见表7.5-3,可以看出,库区泥沙一般都在泄洪排沙期排出,发电运用期库区还发生少量淤积,淤积部位主要是在回水段,可减少过机含沙量,改善机组运行工况。北村高程一般都能降到309m以下,最低达到307.62m,

冲刷历时一般为 10～30d，试验期间 1994 年汛期冲刷时间最长，将近 90d，这是因为汛期施工，虽然洪水期降低库水位排沙，但是每次洪水的排沙时间不长，冲刷还没有充分发展到北村，又关闭泄流设施，壅水还比较高，即使这种情况，到 9 月初北村高程也降到了 309m 以下，达到了预期的要求。同时，根据 1994～1999 年实测资料，汛期库区冲刷量为 4.616 亿 t，其中泄洪排沙期冲刷 6.384 亿 t，为汛期冲刷量的 1.38 倍。这就表明，充分利用洪水期降低库水位排沙，库区冲刷能力大，北村高程可以很快达到相对稳定。洪水后，库水位升高到 305m 发电运用，到汛末还没有发现坝前壅水淤积向上延伸导致北村高程超过 310m 的现象。

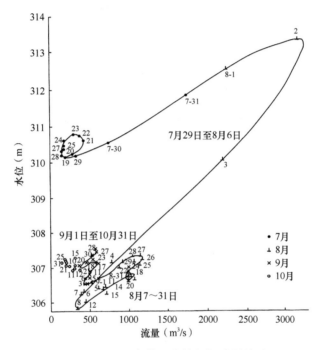

图 7.5-5　1997 年黄河北村水位-流量关系

表 7.5-3　汛期水库运用情况和库区冲淤情况

| 时段 | 水库运用情况 | 坝前水位（m） | | | 潼关洪峰流量（m³/s） | 潼关—三门峡段冲淤量（亿 t） | 北村水位（m） | |
|---|---|---|---|---|---|---|---|---|
| | | 平均 | 最高 | 最低 | | | 开始 | 结束 |
| 1994-07-01～10-31 | | 306.63 | 318.29 | 297.63 | | −1.57 | 312.95 | 308.61 |
| 07-09～13 | 泄洪排沙 | 304.40 | 308.41 | 302.21 | 5000 | −0.778 | 312.95 | 312.31 |
| 08-05～09 | 泄洪排沙 | 302.63 | 307.55 | 297.61 | 7380 | −0.449 | 311.90 | |
| 08-10～20 | 泄洪排沙 | 300.53 | 304.79 | 297.73 | 4240 | −0.509 | | 309.39 |
| 09-01～06 | 泄洪排沙 | 302.88 | 306.47 | 299.28 | 3660 | −0.599 | 309.39 | 308.49 |
| 泄洪排沙期合计 | | | | | | −2.335 | 312.95 | 308.49 |
| 发电运用期合计 | 除去泄洪排沙 | | | | | 0.765 | | |

续表

| 时段 | 水库运用情况 | 坝前水位（m） | | | 潼关洪峰流量（m³/s） | 潼关—三门峡段冲淤量（亿 t） | 北村水位（m） | |
| | | 平均 | 最高 | 最低 | | | 开始 | 结束 |
|---|---|---|---|---|---|---|---|---|
| 1995-07-01～10-31 | | 303.75 | 311.56 | 295.53 | | −0.87 | 313.52 | 308.91 |
| 07-17～20 | 泄洪排沙 | 300.13 | 304.58 | 295.73 | 3200 | −0.227 | 313.52 | 312.56 |
| 07-30～08-04 | 泄洪排沙 | 299.19 | 303.43 | 297.10 | 4180 | −0.212 | | 311.50 |
| 08-06～10 | 泄洪排沙 | 298.49 | 302.73 | 295.50 | 4000 | −0.220 | | 308.90 |
| 09-03～06 | 泄洪排沙 | 299.25 | 305.36 | 294.40 | 3550 | −0.410 | | 308.90 |
| 泄洪排沙期合计 | | | | | | −1.069 | 313.52 | 308.90 |
| 发电运用期合计 | 8 月 21 日发电运用 | | | | | 0.680 | | |
| 1996-07-01～10-31 | | 303.37 | 306.88 | 295.10 | | −0.938 | 313.79 | 307.62 |
| 07-16～21 | 泄洪排沙 | 298.47 | 305.85 | 295.10 | 2720 | −0.900 | 313.79 | 313.44 |
| ·07-22～26 | 泄洪排沙 | 297.30 | 299.17 | | 1800 | −0.280 | | 309.13 |
| 07-28～08-01 | 泄洪排沙 | 297.88 | 299.45 | | 2290 | −0.170 | | 308.10 |
| 08-10～08-16 | 泄洪排沙 | 300.17 | 306.72 | 298.00 | 7500 | 0.100 | | 307.62 |
| 泄洪排沙期合计 | | | | | | −1.250 | 313.79 | 307.62 |
| 发电运用期合计 | 8 月 20 日发电运用 | | | | | 0.752 | | |
| 1997-07-01～10-31 | | 303.56 | 306.86 | 299.27 | | 0.282 | 310.86 | 307.29 |
| 07-29～08-06 | 泄洪排沙 | 300.63 | 304.87 | 299.27 | 4700 | −0.300 | 310.86 | 307.54 |
| 发电运用期合计 | 8 月 24 日发电运用 | | | | | 0.624 | | |
| 1998-07-01～10-31 | | 303.60 | 308.67 | 299.20 | | −0.920 | 310.55 | 307.83 |
| 07-07～12 | 泄洪排沙 | | | | 2300 | −0.320 | 310.55 | |
| 07-13～22 | 泄洪排沙 | | | | 6300 | −0.840 | | 309.10 |
| 08-22～27 | 泄洪排沙 | | | | 3100 | 0.140 | 307.83 | |
| 泄洪排沙期合计 | | | | | | −1.020 | 310.55 | 307.83 |
| 发电运用期合计 | 8 月 28 日发电运用 | | | | | 0.299 | | |
| 1999-07-01～10-31 | | 306.04 | 318.22 | 297.61 | | −0.600 | 314.33 | 308.65 |
| 07-19～30 | 泄洪排沙 | 300.44 | 305.60 | 297.61 | 2950 | −0.410 | 312.08 | 308.65 |
| 发电运用期合计 | 8 月 16 日发电运用 | | | | | −0.150 | | |

Ⅱ. 库区泥沙的冲淤分布及水库调节的影响

从汛期发电原型试验期间库区泥沙冲淤分布来看，在洪水排沙时期库区发生强烈冲刷，冲刷强度自下而上逐渐减弱，有的年份大禹渡（黄淤 31 断面）以上还发生淤积，如前所述，大禹渡以下以溯源冲刷为主，大禹渡至沽夺河段是溯源冲刷与沿程冲淤相结合，当沿程淤积量大于溯源冲刷量时，则该库段还是发生淤积。洪水排沙后，抬高库水位到 305m 进行发电，在发电运用时期，壅水引起坝前段淤积：北村（黄淤 22 断面）以下均发生淤积，北村以上各河段均出现冲刷现象；有的年份北村至大禹渡（黄淤 22～31 断面）河段发生淤积，而大禹渡以上有的河段出现冲刷，这是因为汛后断面测验的时间太晚，已经进入非汛期运用，库水位较高，回水影响北村以上。综合以上分析结果，可以认为汛期发电原型试验引起的淤积范围在北村以下，北村以上各库段的冲淤变化不受当时发电水位的影响，而是在前期河床情况下，随着来水来沙条件的变化自动进行调整。这样，在定性上达到了试验的预期目的。

6 年内潼关至大坝段共淤积 0.354 亿 $m^3$，其中沽夺至潼关（黄淤 36～41 断面）河段的淤积量占总淤积量的 41.5%，大禹渡至沽夺（黄淤 31～36 断面）河段还略有冲刷，大禹渡以下各河段均有不同程度的淤积，如果像前面所叙述的那样，1999 年 10 月为配合小浪底水库初期蓄水，三门峡水库进行预蓄水，使黄淤 31 断面以下多淤 0.25 亿 $m^3$，则黄淤 31 断面以下基本是冲淤平衡。不过，在试验过程中，水库调度对北村以下河段的冲淤变化是非常敏感的，但向上游逐渐减弱。那么黄淤 22～31 断面河段淤积 0.108 亿 $m^3$，是需要进一步研究的问题。

为此，我们又统计了 1980～1999 年汛末潼关以下各水位站 1000$m^3$/s 流量的水位，统计结果见表 7.5-4，表中同时列出了史家滩汛期平均水位和汛期潼关水量。1980～1988 年汛期基本不发电，汛期水库运用水位为 302～304m，北村（二）的平均水位为 310.22m；1989～1993 年为浑水发电试验期，水库运用方式根据黄河水沙特点，"七下八上"时黄河洪水多、含沙量高，降低库水位排沙，到 8 月中下旬开始发电，所以这个时段，史家滩汛期平均水位略有降低，北村水位也有一定的降低，由于汛期来水量小，大禹渡以上的水位均有不同程度的升高；1994～1999 年汛期发电原型试验时期，水库运用方式采用"洪水排沙、平水兴利"，延长发电时间，史家滩汛期平均水位较浑水发电时期的水位升高 1.70m，间接地可以反映发电能力的增加，北村（二）的水位在原来下降的基础上又降低了 0.86m，下降幅度较前者大，这主要是洪水时降低坝前水位排沙所致，由于入库水量继续减少，汛期平均水量只有 102 亿 $m^3$，大禹渡以上的水位均有不同程度升高，并且其上升值与浑水发电时相比，从潼关至大禹渡各站是沿程减少的，这可以表明此时段潼关高程的升高不是水库运用引起的。综上所述，汛期发电原型试验引起库区的淤积限于北村以下，并对北村河床的下降有明显的影响，大禹渡以上由于汛期来水量少，同流量水位的升高值沿程自下而上增加，也可以说明，汛期发电原型试验使北村水位下降，其下降的作用沿程自下而上不断减弱，直至消失，具体消失在何处尚难说清楚。必须说明，本次试验是在 10 个底孔条件下，考虑了"四省会议"精神，严格执行 305m 水位发电的规定进行试验，洪水排沙时降低的库水位有限，因为考虑下游减淤的要求，仅比"四省会议"规定的最低水位（300m）低 2m。2000 年汛期 11 号、12 号底孔又打开投入运用，又可能进一步降低坝前水位进行泄洪排沙，加大水库的泄洪排沙能力，改善库区的冲淤变化，应继续进行试验研究。

表 7.5-4　历年各站相应 1000m³/s 流量时的水位及有关特征值

| 时段 | 各站水位（m） | | | | | 史家滩汛期平均水位（m） | 汛期潼关水量（亿 m³） |
|---|---|---|---|---|---|---|---|
| | 潼关 | 沽夺 | 大禹渡 | 北村（二） | 史家滩 | | |
| 1980-11-01 | 327.37 | 323.31 | 316.30 | 310.26 | 303.55 | 301.87 | 134.0 |
| 1981-11-08 | 326.95 | 322.42 | 316.35 | 310.75 | 304.12 | 304.85 | 338.8 |
| 1982-11-12 | 327.14 | 322.63 | 316.72 | 310.75 | 305.05 | 303.39 | 183.7 |
| 1983-12-26 | 326.65 | 322.45 | 316.58 | 310.97 | 306.17 | 304.64 | 313.6 |
| 1984-11-02 | 326.79 | 323.05 | 317.15 | 310.40 | 305.29 | 304.16 | 281.9 |
| 1985-11-24 | 326.51 | 322.58 | 316.80 | 310.08 | 305.46 | 304.08 | 233.1 |
| 1986-10-11 | 327.06 | 323.07 | 317.30 | 309.93 | 305.33 | 302.44 | 134.3 |
| 1987-11-27 | 327.22 | 323.43 | 317.65 | 310.17 | 301.39 | 303.13 | 75.43 |
| 1988-10-26 | 327.00 | 323.13 | 316.42 | 308.69 | 305.64 | 302.30 | 186.6 |
| 1980~1988 年平均 | 326.97 | 322.90 | 316.81 | 310.22 | 304.67 | 303.43 | 209.0 |
| 1989-11-23 | 327.46 | 323.22 | 316.80 | 309.80 | 303.18 | 304.21 | 205.0 |
| 1990-11-26 | 327.55 | 323.80 | 317.42 | 309.39 | 305.71 | 301.60 | 139.6 |
| 1991-09-20 | 327.90 | 323.80 | 318.10 | 310.19 | 304.60 | 302.06 | 61.1 |
| 1992-10-02 | 327.37 | 323.40 | 317.30 | 308.55 | 304.95 | 302.73 | 131.0 |
| 1993-10-18 | 327.78 | 323.51 | 316.60 | 309.15 | 304.51 | 303.37 | 139.6 |
| 1989~1993 年平均 | 327.61 | 323.55 | 317.24 | 309.42 | 304.59 | 302.79 | 135.3 |
| 1994-10-19 | 327.69 | 323.61 | 316.96 | 308.61 | 305.12 | 306.63 | 133.4 |
| 1995-09-25 | 328.17 | 323.80 | 317.58 | 308.91 | 305.34 | 303.75 | 113.8 |
| 1996-11-02 | 328.07 | 323.74 | 316.91 | 308.33 | 306.40 | 303.37 | 126.5 |
| 1997 年汛末 | 328.02 | 324.16 | 317.54 | 308.15 | 306.77 | 303.56 | 55.50 |
| 1998-10-10 | 328.12 | 323.93 | 317.40 | 308.50 | 305.20 | 303.60 | 85.90 |
| 1999-09-29 | 328.20 | 324.00 | 318.00 | 308.85 | 305.31 | 306.04 | 95.20 |
| 1994~1999 年平均 | 328.05 | 323.87 | 317.40 | 308.56 | 305.69 | 304.49 | 101.7 |

### 7.5.1.2　汛期发电原型试验对下游河道冲淤的影响分析

黄河下游河道冲淤变化的影响因素很多，涉及面广，并且小浪底水库投入运用后，三门峡水库不再直接承担调水调沙对下游河道减淤的任务，故本试验中没有这方面的研究内容。但是在制订汛期发电原型试验的水库运用方式时，小浪底水库尚未投入运用，故考虑对下游河道冲淤的影响。试验之后，根据下游河道实测资料进行初步分析，分析结果表明，汛期发电原型试验对下游河道冲淤变化是有一定影响的，这是初步分析的结果，供今后研究参考。

图 7.5-6 为三门峡水库不同运用方式对下游河道冲淤量的影响，图中纵坐标为冲淤比，即下游河道年冲淤量与相应年来沙量之比，横坐标为年来沙系数（$S/Q$），即年平均含沙量与流量之比。

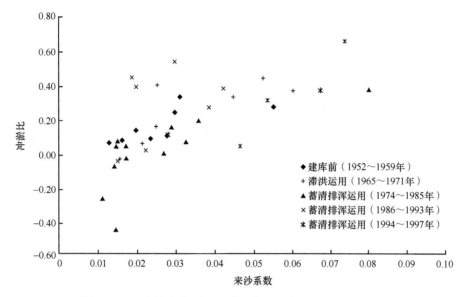

图 7.5-6　三门峡水库不同运用方式对下游河道冲淤量的影响

由图 7.5-6 可以看出，在相同来沙系数下，三门峡水库滞洪运用时，下游河道的淤积量较建库前大，在蓄清排浑运用的 1974～1985 年下游河道的淤积量较建库前小，即前者使下游河道增淤，后者有减淤作用，与过去的分析结果一致。1986～1993 年水库运用方式还是与 1974～1985 年相同，但是汛期由于来水量少，洪峰流量和洪水量大幅度降低，点群基本落在滞洪运用的范围内，即在这种水沙条件下，三门峡水库原来的蓄清排浑运用方式对下游河道的减淤作用也已经失去。汛期发电原型试验时期，三门峡水库的运用方式，从全年来说还是蓄清排浑运用，但是汛期改为"洪水排沙、平水兴利"运用，使三门峡水库入库泥沙更集中于洪水期排出，汛期的平水期排沙量更小，适应下游河道大流量时输沙能力大的特点，由此 1994～1997 年的点群基本落在全部点群的下边，表明对下游河道具有一定的减淤作用。不过，据调查，三门峡水库在洪水排沙期使河南河道淤积加重。这些问题值得今后进一步研究。

### 7.5.2　对潼关高程变化的影响

影响潼关高程变化的因素比较复杂，建库前有来水来沙条件、潼关断面上游和下游河段冲淤变化、河段上下的河势变化、河床边界条件和河道的纵向调整等。三门峡水库建成运用后，还受水库直接回水影响和库区冲淤的影响等。这些复杂的影响因素，加上潼关地理位置的特殊性，就造成了潼关断面河床演变的复杂性和多种因素相互制约的特殊性。但概括起来主要是来水来沙条件和三门峡水库运用两个方面。

众所周知，多沙河流的河床演变特性，在很大程度上取决于：①来自流域的水量、泥沙量及其过程；②河床的边界条件。概括来说，河床演变是水流与河床相互影响、相互制约的产物。来水来沙条件是重要的、基本的因素。同样，对水库的蓄水运用、库区的冲淤变化来讲，来水来沙条件也是重要的。总之，没有来水来沙就谈不上河床演变，也谈不上水库的蓄水运用和冲淤变化。对潼关河段的演变来讲，同样如此。当然水库蓄水运用改变了河床边界条件和水流状态，对一般修建在多沙河流上的水库来讲，是研究如何能够长期保持有效库容问题。但是，由于三门峡水库存在潼关高程问题，除要研究上述问题外，还需要研究水库蓄水运用对潼关河床的影响问题，即研究非汛期水库蓄水位和各级水位历时、库区淤积分布及部位，汛期水库排沙及如何消除非汛期淤积对潼关河床的影响等问题。

### 7.5.2.1 水沙条件及河床调整

该时段的来水来沙条件，自 1985 年以来有很大变化，来水来沙不断减少。特别是上游龙羊峡水库投入运用，改变了水沙过程及来水来沙年内汛期和非汛期的分配比例。由表 7.5-5 和表 7.5-6 可知，汛期大流量级的出现天数和水量呈减少趋势，而汛期含沙量呈增加趋势。

**表 7.5-5　不同时段潼关站汛期各级流量天数统计**

| 年份 | 潼关各级流量（m³/s） | | |
|---|---|---|---|
| | Q<1500 | Q≥1500 | Q≥3000 |
| 1974～1985 | 41.7 | 81.3 | 30.6 |
| 1986～1999 | 91.1 | 31.9 | 4.7 |
| 1996 | 82.0 | 41.0 | 3.0 |
| 1997 | 119.0 | 4.0 | 1.0 |
| 1998 | 107.0 | 16.0 | 2.0 |
| 1999 | 112.0 | 11.0 | 0 |

**表 7.5-6　不同时段潼关站汛期各级流量水量、沙量、含沙量统计**

| 年份 | 潼关各级流量（m³/s） | | | | | | | | | | | |
|---|---|---|---|---|---|---|---|---|---|---|---|---|
| | 总量 | | | Q<1500 | | | Q≥1500 | | | Q≥3000 | | |
| | 水量<br>（亿 m³） | 沙量<br>（亿 t） | 含沙量<br>（kg/m³） | 水量<br>（亿 m³） | 沙量<br>（亿 t） | 含沙量<br>（kg/m³） | 水量<br>（亿 m³） | 沙量<br>（亿 t） | 含沙量<br>（kg/m³） | 水量<br>（亿 m³） | 沙量<br>（亿 t） | 含沙量<br>（kg/m³） |
| 1974～1985 | 236.1 | 8.85 | 37.5 | 36.1 | 0.91 | 25.2 | 200.0 | 7.94 | 39.7 | 106.4 | 4.44 | 41.7 |
| 1986～1999 | 120.5 | 5.80 | 48.1 | 61.0 | 1.59 | 26.1 | 59.5 | 4.25 | 71.4 | 15.0 | 1.58 | 105.3 |
| 1996 | 128.0 | 9.62 | 75.2 | 55.5 | 2.25 | 40.5 | 72.5 | 7.37 | 101.7 | 10.6 | 2.14 | 201.9 |
| 1997 | 55.5 | 4.11 | 74.1 | 47.5 | 1.70 | 35.8 | 8.0 | 2.41 | 301.3 | 3.1 | 1.19 | 383.9 |
| 1998 | 85.9 | 4.37 | 50.9 | 56.0 | 1.43 | 25.5 | 29.9 | 2.94 | 98.3 | 4.0 | 0.70 | 175.0 |
| 1999 | 97.0 | 3.70 | 38.1 | 78.4 | 1.67 | 21.3 | 18.6 | 2.05 | 110.2 | 0 | 0 | 0 |

非汛期水库运用水位降低，水库淤积的泥沙已基本控制在沽寇以下，但库区淤积年内达不到冲淤平衡，潼关高程在时段内仍呈上升趋势，其主要原因是不利的水沙条件，特别是大于 3000m³/s 洪水出现的时间和大于 3000m³/s 洪水的水量大幅度减少。而潼关以下河段主流游荡，河床展宽坦化，局部河段比降调整引起淤积上延等，对潼关高程上升也有影响。

沽寇—潼关区间黄淤 37～39 断面河床宽浅，主流游荡，泥沙易淤难冲，虽在"92·8"

洪水期间发生冲刷下切，但与上下窄深河段相比，变化幅度较小，纵向河床形态和水面曲线均呈上凸形。经 1994 年汛期淤积之后，水面线隆起情况更加突出（图 7.5-7），使黄淤 39～41 断面的纵比降只有 $1.6 \times 10^{-4} \sim 1.8 \times 10^{-4}$，黄淤 39 断面水位高出潼关—沽夺段平均水面线 0.5m 左右。表 7.5-7 列出了 1994 年各断面常流量水位下的冲淤面积和实测水位，二者的变化趋势是基本一致的。黄淤 35、41 断面有所冲刷，黄淤 36～40 断面均产生不同程度的淤积，以黄淤 37～39 断面淤积量较多。从各断面水位的变化情况看，1994 年汛末较 1993 年汛末流量减少约 200m³/s，黄淤 38、39 断面水位却分别升高了0.22m、0.14m，黄淤 35、36 断面变幅较小，分别升高了 0.05m、0.09m，黄淤 40、41断面则分别下降了 0.14m、0.30m。

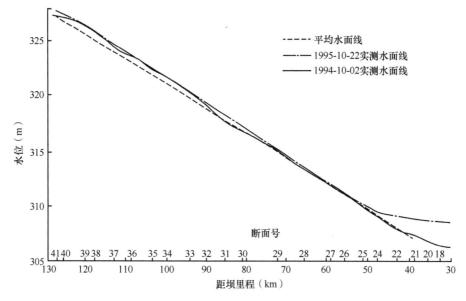

图 7.5-7　1994 年 10 月 2 日水面线

表 7.5-7　潼关—沽夺段各断面冲淤面积及实测水位

| 时段 | | 冲淤面积（m²） | | | | | | |
|---|---|---|---|---|---|---|---|---|
| | | 黄淤 35 | 黄淤 36 | 黄淤 37 | 黄淤 38 | 黄淤 39 | 黄淤 40 | 黄淤 41 |
| 1993-10-03～1994-10-01 | | −170 | 155 | 111 | 367 | 128 | 73 | −97 |
| 1994-10-01～1995-10-22 | | 144 | 44 | 960 | 144 | 734 | 197 | 580 |
| 合计 | | −26 | 199 | 1071 | 511 | 862 | 270 | 483 |
| 日期 | 流量（m³/s） | 实测水位（m） | | | | | | |
| | | 黄淤 35 | 黄淤 36 | 黄淤 37 | 黄淤 38 | 黄淤 39 | 黄淤 40 | 黄淤 41 |
| 1993-10-3 | 829～867 | 322.21 | 323.40 | 324.52 | 325.48 | 326.20 | 327.25 | 327.71 |
| 1994-10-1 | 620～700 | 322.26 | 323.49 | 324.19 | 325.70 | 326.34 | 327.11 | 327.41 |
| 1995-10-20 | 660 | 322.47 | 323.77 | 324.80 | 325.69 | 326.31 | 327.45 | 327.93 |

注：1994 年黄淤 37 断面主流在左岸，实测水位偏低，1995 年返回右岸后，淤积面积偏大

　　1995 年潼关及其以下河道主流摆动频繁，最大摆幅近 2km。从图 7.5-8 可看出，黄

淤 34 断面主槽横向摆动近 800m，原主槽淤积堵塞，左岸塌滩 600 余米。从图 7.5-9 可
看出，黄淤 38 断面主槽向两岸扩宽，左岸塌滩 300 余米，右岸塌滩近 500m，主槽向右
位移 1400m。从图 7.5-10 可看出，潼关（七）断面因河势趋于顺直，右岸深槽淤积萎缩，
左岸坍塌后退近 300m，河宽由 330m 增至 627m，常流量水位下过流面积减少 219m²，
$B/H$ 值则从 8 增大为 25，受上述河势变化、汛期洪峰流量小、含沙量高等因素的影响，
潼关—沽夺段非汛期虽冲刷 0.01 亿 m³，但这部分泥沙全部淤在河槽以内。由于个别断
面在主流摆动后与河道走向夹角变化较大，断面面积变化反映冲淤规律的代表性较差。
而断面水位的变化却显示了新的水流条件下，由河床纵向和横向形态调整引起的冲淤变
化。与 1994 年汛末同流量（600～700m³/s）水位相比，黄淤 38、39 断面水位略有下降；
黄淤 35、36 断面受下段宽浅河床的影响上升 0.2～0.3m；黄淤 40、41 断面则因淤积上
延调整，枯水流量时水位升高 0.34m、0.52m。经过比降调整后，黄淤 39～41 断面水位
差由 1994 年 10 月 1 日的 1.07m 增大为 1995 年 10 月 20 日的 1.62m，比降达 2.3×10⁻⁴，
与潼关—沽夺段平均比降基本一致。上述比降调整过程是 1995 年潼关高程上升的重要
原因之一，这一变化趋势在汛后枯水期仍在发展。

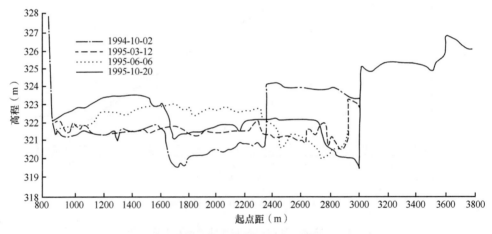

图 7.5-8　黄淤 34 断面主槽摆动图

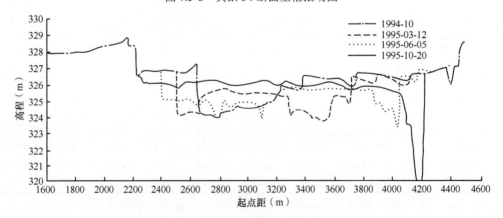

图 7.5-9　黄淤 38 断面主槽摆动图

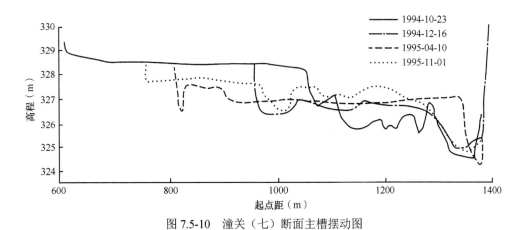

图 7.5-10　潼关（七）断面主槽摆动图

#### 7.5.2.2　汛期发电试验期间水库淤积控制在北村以下

在本时段内，水库非汛期运用的最高蓄水位和高水位运用历时，根据来水条件变化不断地进行调整。1993 年 11 月以后，水库非汛期蓄水位大部分时间都在 320～322m，而 322～324m 的运用时间只有 4.3d/a，最高蓄水位为 322.66m。

关于汛期运用，在注意利用洪水排沙能力的同时，水库泄流建筑物闸门的启闭设施也有很大改进。

自 1994 年汛期发电原型试验以来，按照"洪水排沙、平水兴利"的原则，汛期水库调度的运用方式为：汛初含沙量较小、流量较平稳的时期，控制 305m 水位进行发电；在汛期出现洪峰流量大于 2500m³/s 的洪水时，停止发电，充分利用洪水进行排沙，排沙时库水位由 305m 降至 298～300m，洪水过后且北村水位站 1000m³/s 流量相应水位下降至 309m 以下时再进行发电；再来洪水时，停止发电，降低水位排沙；汛末如没有 2500m³/s 以上的洪峰入库，则继续发电，并逐步抬高水位向非汛期水库运用水位过渡。若入汛后，至 7 月 20 日一直不来洪水，也要停止发电，降低水位排沙。汛期发电原型试验期间北村水位下降幅度较大，洪水后平水发电时，北村 1000m³/s 流量相应水位均未达到 310m 的限制高程，这表明水库淤积没有向上游延伸。

#### 7.5.2.3　水库冲淤与潼关高程

如前所述，1985 年以来水来沙条件发生了明显的变化，特别是 1990 年以后，持续出现枯水系列，1993～1999 年尤为明显。这一时段内，高含沙小洪水不断出现，来水来沙的搭配更为不利，使黄河小北干流和渭河下游均出现严重的沿程淤积，主槽萎缩（图 7.5-11，图 7.5-12），平滩流量大幅度减少。图 7.5-13 为三门峡库区累计冲淤量与潼关高程变化的关系图。自 1985 年以来，特别是 1990 年以来，黄河小北干流及渭、洛河的累计淤积量逐年增大，且与时段内潼关高程升高是同步的，而潼关以下库段冲淤变化的幅度不大，基本上保持较为平稳，这表明自 1986 年以来潼关以上（包括潼关）干、支流河段均已脱离水库回水的影响，其冲淤变化遵循天然河流的调整规律，即主要受来水来沙及其过程的影响。由于来水来沙变化和洪峰流量减小，没有能力冲刷潼关河床，受上游河段淤积延伸影响，潼关高程自 1990 年以来不断抬升。

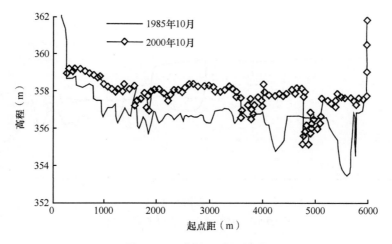

图 7.5-11　黄淤 60 断面变化

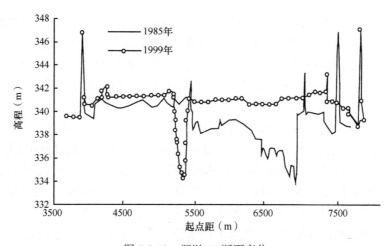

图 7.5-12　渭淤 10 断面变化

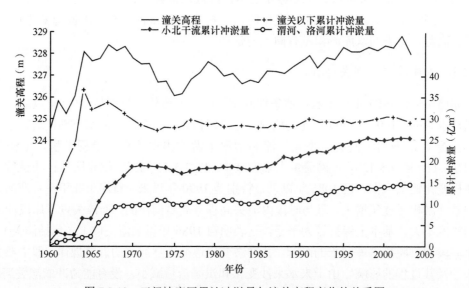

图 7.5-13　三门峡库区累计冲淤量与潼关高程变化的关系图

黄淤 36～41 断面和黄淤 41～45 断面为潼关上下两个相邻的河段。表 7.5-8 给出了 1985 年 10 月至 1992 年 10 月和 1992 年 10 月至 1999 年 10 月两个水库运用时段各个河段的冲淤量。1985 年 10 月至 1992 年 10 月，两个河段的淤积量分别为 0.3234 亿 m³ 和 0.3370 亿 m³；1992 年 10 月至 1999 年 10 月两个河段的淤积量分别为 0.0852 亿 m³ 和 0.1521 亿 m³。这些数据反映黄河小北干流河道沿程呈向下游淤积延伸的特征。这种河流调整现象符合冲积性河流自动调整的基本原理。潼关处于其上干流、支流的末端，在潼关脱离水库回水影响而处于天然河流状态下，其上河段的河床调整，势必对潼关及其以下河段产生影响。

表 7.5-8　河段冲淤量　　　　　　　　　　　　　　　（单位：亿 m³）

| 时段 | 黄淤 1～12 | 黄淤 12～22 | 黄淤 22～31 | 黄淤 31～36 | 黄淤 36～41 | 黄淤 41～45 | 黄淤 45～50 |
|---|---|---|---|---|---|---|---|
| 1973-10～1979-10 | 0.4935 | 0.7685 | 0.2358 | −0.4354 | 0.2367 | 0.4648 | −0.0164 |
| 1979-10～1985-10 | −0.2717 | −0.1705 | 0.2006 | 0.1728 | −0.3824 | −0.4391 | −0.4203 |
| 1985-10～1992-10 | 0.0841 | −0.157 | 0.3061 | 0.5208 | 0.3234 | 0.337 | 0.647 |
| 1992-10～1999-10 | 0.3061 | 0.2387 | 0.1036 | −0.0796 | 0.0852 | 0.1521 | 0.4582 |

### 7.5.3　汛期发电运用效益

该研究提出的多沙河流水库汛期浑水发电技术，已应用于三门峡发电运用实践中，应用效果见图 7.5-14。成果应用后，合理处理了排沙与发电的关系，减少了过机泥沙，减轻了水轮机磨损破坏，增加了发电时间，提高了水量利用率，累计增加发电量 68.3 亿 kW·h。按照累计增加发电量 68.3 亿 kW·h 及影子电价 0.45 元/kW·h 计算，多沙河流水库汛期发电运用技术实现发电经济效益约 30.7 亿元，节能减排经济效益显著。

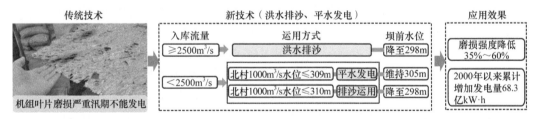

图 7.5-14　汛期发电防沙运用技术应用效果

# 第8章　多沙河流水库群联合防洪（防凌）运用方式

水库防洪是通过拦蓄洪峰或错峰、调蓄洪水以减免下游洪灾损失的措施。对于多沙河流，如遇含沙量较高的洪水，拦洪后水库淤损速度会很快，库容损失率也大，水库近期效益虽高，但远期效益随着库容的淤损将显著降低。因此，在制订多沙河流水库防洪运用方式，尤其是常遇量级洪水的防洪运用方式时，不仅要考虑下游的防洪减灾效果，还要考虑尽可能减少水库淤积、长期保持有效库容。往往洪水含沙量不同，水库的运用方式也不同。

本研究以黄河下游涉及干、支流多个水库的三门峡、小浪底、陆浑、故县、河口村等水库为例，研究多沙河流串并联水库群的联合防洪（防凌）运用问题。

## 8.1　汛期水库群联合防洪运用方式

黄河下游洪水泥沙灾害严重，历史上被称为中国之忧患。20 世纪 90 年代，黄河下游河道过流条件恶化，二级悬河形势严峻，发生横河、斜河、滚河的可能性增加，对黄河大堤防洪安全的威胁增大。2000 年小浪底水库运用后，下游河道过流条件虽有较大改善，但河道主槽的过流能力也仅维持在 $4000\text{m}^3/\text{s}$ 左右，黄河下游防洪形势依然严峻。

黄河下游滩区有约 190 万人口，滩区既是洪水的行洪区，又是约 190 万居民生存的家园。由于河道主槽过流能力低，滩区小水大灾的局面加剧。但随着社会发展和人民生活水平的提高，滩区群众对防洪的要求越来越高。

黄河防洪问题的复杂性主要是中小洪水的泥沙问题难于处理。中小洪水发生概率高、泥沙累积作用明显。在防洪调度中发生中小洪水时，若采用控泄方式、水库蓄洪拦沙，虽然会减少下游滩区淹没损失，但因中小洪水发生概率高，长期运用会使库容淤损较快，减少水库拦沙运用年限，进而降低水库的防洪作用；若水库不按照防洪方式运用，而进行敞泄排沙运用，一方面滩区淹没损失较大，另一方面洪水量级较小、不会形成下游大漫滩、造成下游河道主槽淤积较严重，使得下游河道淤积形态恶化，导致防洪形势进一步严峻化。因此，黄河下游中小洪水管理的重点，是要寻求滩区防洪与水库、河道减淤之间的平衡。如何根据不同的洪水泥沙条件，利用主槽过流、减小滩区的淹没损失、长期保持小浪底水库有效库容、维持下游中水河槽，是黄河下游洪水泥沙管理迫切需要解决的问题。

以三门峡、小浪底、陆浑、故县、河口村等串并联水库群联合运用为例，研究汛期串并联水库群联合防洪问题。

## 8.1.1　黄河下游防洪调控指标

1）维持中水河槽控制流量指标

为了保证主槽的行洪输沙能力，并保证滩区防洪安全，应尽量控制下游河道洪峰流量不超过平滩流量。多年实践经验表明，较大中水河槽需要一定历时的大流量才能保持，而黄河流域为资源性缺水，水资源宝贵，综合多种因素确定黄河下游今后要长期保持的中水河槽过流能力为 4000m³/s 左右。

2）滩区防洪控制流量指标

分析不同量级洪水黄河下游滩区淹没范围，结果表明：花园口 6000m³/s 以下洪水滩区淹没损失较小；花园口洪峰流量从 6000m³/s 增大到 8000m³/s 时，下游滩区的淹没损失增加很快；花园口发生洪峰流量为 8000m³/s 左右的洪水时，绝大部分滩区（约89%）已受淹；花园口发生洪峰流量为 10 000m³/s 左右的洪水时，滩区淹没人口达 129 万，黄河下游防洪已面临水库调度、防洪、滩区减灾等诸多难题。从减小滩区淹没损失角度出发，选择花园口 6000m³/s 流量作为下游滩区防洪控制指标。

3）下游防洪控制流量指标

22 000m³/s 是黄河下游防洪标准内洪水的上限值，同时，为降低东平湖滞洪区启用概率，应尽量控制进入下游的洪水流量不超过 10 000m³/s。取花园口 10 000m³/s、22 000m³/s 流量为下游防洪控制流量指标。

## 8.1.2　大洪水和特大洪水联合防洪运用方式研究

### 8.1.2.1　联合防洪运用方式拟定

1）潼关以上来水为主的洪水各水库运用方式拟定

此类洪水历时较长、洪峰高、含沙量大，三花间和小花间来水相对较少。主要研究三门峡水库、小浪底水库和东平湖滞洪区三者间的防洪库容分配，最终使水库、滞洪区联合运用后，能够解决大洪水和特大洪水情况下水库保坝和黄河下游防洪的问题。

（1）三门峡水库运用方式：包括敞泄和"先敞泄后控泄"两种。

（2）小浪底水库运用方式：考虑控制中小洪水和不控制中小洪水。

2）三花间来水为主和潼关上下共同来水为主的洪水各水库运用方式拟定

此类洪水预见期较短，主要研究大洪水和特大洪水情况下三门峡水库投入运用的时机、东平湖的分洪时机等问题。

（1）三门峡水库运用方式：水库首先按照敞泄运用，待小浪底水库不能完全承担下游防洪任务时，三门峡水库配合小浪底水库联合承担下游防洪任务。

（2）小浪底水库运用方式：对于一般含沙量洪水，为了争取滩区群众撤退时间、减轻滩区洪水淹没损失，在洪水起涨阶段，小浪底水库应首先按照控制中小洪水的方式运用，在此过程中若预报小花间的流量即将达到中小洪水控制流量且有上涨趋势，小浪底水库按照发电流量控制下泄流量。当水库蓄洪量达到中小洪水控制库容或小花间流量大于等于 $9000m^3/s$ 后，小浪底水库按照控制花园口不超过 $10\,000m^3/s$ 运用。对于高含沙洪水，小浪底水库同样考虑了控制中小洪水和不控制中小洪水方案。

#### 8.1.2.2 调洪计算及效果评价

1）潼关以上来水为主洪水

潼关以上来水为主的大洪水和特大洪水简称"上大洪水"。该量级洪水的含沙量高低对水库运用方式的制订影响不大，重点是防洪减灾。

Ⅰ．三门峡水库

首先分析在小浪底水库淤积量达到 42 亿 $m^3$ 左右时，三门峡水库敞泄和"先敞泄后控泄"两种方式对小浪底水库的影响。结果表明，三门峡水库敞泄运用和"先敞泄后控泄"运用对小浪底水库的影响差别很大，三门峡水库敞泄运用，对于万年一遇洪水，即使小浪底水库蓄到280m，也不能满足下游防洪要求，仍需下游东平湖分洪 8 亿 $m^3$；而三门峡水库"先敞泄后控泄"运用，万年一遇洪水小浪底水库的最高蓄水位为266.53m，下游基本不需要东平湖分洪。因此，从小浪底水库防洪保坝的角度分析，三门峡水库不能按照敞泄方式运用。对于千年一遇及以下洪水，防洪运用第一阶段三门峡水库还可以按照敞泄运用。

虽然三门峡水库"先敞泄后控泄"运用能够有效降低小浪底水库的运用水位，但与敞泄运用相比，三门峡水库高水位的运用时间明显增加。统计结果表明，万年一遇洪水三门峡水库325m以上"先敞泄后控泄"运用是敞泄运用历时的2倍，千年一遇洪水"先敞泄后控泄"运用是敞泄运用历时的 3～4 倍。三门峡水库高水位运用历时越长，水库淤积越严重，即三门峡水库"先敞泄后控泄"运用对减少水库淤积是不利的。但三门峡水库"先敞泄后控泄"运用减少了小浪底水库的高水位运用历时，对小浪底水库的减淤有利。

因此，防洪运用第一阶段，对于千年一遇及以下洪水，三门峡水库还可以按照敞泄运用，但对于万年一遇洪水，三门峡水库必须按照"先敞泄后控泄"的方式运用。进入第二阶段后，小浪底水库防洪库容逐步减小，对于潼关以上来水为主的洪水，三门峡水库仍采用"先敞泄后控泄"的运用方式。

Ⅱ．小浪底水库

选择水库淤积量达到 42 亿 $m^3$ 左右和设计淤积量达到 75.5 亿 $m^3$ 左右两个时期，即防洪运用的第一阶段末和第三阶段末，分析不控制中小洪水和控制中小洪水两个方案对小浪底水库自身及下游的影响。结果表明，控制中小洪水方式小浪底水库的蓄洪量大于不控制方式，因此，如果能够准确预报大洪水的量级，对"上大洪水"不进行中小洪水控制运用的方式优于控制方式；防洪运用第一阶段（淤积量小于 42 亿 $m^3$），不控制中小洪水方案可以不使用东平湖分洪，而控制中小洪水方案，万年一遇洪水必须使用东平湖分洪；防洪运用第三阶段末（淤积量达到设计淤积量），中小洪水控制流量加大、控制库容减小，控制中小洪水对小浪底水库蓄洪量的影响减弱，与不控制方式相比，千年一遇、万年一遇洪水控制中小洪水方式小浪底水库蓄洪量增加 2 亿～4 亿 m³，无论是否控制中小洪水，下游都需要使用东平湖分洪；防洪运用第二、三阶段（淤积量为 42 亿～75.5 亿 m³），小浪底水库淤积量逐渐达到 60 亿 m³，254m 以下中小洪水控制库容只有 7 亿 m³ 左右，254m 以上的防洪库容只有 50 亿 m³ 左右，与万年一遇洪水不控制中小洪水方式小浪底水库的蓄洪量相当，因此淤积量超过 60 亿 m³ 后，即使不控制中小洪水，小浪底水库也没有能力全部承担下游的防洪任务，必须使用东平湖分洪。

Ⅲ. 东平湖滞洪区运用时机

首先分析防洪运用第一阶段末，即小浪底水库淤积量达到 42 亿 m³ 左右时，东平湖分洪的运用时机。拟定了三个方案：方案一，当小浪底水库蓄水位达到 262m 时，若仍预报花园口洪峰流量大于 10 000m³/s，则小浪底水库根据入库流量按维持库水位或敞泄运用，如果入库流量小于水库泄流能力，小浪底水库按照入库流量泄洪，否则小浪底水库按敞泄运用，直到花园口超万洪量达到 20 亿 m³ 或预报花园口流量小于 10 000m³/s 时，小浪底水库恢复按控制花园口 10 000m³/s 运用。方案二、方案三分别是小浪底库水位达到 263m、265m 时，下游东平湖配合分洪。结果表明，对于万年一遇洪水，三个方案小浪底水库的蓄洪量、花园口的超万洪量相差很小，这主要是因为当花园口的超万洪量达到 20 亿 m³ 后，即东平湖蓄满后，小浪底水库恢复按控制花园口 10 000m³/s 运用，小浪底继续蓄水；对于千年一遇洪水，东平湖越晚投入运用，小浪底水库的蓄洪量越大、下游的洪水越小。方案一东平湖的分洪运用概率约为 100 年一遇，与小浪底水库正常运用期的运用概率相同，在拦沙后期小浪底水库防洪库容较大的情况下，可以适当利用小浪底水库的防洪库容减小东平湖的运用概率、减少淹没损失，因此不推荐采用方案一。另外，又分析了三个方案小浪底水库各级水位的历时，结果表明，方案三 265m 以上的历时比方案二明显增加。

小浪底水库正常运用期，水库蓄洪量达到 20 亿 m³ 时相应的库水位为 266.6m，方案三小浪底水库水位达 265m 时下游东平湖配合分洪的方案与正常运用期小浪底水库运用水位接近，不利于减少小浪底水库的淤积。因此推荐采用方案二，即小浪底水库蓄水位达到 263m 后，下游东平湖配合分洪，分洪运用的概率约为 200 年一遇。

2）三花间来水为主、潼关上下共同来水洪水

三花间来水为主的大洪水和特大洪水简称"下大洪水"，潼关上下共同来水的大洪水简称"上下较大洪水"。由于水库下游来水较大，首先启用小浪底、陆浑、故县、河口村等水库拦蓄水库上游来水、削减进入下游的洪水流量。待小浪底水库不能完全承担下游防洪任务时，三门峡水库配合小浪底水库联合承担下游防洪任务。

Ⅰ. 小浪底水库运用方式

"下大洪水"的预见期短、含沙量较低，为了争取滩区群众撤退时间、减轻滩区洪水淹没损失，在洪水起涨阶段，小浪底水库应首先按照控制中小洪水的方式运用，在防洪运用过程中，若预报小花间的流量即将达到中小洪水控制流量且有上涨趋势，小浪底水库按照发电流量控制下泄流量。当水库蓄洪量达到中小洪水防洪库容或小花间流量大

于等于 9000m³/s 后，小浪底水库按照控制花园口不超过 10 000m³/s 运用。

Ⅱ. 三门峡水库运用方式

"下大洪水"三门峡水库的运用原则是水库首先按照敞泄运用，待小浪底水库不能完全承担下游防洪任务时，三门峡水库再投入联合运用。因此，首先分析洪水泥沙分类管理防洪运用第一阶段末（淤积量达到 42 亿 m³ 左右）、三门峡水库敞泄运用时，水库和下游的洪水情况。结果表明，三门峡水库敞泄运用，100 年、200 年一遇洪水小浪底水库的最高水位分别为 258.67m、263.14m；千年一遇洪水小浪底水库的最高水位为 269.34m；万年一遇洪水小浪底库水位超过 275m，接近 278m。在防洪运用第一阶段末，三门峡水库按照敞泄运用，不能保证万年一遇洪水小浪底水库和黄河下游的防洪安全。同时，由于"下大洪水"三门峡水库以上来水相对较少，各级洪水三门峡水库的最高水位都比较低，万年一遇洪水最高水位为 318.31m，三门峡水库、小浪底水库的蓄洪量差距过大。因此，发生"下大洪水"时，三门峡水库应该适当控制，分担小浪底水库的蓄洪量。

根据小浪底水库的运用情况确定三门峡水库的控制运用时机，即当小浪底水库达到某一蓄水位时，三门峡水库开始进行控制运用，并按小浪底水库的出库流量泄流。拟定了小浪底水库蓄水位达 260m、263m、265m 时的三个方案，并进行三门峡水库投入控制运用时机对比，结果表明，三门峡水库参与控制运用对黄河下游洪水没有削减作用，主要因为黄河下游洪水大小是由小浪底水库控制的。三门峡水库控制运用，可以减轻小浪底水库的蓄洪负担。三门峡水库投入控制运用越早，小浪底水库的蓄洪水位越低。对于千年一遇洪水，260m 方案与 265m 方案相比，小浪底水库蓄水位由 263.4m 抬高至 267.2m。三门峡水库投入控制运用时机不同，三门峡水库的最高水位及最大蓄洪量不同，投入运用时机越早，三门峡水库蓄洪负担越重。对于千年一遇洪水，260m 方案与 265m 方案相比，三门峡水库蓄洪量由 13.62 亿 m³ 减小至 5.07 亿 m³。由此可见，三门峡水库投入控制运用时机不同，三门峡水库与小浪底水库的总蓄洪量变化不大。260m、263m、265m 方案三门峡水库的控制运用概率分别约为 100 年一遇、200 年一遇和 300 年一遇。防洪运用第一阶段防洪库容较大，可以适当减小三门峡水库的控制运用概率。对于万年一遇洪水，260m、263m、265m 方案三门峡水库、小浪底水库的蓄洪比例分别为 1：1.7、1：2.4 和 1：2.6。

综上分析，在防洪运用的第一阶段，由于小浪底水库库容较大，可以适当减轻三门峡水库的防洪负担，考虑到与小浪底水库正常运用期防洪运用方式的衔接，推荐选择 263m 方案。对于"下大洪水"，当小浪底水库蓄洪水位达 263m 且有上涨趋势时，三门峡水库投入控制运用，并按小浪底水库的出库流量泄流，其控制运用概率为约 200 年一遇。《黄河下游长远防洪形势和对策研究》报告分析了小浪底水库淤积量达到 50 亿 m³ 时"下大洪水"三门峡水库投入控制运用的时机，推荐小浪底库水位达到 263m 时三门峡水库控制运用。因此，在小浪底水库淤积量达到 50 亿 m³ 之前，发生"下大洪水"时，当小浪底水库的蓄水位达到 263m 后，三门峡水库控制运用，按照小浪底水库的出库流量泄流，三门峡水库运用的概率约为 200 年一遇。当小浪底水库淤积量超过 50 亿 m³ 时，三门峡水库投入运用的时机适当提前，由 200 年一遇逐渐增大，直至小浪底水库淤积量达

到设计淤积量，三门峡水库的运用概率提高到 100 年一遇，当小浪底水库的蓄水位达到
269.3m 后，三门峡水库控制运用。

Ⅲ. 东平湖滞洪区运用时机

对于"下大洪水"，由于三花间水库无法控制小花间无控制区的洪水，经计算，为
保证黄河下游防洪安全，近 30 年一遇洪水就需要启用东平湖滞洪区，即东平湖滞洪区
的分洪运用概率为近 30 年一遇。

### 8.1.3　对水库和下游的长期影响评价

1）控泄方案对比分析

综合比较控 4000m³/s、控 5000m³/s、控 6000m³/s 和控 4000～6000m³/s 方案的水库拦
沙期长度、不同时段的拦沙减淤比、不同量级洪水出现天数等（表 8.1-1），认为方案一控
4000m³/s 方案最差，拦沙期长度仅 11 年多，从长期看，由于所需中常洪水的防洪库容
较大，在 254m 以下防洪库容较小时，下游滩区的淹没损失较大。方案三控 6000m³/s 下
游滩区的淹没损失较大。方案二控 5000m³/s 的拦沙期长度比方案三、四约少了 1 年。因
此，综合比较，控 4000～6000m³/s 方案略优于其他三个方案，控泄方案选择方案四作为
推荐方案。

表 8.1-1　控泄方案长系列冲淤计算成果表

| 项目 | | | 方案 | | | |
|---|---|---|---|---|---|---|
| | | | 一<br>控 4 000m³/s | 二<br>控 5 000m³/s | 三<br>控 6 000m³/s | 四<br>控 4 000～<br>6 000m³/s | 高含沙<br>敞泄 |
| 前 10 年 | 水库淤积量（亿 m³） | | 78.59 | 66.86 | 62.12 | 64.88 | 59.31 |
| | 冲淤量<br>（亿 t） | 主槽 | 高村以上 | −5.89 | −2.69 | −1.83 | −2.21 | −0.90 |
| | | | 高村以下 | −5.43 | −3.45 | −2.08 | −2.72 | −1.75 |
| | | | 全下游 | −11.32 | −6.14 | −3.91 | −4.93 | −2.65 |
| | | 滩地 | 高村以上 | 0.27 | 0.47 | 0.69 | 0.57 | 2.65 |
| | | | 高村以下 | 0.28 | 0.52 | 1.02 | 0.91 | 0.45 |
| | | | 全下游 | 0.55 | 0.99 | 1.71 | 1.48 | 3.10 |
| | | 全断面 | 高村以上 | −5.62 | −2.22 | −1.14 | −1.64 | 1.75 |
| | | | 高村以下 | −5.15 | −2.93 | −1.06 | −1.81 | −1.30 |
| | | | 全下游 | −10.77 | −5.15 | −2.2 | −3.45 | 0.45 |
| | 全下游全断面减淤量（亿 t） | | 46.60 | 40.97 | 38.02 | 39.27 | 35.37 |
| | 水库拦沙减淤比 | | 1.52 | 1.36 | 1.31 | 1.35 | 1.30 |
| | 花园口某流量级<br>（m³/s）出现天数 | 4 000<Q≤5 000 | 1 | 34 | 14 | 15 | 11 |
| | | 5 000<Q≤6 000 | 0 | 0 | 19 | 17 | 5 |
| | | 6 000<Q≤8 000 | 1 | 0 | 0 | 0 | 9 |

| 项目 | | 方案 | | | | |
|---|---|---|---|---|---|---|
| | | 一<br>控 4 000m³/s | 二<br>控 5 000m³/s | 三<br>控 6 000m³/s | 四<br>控 4 000～<br>6 000m³/s | 高含沙<br>敞泄 |
| 水库淤积量（亿 m³） | | 78.83 | 78.69 | 78.79 | 78.77 | 78.82 |
| 拦沙期长度（年–月–日） | | 11-07-12 | 13-08-27 | 14-08-07 | 14-07-09 | 17-07-28 |
| 前 17 年 | 冲淤量<br>（亿 t） | 主槽 | 高村以上 | 0.38 | 0.24 | −0.27 | −0.11 | −0.90 |

（表格数据）

| 前 17 年 | 冲淤量（亿 t） | 主槽 | 高村以上 | 0.38 | 0.24 | −0.27 | −0.11 | −0.90 |
|---|---|---|---|---|---|---|---|---|
| | | | 高村以下 | 0.33 | −0.10 | −0.14 | −0.17 | −0.30 |
| | | | 全下游 | 0.71 | 0.14 | −0.41 | −0.28 | −1.20 |
| | | 滩地 | 高村以上 | 6.62 | 4.5 | 4.23 | 4.1 | 5.25 |
| | | | 高村以下 | 3.51 | 4.55 | 4.27 | 4.62 | 2.94 |
| | | | 全下游 | 10.13 | 9.05 | 8.5 | 8.72 | 8.19 |
| | | 全断面 | 高村以上 | 7 | 4.74 | 3.96 | 3.99 | 4.35 |
| | | | 高村以下 | 3.84 | 4.45 | 4.13 | 4.45 | 2.64 |
| | | | 全下游 | 10.84 | 9.19 | 8.09 | 8.44 | 6.99 |
| | 全下游全断面减淤量（亿 t） | | | 51.66 | 53.31 | 54.41 | 54.06 | 55.52 |
| | 水库拦沙减淤比 | | | 1.38 | 1.33 | 1.31 | 1.32 | 1.28 |
| | 花园口某流量级<br>（m³/s）出现天数 | | 4 000<Q≤5 000 | 2 | 50 | 21 | 22 | 15 |
| | | | 5 000<Q≤6 000 | 1 | 0 | 26 | 24 | 8 |
| | | | 6 000<Q≤8 000 | 1 | 0 | 0 | 0 | 10 |
| | | | 8 000<Q≤10 000 | 4 | 0 | 0 | 0 | 2 |

图 8.1-1 是 1968 年系列不同控泄方案小浪底水库逐年累计淤积量，可以看出，水库淤积量达 42 亿 m³ 之前，控 4000～6000m³/s 方案的淤积量与控 4000m³/s 方案一致，控 5000m³/s、控 6000m³/s 方案基本一致，控 4000m³/s 方案的淤积量略大。小浪底水库淤积量为 42 亿～60 亿 m³ 时，控 4000m³/s 方案的淤积量最大，控 5000m³/s、控 6000m³/s 方案的淤积量基本相同且最小，控 4000～6000m³/s 方案的淤积量介于控 4000m³/s 和控 5000m³/s、控 6000m³/s 方案之间。水库淤积量达到 60 亿 m³ 之后，由于库内蓄水量减小和潼关以上洪水的量级大、历时长，控 6000m³/s、控 4000～6000m³/s 和控 5000m³/s 方案第 9 年水库发生明显冲刷（第 9 年是 1976 年，这一年花园口实测洪峰流量为 9210m³/s，设计水沙系列中花园口大于 4000m³/s 的洪水历时达到 14d，大于 6000m³/s 的洪水历时达到 9d），且控 6000m³/s 方案的冲刷效果优于控 5000m³/s 方案；而控 4000m³/s 方案水库未发生冲刷，累计淤积量较其他方案显著增加。第 9 年之后，控 4000～6000m³/s 和控 6000m³/s 方案运用方式相同，控 4000m³/s 方案水库淤积量增大，不同方案的差别逐渐明显。

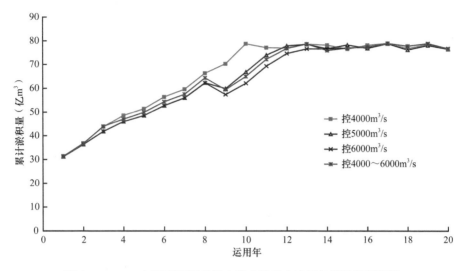

图 8.1-1　1968 年系列不同控泄方案小浪底水库逐年累计淤积量图

2）高含沙敞泄方案与控泄推荐方案对比分析

从表 8.1-1 可看出，水库运用前 10 年，高含沙洪水敞泄方案水库淤积量为 59.31 亿 m³，其中高村以上滩地淤积量为 2.65 亿 t，下游全断面减淤量为 35.37 亿 t，水库拦沙减淤比为 1.30。从减少水库淤积的角度来看，高含沙敞泄方案优于控 4000～6000m³/s 方案；但高含沙洪水敞泄，使得花园口 6000m³/s 以上流量级天数明显增加，滩区淹没损失明显大于控制运用方案。综合比较高含沙敞泄和控 4000～6000m³/s 方案，高含沙敞泄方案对减少水库淤积有利，对减小滩区淹没损失效果略差。

从两方案的拦沙期长度来看，高含沙敞泄方案为 17 年多，控 4000～6000m³/s 方案的拦沙期为 14 年多，控制运用方案拦沙期长度明显小于高含沙敞泄方案，从水库拦沙期长度看，高含沙敞泄方案明显优于控制运用方案。

水库运用的前 17 年，高含沙敞泄方案的水库拦沙减淤比为 1.28，控 4000～6000m³/s 方案为 1.32；从花园口不同量级洪水出现天数和不同量级洪水滩区淹没损失判断，高含沙敞泄的淹没损失明显高于控 4000～6000m³/s 方案。

分析长系列计算过程发现，当洪水主要来源于上游或龙潼河段（龙门—潼关河段）时，即使潼关洪水为含沙量小于 200kg/m³ 的非高含沙洪水，对于 8000m³/s 以上的中小洪水，由于入库流量较大，如果小浪底水库敞泄运用、利用大流量冲刷库内淤积泥沙，也可形成高含沙出库洪水，对黄河下游进行淤滩刷槽。

图 8.1-2 是 1968 年系列不同方案小浪底水库逐年累计淤积量，可以看出，水库淤积量达 42 亿 m³ 之前，高含沙敞泄方案的淤积量与控 4000～6000m³/s 方案基本一致。小浪底水库淤积量为 42 亿～60 亿 m³ 时，高含沙敞泄方案和控 4000～6000m³/s 方案水库的淤积量也基本相同，控制运用方案略高于高含沙敞泄方案。水库淤积量达到 60 亿 m³ 之后，由于库内蓄水量减小且潼关以上洪水的量级大、历时长，两个方案第 9 年水库均发生明显冲刷，控 4000～6000m³/s 方案的冲刷量小于高含沙敞泄方案，第 9 年之后，不同方案水库累计淤积量的差别逐渐明显。

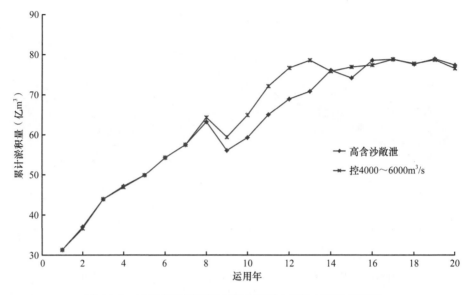

图 8.1-2  1968 年系列不同方案小浪底水库逐年累计淤积量

从整个拦沙期不同阶段的水库累计淤积量来看，淤积量小于 60 亿 m³ 时，由于库内蓄水量较大，水库减淤运用效果不显著，控 4000～6000m³/s 方案与高含沙敞泄运用方案的差别不大。淤积量大于 60 亿 m³ 后，控制运用方案将明显降低水位冲刷运用效果、缩短水库拦沙年限，因此降低水位冲刷期间应不考虑防洪控制运用。

## 8.1.4  水库群联合防洪运用方式

### 8.1.4.1  三门峡水库

当没有发生洪水时，三门峡水库原则上按进出库平衡方式运用；当发生洪水时，首先按照敞泄滞洪运用。此后，视洪水来源、量级、水库蓄水量等情况适时进行控制运用。

（1）对于潼关以上来水为主的大洪水，当三门峡水库库水位达到滞洪最高水位后，视下游洪水情况进行泄洪。如预报花园口流量仍大于 10 000m³/s，维持库水位按入库流量泄洪；否则，按控制花园口 10 000m³/s 进行退水，直至库水位回落至汛限水位。

（2）对于潼关上下共同来水或三花间来水为主的洪水，三门峡水库在小浪底库水位达到 263～269.3m 时开始按照小浪底水库的出库流量控制运用，直到预报花园口流量小于 10 000m³/s，三门峡水库按照控制花园口 10 000m³/s 退水。

### 8.1.4.2  小浪底水库

1）预报花园口洪峰流量为 4000～8000m³/s

对于潼关以上来水为主的洪水，小花间洪峰流量一般小于下游河道平滩流量，若中期预报黄河中游有强降雨天气或潼关站发生含沙量大于等于 200kg/m³ 的洪水时，小浪底水库按敞泄滞洪方式运用。否则，小浪底水库按照控制花园口流量不大于 4000m³/s

（淤积量小于 42 亿 m³）、5000m³/s（淤积量为 42 亿～60 亿 m³）、6000m³/s（淤积量大于 60 亿 m³）运用，水库防洪控制运用的水位不超过 254m（淤积量小于 60 亿 m³）、保滩库容 7.9 亿 m³（淤积量大于 60 亿 m³）。

对于三花间来水为主的洪水，潼关以上洪水流量相对较小，水库按照控制花园口流量不大于 4000m³/s（淤积量小于 42 亿 m³）、5000m³/s（淤积量为 42 亿～60 亿 m³）、6000m³/s（淤积量大于 60 亿 m³）运用，小花间流量达到下游平滩流量时，水库按照最大下泄流量不超过 1000m³/s 控制运用，水库防洪控制运用的水位不超过 254m（淤积量小于 60 亿 m³）、保滩库容 7.9 亿 m³（淤积量大于 60 亿 m³）。

2）预报花园口洪峰流量为 8000～10 000m³/s

视洪水来源、含沙量、水库淤积等情况，小浪底水库按敞泄或控泄方式运用，若洪水主要来源于潼关以上，按照敞泄方式运用；若洪水主要来源于三花间，视洪水含沙量、洪水过程、小浪底水库淤积等情况，酌情进行控制运用并控制花园口流量不超过 8000m³/s。

3）预报花园口洪峰流量大于 10 000m³/s

小浪底水库按照控制花园口流量不超过 10 000m³/s 运用，控制运用的过程中，若预报小花间流量大于等于 9000m³/s，按不大于 1000m³/s 下泄。"上大洪水"库水位达到 263～266.6m 时，小浪底水库加大泄量按敞泄或维持库水位运用，预报花园口超万洪量达到 20 亿 m³ 时，小浪底水库按控制花园口流量不超过 10 000m³/s 运用。

4）预报花园口流量回落到 10 000m³/s 以下

小浪底水库按照控制花园口流量不大于 10 000m³/s 泄洪，直到小浪底库水位降至汛限水位。对于潼关以上来水比重较大的洪水（潼关以上来水为主和潼关上下共同来水洪水），可视中期预报和洪水预报水平、水库蓄水量和淤积量、干支流来水等情况，适时进行水沙调节。具体如下：若中期预报黄河中游有强降雨天气，小浪底水库根据洪水预报，在洪水预见期（2d）内，按照控制不超过下游平滩流量预泄，直到库水位降到 210m。入库流量大于平滩流量后，转入正常防洪运用。此后，对于潼关以上来水为主洪水，当入库流量小于下游平滩流量后，水库按照不超过下游平滩流量补水，水位最低降至 210m。对于潼关上下共同来水洪水，在退水过程中，视来水来沙、库区泥沙等情况，水库凑泄花园口 2600～4000m³/s，水位最低降至 210m。

### 8.1.4.3  陆浑水库、故县水库、河口村水库

一般按原设计方式运用。对于潼关上下共同来水洪水，若预报花园口站洪峰流量不超过 8000m³/s，陆浑水库、故县水库可视中期预报和洪水预报水平、水库蓄水量和淤积量、干支流来水等情况，适时配合小浪底水库进行水沙调节，即水库先控泄运用，蓄洪削峰，尽量延长清水下泄历时，直至降至汛限水位以下。具体如下：当入库流量达到某一量级且有上涨趋势时，按入库流量的一半控制下泄，最大泄量不超过 1000m³/s；当库水位达到 20 年一遇洪水位时，敞泄排洪。在退水过程中，当入库流量回落到 1000m³/s

以下时，水库开始凑泄花园口 2600～4000m³/s，为减轻本流域下游防洪压力，最大出库流量不超过 700m³/s，直到水位降至汛限水位。

## 8.2 凌汛期水库群联合防凌运用方式

以三门峡水库和小浪底水库等串联水库联合运用为例，研究凌汛期串联水库群联合防凌问题。

### 8.2.1 防凌运用方式分析

水库调节水量，不仅能提高水温，还能通过控制下泄水量，防止或减轻下游凌汛威胁，是一种常用的积极的预防性防凌措施，黄河三门峡水库、小浪底水库在凌汛期兼有下游防凌任务。

#### 8.2.1.1 三门峡水库

在 1973～2000 年，下游凌汛期主要由三门峡水库进行凌汛期调度，其调度原则如下。

（1）流凌及初封期：10 月底（或霜降起）黄河进入非汛期，水库开始蓄水，限制水位由 300m（或 305m）提高到 310m，预蓄的水量可以调平内蒙古河段封冻后出现的小流量过程（200～300m³/s），因此在下游流凌初封期，适当提高和调匀三门峡水库下泄流量，使花园口站维持在 500m³/s 左右，有利于推迟封冻日期和避免下游出现小流量封冻，增大冰盖下过流能力，同时也可以减轻水库库容不够的压力。例如，在初封期出现冰塞危害或其他险情时，可以根据具体情况适当控制下泄流量，如在此期间下游需要引水时，可根据引水计划适当增大下泄流量。根据历年下游流凌封河日期，水库控制下泄可以从 12 月中旬开始，历时 20d 左右，或根据封河预报日期提前 10d 控制下泄。

（2）稳封期：河道封冻后，增大了水流的阻力，原则上水库应控制下泄流量保持均匀，并使之不大于冰盖下的过流能力。具体来说，在稳封时期的前期（5～7d），冰盖阻力最大，花园口流量控制在 300～400m³/s 比较适宜，以后慢慢地恢复到 450m³/s，到了稳封时期的后期（或解冻前一星期），根据槽蓄水增量及冰量可逐步地减小下泄流量至 300m³/s 左右，其目的是保持稳封期冰盖的稳定性，同时尽量减小槽蓄水增量，以避免开河时出现武开河局面。

（3）解冻开河期：因黄河下游开河时自上而下沿程释放槽蓄水增量，所以在解冻前一星期应逐步减小下泄流量到 300m³/s 左右，然后平稳下泄，要避免忽大忽小，更不能增大下泄流量，为安全解冻开河创造较好的水流条件。如果开河时出现严重冰坝壅水，而上游凌峰又很大，则应再进一步减小下泄流量直至全部关闸，或采取就近开启分水分凌闸等其他措施。

（4）下游从封河到开河期间，库水位运用一般控制不超过 326m，相应库容为 16.5 亿 m³（2002 年 5 月测）。若遇凌情严重，库水位有可能超过 326m 运用时，需报请黄河防汛抗旱总指挥部决定。

### 8.2.1.2　小浪底水库

小浪底水库在 2000 年 10 月后开始防凌调度运用，其调度原则是：在凌汛期小浪底水库和三门峡水库共同承担下游的防凌调节任务，两库共同承担防凌的库容为 35 亿 m³，其中小浪底水库在正常蓄水运用时担负 20 亿 m³，且在防凌运用时优先使用小浪底水库。小浪底水库运用初期防凌运用方式如下。

（1）11 月 30 日前，根据当年 12 月至次年 2 月小浪底水库以上来水和小浪底水库至花园口区间来水的初步预报、下游河道（以泺口上下河段为主）开始封河时间的初步预报、同一时段内下游沿河地区用水、配水计划，编制水库防凌调度预案。

（2）在泺口河段封冻前，水库水量调度按供水配水计划及发电需求安排，12 月及次年 1 月控制泺口附近流量不大于 400m³/s。

（3）如果中期凌情预报泺口河段可能在 1 月 10 日以前封冻，则密切注意凌情发展，及时调控水库泄流，进一步安排下游供水配水计划，尽可能使封河后泺口河段流量不超过 300m³/s。

（4）如泺口河段 1 月 20 日尚未封冻，则以后的水库水量调度主要按供水配水及发电需求安排。

## 8.2.2　防凌效果分析

1）三门峡水库

三门峡水库自运用以来，不断总结凌汛调水经验，在 1973 年以前水库防凌运用方式主要是在预报开河前几天控制下泄流量，防止出现武开河局面。1973 年以后采用全面调节运用，这种运用方式起到了推迟封河、抬高冰盖、增加冰下过流能力的作用。此外，出库水温升高 2℃左右，使水库以下 150km 长河段少流凌或不流凌。

2）小浪底水库

小浪底水库防凌运用10年来，因来水偏少、供水配水量较大、冬季气温偏高及调水调沙运用逐步改善了主槽冰下过流能力，为控制与避免形成较严重凌汛壅水漫滩灾害提供了保证，另外加强了河道工程（浮桥）管理，必要时采用爆破等人工破冰措施，故凌情总体形势比较平稳，封河与开河期没有形成较严重冰塞或冰坝壅水漫滩造成灾害的情况。

Ⅰ. 小浪底水库防凌蓄水

小浪底水库初期运用中，凌汛期蓄水运用按照保证大坝蓄水安全要求，在三门峡水库配合下，充分满足了水库防凌蓄水需求。

在 10 年凌汛主要阶段，水库以蓄水为主，最大蓄水量达 15.7 亿 m³，也有 5 年呈增泄的情况，最大泄水量达 13.2 亿 m³。故 10 年来小浪底水库动用的防凌库容未超过规定的要求，水位也处于初期规定运用范围内。

Ⅱ. 凌灾损失减少

历史上黄河下游凌汛灾害比较严重，据不完全统计，1883～1936 年有 21 年凌汛期决口。1949 年以来至三门峡水库建成前，黄河下游曾有 2 次凌汛决口，造成了较大的凌汛灾害：1951 年 2 月 3 日发生在利津王庄，淹没村庄 91 个，受灾人口为 7 万人，受灾面积达 43 万亩；1955 年 1 月 29 日发生在利津五庄，受灾人口为 20.5 万人，受灾面积达 86 万亩。

自从三门峡水库建成运用以来，由于三门峡水库改变了下游河道凌期的流量，水库下泄水温升高也影响黄河下游河段的冰情，不仅推迟了封河时间，而且下游封冻河段长度明显减小，封、开河冰塞、冰坝次数减少，大大地减轻了黄河下游的防凌威胁。1960～2000 年的 40 年中，特别是下游凌汛严重的 1969 年、1970 年、1976 年、1977 年等年份，由于利用三门峡水库调节凌汛期河道水量，推迟了开河时间，避免了"武开河"的不利局面，安全度过了凌汛期。水库建成后黄河下游再没有出现凌汛决口，在保障黄河下游的凌汛安全方面发挥了重要的作用。

小浪底水库运用后，在水库运用初期具有足够的防凌库容，对下游河道的流量进行更加直接的调节，出库水温比建坝前明显增高，基本解除了黄河下游的凌汛威胁。2001 年冬季，黄河下游气温较常年偏低，防凌形势严峻，在即将封河的关键时期，小浪底水库持续以 500m³/s 的流量向下游补水，使封河形势得到缓解，开创了严寒之年下游不封河的先例。2002 年凌汛期，在来水极枯、封河流量较小条件下，由于封冻期合理控泄，下游河道 107km 封河河段开河平稳；2003 年济南北镇站 1 月上旬平均气温为 1970 年以来同期最低值，黄河下游出现了两次封河、开河，最大封冻长度达 330.6km，封冻期小浪底水库控泄流量仅在 120～170m³/s，实现了全线"文开河"。2004 年 12 月至 2005 年 2 月下游凌汛期间，小浪底水库实际泄水 21.06 亿 m³，各月平均流量分别为 312m³/s、251m³/s、247m³/s，有效缓解了凌汛形势。小浪底水库运用后的 2001～2007 年，凌汛期黄河下游年均封河长度为 129km，仅约为 1950～2000 年平均封河长度（254km）的 51%，河道易封易开。2005～2006 年凌汛期虽然发生了罕见的"三封三开"现象，但没有出现凌汛灾害，说明了水库防凌运用对减小凌汛成灾的效果。

### 8.2.3　下游防御冰凌洪水原则

#### 8.2.3.1　防御原则的制订

根据三门峡水库多年来的实际运用情况，预估未来 20 年三门峡水库按现状运用，冲淤基本平衡。目前，三门峡水库汛期敞泄运用，非汛期 1～3 月防凌运用，最高防凌蓄水位 326m，防凌库容 15 亿 m³。水库利用有限的库容调节水量，减轻凌灾损失，并为下游春灌蓄水。

2020 年后小浪底水库设计拦沙库容基本淤满，按照设计方式运用，维持设计长期有效库容，因而 2020～2030 年库区淤积总量变化不大，水平年小浪底水库的防凌库容将维持在 20 亿 m³ 左右，与现状相比有所减小。防凌运用中，小浪底水库在 12 月中下旬平稳下泄较大流量，在 1～3 月按黄河下游防凌要求调控下泄流量。小浪底水库通过预留防凌库容，凌汛期与三门峡水库联合运用，控制下泄流量不超过 300m³/s，可基本控制下游凌汛威胁。

根据《黄河流域综合规划（2012—2030 年）》《黄河流域防洪规划》等成果，通过中游水土保持、水库调水调沙运用等多种手段，黄河下游将维持 4000m³/s 的中水河槽。2020～2030 年是小浪底水库拦沙期刚结束的阶段，黄河下游河道主槽过流能力基本能够维持在 4000m³/s，下游河道边界条件与现状差别不大。

由于三门峡水库、小浪底水库的联合运用，在水平年 2020～2030 年，黄河下游防凌形势基本呈现以下特点：一是水库防凌调控能力较强，小浪底水库与三门峡水库联合运用，防凌库容为 35 亿 m³，可基本满足防凌水量调节要求；二是水库下泄水流温度增高，封冻河段缩短；三是防凌技术和信息化水平等非工程措施的发展运用，将使下游河道流量控制和调度手段有较大提高。

为保障下游的防凌安全，下游防凌原则如下。

（1）一般凌情情况下，通过小浪底水库的科学合理调度，实现小流量封河，减少槽蓄水增量，为封、开河创造有利条件，保证凌汛安全。

（2）遇严重凌情，启用三门峡水库，通过三门峡水库和小浪底水库的实时调度、应急滞洪区分水分凌、破冰和抢险等综合措施，减少凌灾损失，以确保下游堤防和滩区人民群众生命财产安全。

#### 8.2.3.2　防御冰凌洪水安排

在凌汛期首先利用小浪底水库预留的 20 亿 m³ 防凌库容控制下泄流量，不足时再利用三门峡水库的 15 亿 m³ 防凌库容，联合控制进入下游的流量。

1）一般凌情情况下

在每年的 12 月水库均匀泄流，在流凌至封冻前控制小浪底水库和西霞院水库反调节水库下泄流量，使花园口流量保持在 500m³/s 左右，封冻后控制在 400m³/s 左右，开河时根据预报开河日期及河道槽蓄水量和冰量，使流量逐步减小到 300m³/s 左右后平稳下泄。

2）遇严重凌情

当下游河段出现较严重冰坝壅水凌情时，根据具体凌情，与三门峡水库联合调度，及时减小小浪底水库下泄流量直至全部关闸，确保下游防凌安全。当出现凌汛险情危及堤防安全时，根据具体情况及时破除冰塞和冰坝、利用沿河水闸和展宽区（分洪区）分泄冰凌洪水、疏通河道流路、采取相应的防护等，并积极做好滩区人员的迁安救护和生活保障等工作，确保滩区人民生命安全。

# 第9章 结 论

本书针对多沙河流水库库容淤损快、支流库容用不全、拦沙库容功能单一、汛期发电运行难等重大技术难题，采用理论分析、数学模型计算、原型试验等多种手段，开展了系统的研究，取得了多项创新成果，主要研究结论如下。

（1）揭示了水库下游冲积性河道的冲淤演变规律，提出了有利于水库下游河道减淤和中水河槽维持的水沙过程与水库运行调控指标，为水库减淤运用提供了理论和技术支撑。

依据黄河下游洪水与河道冲淤实测资料，研究了不同流量级、不同含沙量级洪水条件下各河段冲淤调整关系，对于黄河下游一般含沙量非漫滩洪水，随含沙量的增大，全下游逐步由冲刷转为淤积；另外，非漫滩洪水随着流量的增大，全下游由淤积逐步转为冲刷或者淤积效率降低。通过分析不同平滩流量时期的洪水特性，总结了黄河下游平滩流量对洪水过程的响应关系。对不同流量级的漫滩与非漫滩高含沙洪水冲淤特性，以及不同峰型洪水下游河道的冲淤特性进行研究，提出了汛期和非汛期黄河下游流量调控的要求。

（2）提出了水库拦沙后期分阶段运用理念和划分原则及库区滩槽同步塑造的水库运用水位动态调整方法，研发了滩槽同步塑造的水沙调控技术，突破了水库拦沙期只淤不冲的传统拦沙模式，破解了拦沙库容淤损快、支流沟口形成"拦门沙坎"导致部分库容无法利用的难题。

通过泥沙运动理论研究、已建水库实测资料分析、泥沙数学模型计算等手段，研究了三门峡、小浪底等水库排沙比、冲淤量、淤积形态与水库运用水位的关系，深入剖析了拦沙后期库区水流泥沙的运动特性，探明了库区滩槽形态形成、演变机理，提出了拦沙后期分阶段运用理念，以水库淤积量、淤积形态、泥沙固结程度、排沙条件及下游淤积水平作为阶段划分要素，提出了拦沙后期阶段运用理念和划分原则。例如，小浪底水库可根据水库累计淤积量、滩面高程、高滩深槽形态等将拦沙后期细分为第一阶段、第二阶段、第三阶段。以汛限水位作为塑槽控制高水位，以冲刷最低水位作为塑槽控制低水位，统筹评估影响、风险和效益，创建了"动态控制、分级抬高"的塑槽控制水位调整模式，为滩槽同步塑造确立了边界条件。研究确立了塑槽流量、塑槽历时、塑槽控制水位等调控指标，明确了溯源冲刷+沿程冲刷的水库复合冲刷模式，提出了"小水拦沙，大水排沙，淤滩塑槽，适时造峰"的调控方式，并已应用于小浪底水库调度运用实践中。新技术实现了库区冲淤交替、高滩深槽同步形成，改变了以往在拦沙期只淤不冲，拦沙期末强迫排沙成槽的传统拦沙方式，延长了水库拦沙运用年限，减少了下游河道淤积，可实现库区滩槽同步塑造。

（3）构建了洪水泥沙联合分类分级方法和拦沙库容用于防洪的水沙分类管理调度

运用技术，提出了拦沙库容多元化利用新技术，将拦沙库容用于中小洪水防洪，突破了拦沙库容功能单一的运用传统，解决了新形势下黄河下游滩区防洪保安的重大难题。

研究了有实测资料以来的不同来源区、不同流量级、不同含沙量级、不同历时等的300 余场洪水，提出了洪水泥沙多种分类指标，构建了洪水泥沙联合分类方法。研究提出了拦沙库容多元化利用理念，将拦沙库容用于中小洪水防洪，突破了拦沙库容功能单一的运用传统，研究了水库不同阶段拦沙库容动态配置方式及滩区不同量级洪水的淹没风险，构建了水库预泄、错峰调节等将拦沙库容用于防洪的水沙分类管理模式，有效减免了滩区中小洪水淹没损失，提高了水库的综合利用效益。

（4）开展了三门峡水库汛期发电原型试验，提出了汛期发电运用方式和控制指标体系，研发了分时段调沙分沙技术，建立了多沙河流水库汛期发电防沙运用技术，解决了库容保持与减少过机泥沙之间的矛盾，实现了三门峡电站汛期浑水发电。

通过开展三门峡水库汛期发电原型试验，深入研究了原型试验取得的流量、含沙量、水位、机组磨蚀度、发电量等海量数据，识别了各因素间的相互关系，确立了"洪水排沙，平水兴利"的水库汛期发电运用基本原则，明确了汛初发电期、恢复发电期等发电时机，构建了排沙和发电控制指标，提出了汛期发电运用方式。构建了分时段调沙分沙技术，利用调沙库容缓存泥沙以降低坝前含沙量和粗沙含量，利用不同高程泄水孔洞泄流排沙以有效降低过机含沙量，从而大幅减轻泥沙对水轮机的磨蚀破坏，降低磨损强度。实现了三门峡水库汛期发电，取得了巨大的经济效益。

本项目在多沙河流水库减淤兴利运用技术方面取得了多项创新成果，充分发挥了水库的防洪减淤发电综合效益。2019 年 9 月以来，黄河流域生态保护和高质量发展重大国家战略对水库运用提出了更高的要求。今后应加强多沙河流水库运用对改善生态环境的效果评估，促进黄河流域生态保护和高质量发展。

（5）分析了长期协调多沙河流水沙关系的任务与单库调节能力之间的矛盾，以古贤水库、小浪底水库联合运用方式为例，提出了水库群和河道水沙联合调控的原则与运用方式，通过水库群联合调度模型计算完成了联合运用效果评价及敏感性分析。

古贤水库、小浪底水库联合运用的指导思想为：古贤水库建成投入运用后的拦沙初期，应首先利用起始运行水位以下部分库容拦沙和调水调沙，冲刷小北干流河道，降低潼关高程，冲刷恢复小浪底水库部分槽库容，并维持黄河下游中水河槽行洪输沙能力，为古贤水库与小浪底水库在较长的时期内联合调水调沙运用创造条件，同时尽量满足发电最低运用水位要求，发挥综合利用效益。古贤水库起始运行水位以下库容淤满后，古贤水库与小浪底水库联合调水调沙运用，协调黄河下游水沙关系，根据黄河下游平滩流量和小浪底水库库容变化情况，适时蓄水或利用天然来水冲刷黄河下游和小浪底库区，较长期维持黄河下游中水河槽行洪输沙功能，并尽量保持小浪底水库调水调沙库容；遇合适的水沙条件，适时冲刷古贤水库淤积的泥沙，尽量延长水库拦沙运用年限。古贤水库正常运用期，在保持两水库防洪库容的前提下，利用两水库的槽库容对水沙进行联合调控，增加黄河下游和两水库库区大水排沙和冲刷机遇，长期发挥水库的调水调沙作用。

水库群和河道联合水沙调控方式效果评价表明，古贤水库投入运用后，无论是水库的减淤作用还是保持中水河槽的作用，"联合运用方式"均大于"单库运用方式"。通过不同设计水沙系列的对比可以看出，古贤水库建成后，按本阶段推荐的运用方式与小浪底水库联合调控水沙，即使遇到变化相当大的来水来沙，水库对小北干流河段和黄河下游河道的减淤作用也是相当显著的，且作用比较稳定，对黄河下游中水河槽行洪输沙能力的维持也起到了重要作用，水库运用前 40 年均可保持在 3500m³/s 以上，不因遇枯水枯沙系列而明显减弱。另外，对于枯水枯沙系列，水库对降低潼关高程的作用由于拦沙期长，计算时段末更加显著。

（6）利用干支流水库的调控库容和流量调控能力，研究制订了干支流水库联合防洪防凌运用方式。

分析提出了黄河下游和滩区防洪控制流量指标，针对不同类型中小洪水提出所需防洪库容。针对中小洪水、大洪水和特大洪水分别拟定了干流三门峡、小浪底与支流陆浑、故县水库串并联联合防洪运用方式。通过场次洪水调洪计算及效果评价，以及对水库和下游的长期影响评价，确定了三门峡、小浪底、陆浑、故县和河口村等水库针对大中小洪水的调控方式。

根据黄河下游凌汛期封河开河的特点提出了小浪底水库和三门峡水库的凌汛期运用方式，在凌汛期首先利用小浪底水库预留的 20 亿 m³ 防凌库容控制下泄流量，不足时再利用三门峡水库的 15 亿 m³ 防凌库容，联合控制进入下游的流量，可基本控制下游凌汛威胁。

# 参 考 文 献

[1] 水利部黄河水利委员会. 黄河调水调沙理论与实践. 郑州: 黄河水利出版社, 2013.

[2] 黄河勘测规划设计有限公司, 等. 小浪底水库拦沙期防洪减淤运用方式研究报告. 2013.

[3] 刘继祥. 水库运用方式与实践. 北京: 中国水利水电出版社; 郑州: 黄河水利出版社, 2008.

[4] 涂启华, 李世滢, 孟白兰, 等. 大型水库调水调沙问题的研究//赵文林. 黄河泥沙. 郑州: 黄河水利出版社, 1996.

[5] 张俊华, 李涛, 马怀宝. 小浪底水库调水调沙研究新进展. 泥沙研究, 2016, (2): 68-75.

[6] 杨庆安, 龙毓骞, 缪凤举. 黄河三门峡水利枢纽运用与研究. 郑州: 河南人民出版社, 1995.

[7] 中国水利学会. 黄河三门峡工程泥沙问题. 北京: 中国水利水电出版社, 2006.

[8] 余欣, 韩巧兰. 黄河小浪底水库拦沙后期运用方式探讨. 泥沙研究, 2008, (4): 41-45.

[9] 万占伟, 罗秋实, 闫朝晖, 等. 黄河调水调沙调控指标及运行模式研究. 人民黄河, 2013, (5): 1-4.

[10] 张俊华, 李涛, 马怀宝. 小浪底水库调水调沙研究新进展. 泥沙研究, 2016, (2): 68-75.

[11] 张俊华, 马怀宝, 王婷, 等. 小浪底水库支流倒灌与淤积形态模型试验. 水利水电科技进展, 2013, (2): 1-4, 25.

[12] 陈书奎, 马怀宝, 张俊华, 等. 小浪底水库拦沙后期库容恢复试验研究. 人民黄河, 2011, (10): 18-20.

[13] 陈书奎, 张俊华, 马怀宝, 等. 小浪底水库淤积形态对库区输沙的影响. 人民黄河, 2010, (10): 36-37, 152.

[14] 张俊华, 马怀宝, 窦身堂, 等. 小浪底水库淤积形态优选与调控. 人民黄河, 2016, (10): 32-35.

[15] 钱宁, 万兆惠. 泥沙运动力学. 北京: 科学出版社, 2003.

[16] 韩其为. 水库淤积. 北京: 科学出版社, 2003.

[17] 涂启华, 杨赉斐. 泥沙设计手册. 北京: 中国水利水电出版社, 2006.

[18] 王光谦, 胡春宏. 泥沙研究进展. 北京: 中国水利水电出版社, 2006.

[19] 黄河勘测规划设计有限公司. 小浪底水库拦沙期防洪减淤运用方式取得创新. 治黄科技信息, 2014, (4): 12-13.

[20] 胡春宏. 我国多沙河流水库"蓄清排浑"运用方式的发展与实践. 水利学报, 2016, (3): 283-291.

[21] 梁艳洁, 谢慰, 赵正伟, 等. 东庄水库运用方式对渭河下游减淤作用研究. 人民黄河, 2016, (10): 131-136.

[22] 张金良, 史玉品, 魏向阳. 黄河下游中常洪水水沙调控技术研究. 郑州: 第十届中国科协年会黄河中下游水资源综合利用专题论坛文集, 2008.

[23] 水利部黄河水利委员会. 黄河流域综合规划 (2012—2030 年). 郑州: 黄河水利出版社, 2013.

[24] 张金良. 黄河中游水库群水沙联合调度所涉及的范畴. 人民黄河, 2005, (9): 17-20, 63-64.

[25] 刘立斌, 张锁成, 刘斌, 等. 黄河水沙调控体系建设初步研究. 人民黄河, 2008, (4): 9-10, 96.

[26] 张金良. 黄河水库水沙联合调度问题研究. 天津大学博士学位论文, 2004.